普通高等学校岩土工程(本科)规划教材

基 础 工 程

主　编　孙文怀
副主编　郝小红　余建民　孙常新
　　　　李振灵　丛晓明

黄 河 水 利 出 版 社
·郑 州·

内 容 提 要

本书着重介绍基础工程设计的基本知识和基本理论。主要内容为:天然地基上浅基础的常规设计、柱下条形基础、筏板基础和箱形基础,桩基础,墩基础、沉井基础与岩石锚杆基础,抗震分析及动力机器基础设计,特殊土地基等。

本书可作为高等院校岩土工程专业、地质工程专业的教材,亦可作为中等专业学校、函授大学、职工大学有关专业的教学参考书,此外,还可作为土建类勘察、设计、施工技术人员的参考读物。

图书在版编目(CIP)数据

基础工程/孙文怀主编. —郑州:黄河水利出版社,2012.7

普通高等学校岩土工程(本科)规划教材

ISBN 978 – 7 – 5509 – 0253 – 4

Ⅰ.①基⋯ Ⅱ.①孙⋯ Ⅲ.①地基 – 基础(工程) – 高等学校 – 教材 Ⅳ.①TU47

中国版本图书馆 CIP 数据核字(2012)第 093702 号

策划编辑:王志宽 电话:0371 – 66024331 E-mail:wangzhikuan83@126.com

出 版 社:黄河水利出版社
地址:河南省郑州市顺河路黄委会综合楼 14 层 邮政编码:450003
发行单位:黄河水利出版社
发行部电话:0371 – 66026940、66020550、66028024、66022620(传真)
E-mail:hhslcbs@126.com
承印单位:河南省瑞光印务股份有限公司
开本:787 mm × 1 092 mm 1/16
印张:17.75
字数:410 千字 印数:1—3 100
版次:2012 年 7 月第 1 版 印次:2012 年 7 月第 1 次印刷
定价:35.00 元

普通高等学校岩土工程（本科）规划教材
编审委员会

前　言

　　基础工程是研究建筑工程中地下部分基础的类型、结构、构造、设计计算与地基利用的一门学科,是岩土工程专业、地质工程专业及土木工程专业的一门主要专业课。通过本课程的学习,要求学生掌握基础工程设计的基本知识、基本理论和基本方法,并具有设计地基与基础的基本能力。

　　基础工程设计在建筑工程设计中具有很重要的地位,目前,由于地基土体的复杂性,基础设计做得还不完美。复杂性地基土体改性的规律性也较差。近年来,随着我国经济的发展和基本建设规模的扩大,基础工程设计理论、技术与方法有了很大的发展,产生了《建筑地基基础设计规范》(GB 50007—2011)、《建筑桩基技术规范》(JGJ 94—2008)、《建筑地基处理技术规范》(JGJ 79—2002)、《建筑抗震设计规范》(GB 50011—2010)、《湿陷性黄土地区建筑规范》(GB 50025—2004)、《建筑边坡工程技术规范》(GB 50330—2002)、《冻土地区建筑地基基础设计规范》(JGJ 118—98)、《动力机器基础设计规范》(GB 50040—96)及《膨胀土地区建筑技术规范》(GBJ 112—87)等。因此,在本书的编写过程中,按照国家新颁布的设计、施工规范、规程、标准,紧密结合生产实际,系统介绍基础工程设计与地基处理的基本知识和基本理论,力求反映国内外的先进技术,做到条理清楚、体系完整、内容精练。

　　本书由长期从事高等院校教学、科研、基础工程施工的同志共同编写,编写人员及编写分工如下:第一章由孙文怀编写,第二章、第五章由余建民编写,第三章由郝小红编写,第四章第一至三节及第七章由丛晓明编写,第四章第四至六节由李振灵编写,第六章由孙常新编写。全书由孙文怀统稿。

　　由于水平所限,书中不妥之处在所难免,敬请读者批评指正。

作　者

2012 年 2 月

前　言

目　录

第一章 绪 论

一、场地、地基与基础的概念

场地是指工程建设直接使用的有限面积的土地。场地范围内及其邻近地区的地质环境都会直接影响场地的稳定性。场地的概念是宏观的,它不仅代表着所划定的土地范围,还应扩大到涉及某种地质现象或工程地质问题所概括的地区。所以,场地的概念不能简单地理解为建筑占地场所,在地质条件复杂的地区还应包括该面积在内的某个微地貌、地形和地质单元。场地的评价对工程的总体规划具有深远的实际意义,关系到工程的安全性和工程造价。

建筑物是建造在地层中或地层之上的,建筑物的荷载也是由其下面的地层来承担的。受建筑物荷载影响的那一部分地层称为地基。建筑物向地基传递荷载的下部结构就是基础。地基是由土和岩石组成的,土与岩石又是各种地质作用(如风化、搬运、沉积、成岩等作用)的产物。地质作用形成了岩土物质成分和工程特性的复杂性及空间分布的不均匀性和差异性,如山前冲洪积地层与江河三角洲地层在工程性质上的差异是相当大的,基础的设计在很大程度上取决于地基岩土的性质。建筑物地基所面临的问题主要有强度和稳定性问题、变形问题、渗漏问题、液化问题及膨胀问题等。当基础直接建造在未经加固的天然土层上时,这种由天然状态土体构成的地基称为天然地基,当天然地基很软弱,不能满足地基强度稳定、变形、渗漏及液化等要求时要进行地基处理,经地基处理后再建造基础。

基础的形式很多,按基础埋深可划分为浅基础和深基础;按受力特征及刚度特征可划分为补偿基础、刚性基础和柔性基础;按基础材料可划分为砖基础、三合土基础、灰土基础、毛石基础、混凝土或毛石混凝土基础、钢筋混凝土基础;按基础的构造可划分为独立基础、条形基础、联合基础、扩展基础、筏板基础、箱形基础、沉井基础、沉箱基础、桩基础、墩基础、壳体基础、地下连续墙、锚杆基础等。采用何种基础形式要由上部结构荷载及地基土特性来确定。建筑荷载传递示意图、地基基础示意图分别如图 1-1、图 1-2 所示。

二、基础工程设计的要求与特点

基础工程设计主要是确定基础的类型、材料,基础各部分的尺寸、配筋和构造及基础内力分析计算。地基与基础是建筑设计的根本,又属于地下隐蔽工程。基础工程设计得合理与否及质量的好坏,直接影响建筑物的安危,由于地基基础设计得不完善,造成建筑物破坏的例子很多,财产损失也相当大。因此,基础的设计是相当重要的,且设计时要满足技术先进合理、施工技术可行、工程造价适当、环境效益好等要求。

基础工程设计具有如下特点:

(1)确定基础的类型时除取决于上部结构的体型状态、荷载大小等情况外,更主要地

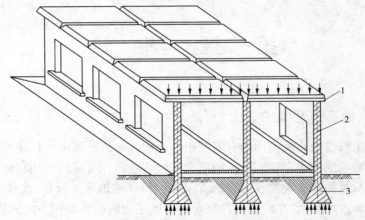

1—钢筋混凝土板式屋顶;2—承重墙;3—基础

图 1-1　建筑荷载传递示意图

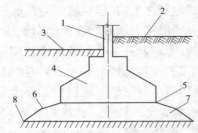

1—上部结构;2—室内地面;3—室外地面;4—基础;

5—基础底面;6—持力层受力范围;7—持力层;8—下卧层

图 1-2　地基基础示意图

取决于基础所在地的地基土特性。在上部结构的体型及荷载确定后,采用何种基础形式视土层特性而定,要充分考虑土层分布的不均匀性、压缩性、强度特征、水文工程性质及施工难易程度选择设计基础类型。

(2)常规的基础设计对地基作了许多简化,地基对基础的基底反力作了简化计算,实践证明此方法应用于许多低层建筑效果较好。对于重要的建筑物或高层建筑物,只有充分考虑上部结构、基础及地基的变形协调特性,应用近代计算科学即有限元数值分析法等,借助于计算机计算分析才能正确设计基础。

三、地基处理的必要性

地基处理是利用置换、夯实、挤密、胶结、加筋和热学等方法对地基进行加固,以改善地基土的特性。地基处理的对象是软弱土地基和特殊土地基。建筑在软弱土地基和特殊土地基上的建筑物,由于地基土不能满足上部建筑物对地基土承载力和变形方面的要求,而产生变形破坏,如建在软黏土层上的建筑物,由于软黏土天然含水量高、天然孔隙比大、抗剪强度低、压缩系数大、渗透系数小、地基承载力低,在外荷载作用下地基变形大,不均匀变形也大,且变形稳定历时较长,容易产生沉降过大或不均匀沉降;建在湿陷性黄土地基上的建筑物容易产生建筑物不均匀沉降或附加沉降过大等;建在膨胀土地基上的建筑物,常使建筑物产生裂缝,对建筑物构成危害。总之,建筑在软弱地基或特殊土地基上的建筑物易产生破坏的例子是很多的,教训也是沉痛的。地基土的性质不良,容易产生强度不足,稳定性不好,变形过大,渗透破坏及地基失稳和震陷等,最终导致建筑物的破坏,为了改善地基土的特性,进行地基处理和加强基础结构的设计是很必要的。

四、本课程主要研究内容

本课程主要研究内容是基础的类型、结构形式及设计与计算。具体内容如下:

(1)天然地基上浅基础的常规设计。

(2)柱下条形基础、筏板基础和箱形基础的设计。

(3)桩基础的设计。

(4)墩基础、沉井基础与岩石锚杆基础的设计。

(5)地基的抗震分析及动力机器基础。

(6)特殊土地基。

五、本课程的特点

(1)详细介绍常规的基础设计方法。

本书的第二章天然地基上浅基础的常规设计,介绍了浅基础的类型、结构构造形式及内力分析;第三章介绍了柱下条形基础、筏板基础和箱形基础结构构造要求,内力分析等设计方法;第四章介绍了桩基础的常规设计;第五章介绍了墩基础、沉井基础与岩石锚杆基础的设计,内容较详细。

(2)阐述了基础工程设计新技术。

①地基、基础与上部结构相互作用数值分析新技术:第二章中阐述了地基计算模型,地基上梁与板的有限元数值分析,第三章阐述了筏板基础的简要设计等。②桩基新技术:近年来桩基发展很快,随着我国基础建设的实施,涌现了许多桩基新技术,如多分支承力盘桩、桩底及桩侧的后注浆桩长螺旋压灌桩、预制空心管桩、预制空心方桩及预制 X 型桩等。

(3)按照国家现行的新规程与新规范编写。

(4)内容较全面,阐述了基础工程(包括天然地基上浅基础、柱下条形基础、筏板基础和箱形基础、桩基础、墩基础、沉井基础与岩石锚杆基础等)的设计,动力机器基础设计等。

第二章　天然地基上浅基础的常规设计

第一节　概　述

地基基础设计是建筑物设计的一个重要组成部分,它与建筑物的安全和正常使用有着密切的关系。设计时必须结合工程地质条件、建筑材料及施工技术等因素,并将上部结构与地基基础综合考虑,使基础工程做到安全可靠、经济合理、技术先进和便于施工。

基础按埋深的不同,可分为浅基础和深基础两类:一般埋深在 5 m 左右,能用一般方法施工的基础称为浅基础;基础需要埋置在较深的土层上,需采用特殊方法施工的基础则称为深基础,如桩基础、沉井基础等。

地基按处理与否,可分为天然地基和人工地基两类:未经过人工处理的地基称为天然地基,经过人工处理加固过的地基则称为人工地基。

由上述概念可知,基础埋深小于 5 m 且基础下地基未经过人工处理的地基基础设计方案称为天然地基上的浅基础方案。天然地基上浅基础方案一般施工简单,工期短,工程费用少,而人工地基和深基础往往造价较高,施工复杂。因此,在保证建筑物的安全和正常使用的条件下,应优先选用天然地基上浅基础方案。若满足设计要求的方案不止一个,则应进行经济和技术方面的比较,以选择其中的最优方案。

一、基础设计的重要性、目的、原则及内容

(一)基础设计的重要性

基础是建筑物的地下部分,属隐蔽工程,它是传递建筑物上部荷载与地基的桥梁,基础的选型、构造尺寸的确定及内力分析,取决于上部荷载情况(荷载大小、方向及作用位置)及地基土层特性,地基土层是复杂多变的,也就带来了基础设计的多样性。基础设计得不合理往往会导致事故的发生。据调查统计,在世界各国的工程事故中,以地基基础发生的事故最多,而且这类事故一旦发生,不仅损失巨大,而且补救将十分困难。因此,搞好基础设计做到技术先进合理、施工技术可行、工程造价适当、环境效益好是很重要的。

(二)基础设计的目的

(1)保证地基应具有足够的强度和稳定性,建筑物在荷载作用下,不会出现地基因承载力不足而产生剪切破坏和失稳破坏。

(2)保证地基的沉降不能超过其变形允许值,建筑物不因地基变形过大而毁坏或影响建筑物的正常使用。

(3)基础的形式、构造和尺寸应能适应上部结构构造及使用要求,基础的结构应满足强度、刚度和耐久性的要求。

另外,满足设计要求的方案往往不止一个,应进行经济和技术方面的比较,选择其中

的最优方案。

（三）基础设计的原则

基础设计与地基是分不开的,在基础设计中应遵循以下原则:

(1)在防止地基剪切破坏和丧失稳定性方面,应具有足够的安全度。

(2)控制地基变形量,使建筑物的变形量不超过允许值。

(3)基础的形式、构造和尺寸应能适应上部结构构造及使用要求,基础的结构应满足强度、刚度和耐久性的要求。

(4)经济合理。

（四）基础设计的内容及步骤

(1)根据建筑物传来的荷载大小和地基条件提出基础类型及地基处理的初步方案,并考虑使用要求、施工技术、材料供应和造价等条件,综合分析比较确定。

(2)选择基础的埋深 d。

(3)确定地基承载力 f_a。

(4)根据地基承载力和作用在基础上的荷载,计算确定基础的底面尺寸,必要时进行地基软弱下卧层强度验算。

(5)对安全等级为一级或具有特殊情况的二级建筑物需进行地基变形验算。

(6)对建于斜坡上的建筑物,经常承受较大水平荷载的构筑物,需进行地基稳定性验算。

(7)确定基础的剖面尺寸,进行基础结构和构造设计计算。

(8)绘制基础施工图,编写施工说明。

二、基础设计存在的问题

（一）常规设计

常用浅基础(如扩展基础、双柱联合基础等)体型不大,结构简单,在计算单个基础时,一般既不遵循上部结构与基础的变形协调条件,也不考虑地基与基础的相互作用。这种简化法也经常用于许多连续基础的初步设计,称为常规设计。至于复杂的或大型的基础,其力学性质复杂,宜在常规设计的基础上,区别情况采用目前可行的方法考虑地基、基础及上部结构的相互作用。

（二）浅基础设计

浅基础设计一般要妥善处理以下五个方面的问题:

(1)充分掌握拟建场地的工程地质条件和地基勘察资料,例如,不良地质现象和发震断层的存在及其危害性、地基土层分布的均匀性、软弱下卧层的位置和厚度、各层土的类别及其工程特性指标。地基勘察的详细程度应与建筑物的安全等级和场地的工程地质条件相适应。

(2)了解当地的建筑经验、施工条件和就地取材的可能性,并结合实际考虑采用先进的施工技术和经济、可行的地基处理方法。

(3)在研究地基勘察资料的基础上,结合上部结构的类型,荷载的性质、大小和分布,建筑布置和使用要求以及拟建的基础对原有建筑或设施的影响,从而考虑选择基础类型和平面布置方案,并确定地基持力层和基础埋深。

(4)按地基承载力确定基础底面尺寸,进行必要的地基稳定性和特征变形验算,以便使地基的稳定性能得到充分保证,使地基的沉降不致引起结构损坏、建筑物倾斜与开裂,或影响其使用和外观。

(5)以简化的或考虑相互作用的计算方法进行基础结构的内力分析和截面设计,以保证足够的强度、刚度和耐久性。最后绘制施工详图,作出施工说明。

不难看出,上述各方面是密切关联、相互制约的,未必能一次考虑周详。因此,地基基础设计工作往往要反复进行才能取得满意的结果。对规模较大的基础工程,还宜对若干可能方案作出技术经济比较,然后择优采用。

当今,基础设计中多数是采用某些简化的设计理论和计算方法,不可否认这些理论与方法在工程实践中解决了大量的问题,发挥了也正发挥着重要的作用,但是,随着社会的发展,建筑物的上部结构在体型与构造上变化越来越多,在地质条件不良的地层上也要修筑建筑物,这给基础设计提出了许多新的课题。基础设计中存在许多难以预料的问题。因此,对基础设计不仅要重视以往的理论计算,而且还要求设计人员深入研究,综合判断实际工程的不同条件和相关因素,才能真正设计出经济、合理的基础工程。

(三)基础设计的发展

我国有 5 000 多年文明历史,从史料记载以及发掘的古文化遗址看,早在 5 000 年前人类已进入房屋居住。当时基础很简单,主要有三类:第一类为夯土地基,如西安半坡村居民遗址中的基础是用红烧土和陶片夯实而成的;第二类为挖槽铺石墙基,如洛阳王湾有一座 500 m² 民居遗址,属仰韶文化期,墙下挖有槽,槽内填卵石,古埃及也有类似做法;第三类为埋木桩于地下,做成架空窝栅,这是桩基最早的雏形,如浙江余姚河姆渡文化遗址中有跨距 5 ~ 6 m、联排 6 ~ 7 间的房屋,底层架空于桩上。

春秋战国时期夯土基础乃至夯土城墙已达到相当高的水平。著名的万里长城当时实际上是土筑长城,玉门关一带的汉长城用砂、砾石和红柳或芦苇层层压实,与目前工程中广泛采用的土工织物以及锚拉墙相比,原理相同,只是材料及工艺不及今天而已。

故宫、天安门、前门等不仅在建筑上体现了中国古代建筑的独特风格,在地基与基础上也达到了很高的水平。在这组建筑群中,有木筏基础(前门)、群桩(天安门)、灰土台基(三大殿等),反映出几百年前在地质条件较差情况下修建高、重建筑基础工程的水平。

从世界范围来说,情况基本相同。如印度的某些土坝,至今已蓄水 2 000 年以上;罗马人早在 2 000 年前就成功地修建了许多桥梁、道路和渠道工程。但直到 18 世纪中叶,人们对土的工程特性的认识还只是停留在感性认识阶段。随着 18 世纪产业革命发展,大量建筑物兴建,积累了许多成功的经验,也总结了不少失败的教训,它促使人们寻求理论上的解释。如 1773 年法国科学家 C. A. Coulomb 发表了土的抗剪强度和土压力理论;1856 年 Darcy 研究了砂土透水性,提出了达西定律;1885 年 J. Boussinesq 给出了半无限弹性体中应力分布的计算公式;1882 年 Mohr 提出了分析某一点的应力图解方法(即莫尔圆法),与库仑的抗剪强度公式一起,至今仍被作为土的强度准则;1922 年,瑞典的 W. Fellenius 为解决铁路塌方问题提出了土坡稳定分析法;1925 年土力学奠基人 K. Terzaghi 的专著《土力学》问世,这本书总结了前人的经验,系统阐述了若干土力学原理问题,提出了著名的太沙基有效应力原理,使土力学作为一门独立的学科出现在人们面前,以后在工程实践中不断丰富、不断提高。20 世纪 60 年代后,大型电子计算机问世及土工试验设备及技术的迅速发展,推动了地基处理与基础设计工作的进一步深入,长期以来,在土力学理论中计算沉降时,将土看做纯弹性体,而进行土体稳定分析和土压力计算时,又将土看做理想塑性体材料,而实际上土的应力—应变关系具有非线性、剪胀性、加工硬化和软化等特性,不是弹性理论或塑性理论所能概括的,特别是对于那些超高层建筑物的基础设计,运用已有的理论已经远远不能满足要求。借助于计算机及试验技术,许多学者已开展了土的弹塑性应力—应变关系研究,提出了各种土的本构模型。此外,在固结理论方面也在探讨三维非线性固结问题,同时也加强了土的微观结构等方面的研究。

　　随着新中国成立以来的经济发展,在勘察、测试技术、土的物理力学性质研究、地基基础设计与施工技术等方面取得了很多科研成果和实践经验,例如,先后出现了锚杆工程、土钉技术、地下连续墙、旋喷桩、挖孔桩、土工织物加筋等一系列地基基础施工技术,相信随着我国社会发展,通过众多的高层建筑、大型水利工程、海洋采油平台、机场跑道、高速公路及铁路等工程的修建,必将进一步推动我国地基和基础工程学科更大的发展。

第二节　　地基、基础与上部结构相互作用的概念

　　建筑结构设计通常是把上部结构、基础与地基三者作为彼此离散的独立结构单元进行力学分析的。以图 2-1 中条形基础上的平面框架的常规设计为例:分析时把框架分离出来后将底层柱脚固定(或铰接于不沉降的基础),如图 2-1(b)所示,从而计算在荷载作用下的框架内力。再把与求得柱脚反力相等但方向相反的力系作为基础荷载(如图 2-1(c)所示),从而按直线分布假设计算基底反力,这样就不难求得基础截面内力了。进行地基计算时,则将基底反力反向施加于地基(如图 2-1(d)所示),并作为柔性荷载(不考虑基础刚度)来验算地基承载力和基础沉降。

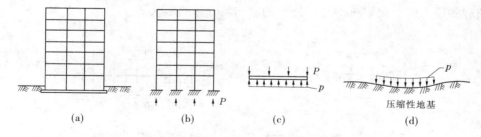

图 2-1　地基、上部结构的常规分析简图

　　从以上分析不难看出设计过程中存在不合理之处。因为地基、基础和上部结构沿接触点(面)分离后,虽然要求满足静力平衡条件,但却完全忽略了三者之间受荷前后的变形连续性。其实,地基、基础和上部结构三者是相互联系成整体来承担荷载而发生变形的。这时,三部分都将按各自的刚度对变形产生相互制约的作用,从而使整个体系的内力(包括柱脚和基底的反力)和变形(包括基础沉降)发生变化。显然,当地基软弱、结构物对不均匀沉降敏感时,上述常规分析结果与实际情况的差别就愈大。

　　由此可见,合理的分析方法,原则上应该以地基、基础和上部结构之间必须同时满足静力平衡和变形协调两个条件为前提。只有这样,才能揭示它们在外荷载作用下相互制约、彼此影响的内在联系,从而达到安全、经济的设计目的。可以想象,按这个原则进行整体的相互作用分析是相当复杂的。因此,这意味着不但要建立正确反映结构刚度影响的分析理论和便于借助电子计算机等有效计算方法,而且还要研究选用能合理反映土的变形特性的地基计算模型及其参数。正因如此,直至 20 世纪 60 年代后期,随着电算技术与方法的迅速发展,以及土的应力—应变关系探讨的继续深入,相互作用的研究才得以开展并受到重视。

　　至今,基于相互作用分析的设计方法已被称为"合理设计",但毕竟还处于研究阶段,一般基础设计仍然采用本章所述的常规方法。在第三章中介绍的地基上梁和板的分析理论中虽然考虑了地基与基础的相互作用,但还未涉及上部结构刚度的影响。尽管如此,掌握地基—基础—上部结构相互作用的基本概念将有助于了解各类基础的性能、正确选择地基基础方案、评价常规分析与实际之间的可能差异、理解影响地基特征变形允许值的因素和采取防止不均匀沉降损害的措施等有关问题。以下先由地基与基础的相互作用入手,进而引入上部结构刚度的影响,以便阐明有关概念。

一、地基与基础的相互作用

　　建筑物基础的沉降、内力以及基底反力的分布,除与地基因素有关外,还受基础及上部结构的制约。此处只限于考虑基础本身刚度的作用而忽略上部结构的影响。为了建立基本概念,以下先讨论柔性基础和刚性基础两种极端情况。

(一)柔性基础

　　如图 2-2 所示,柔性基础的基底反力分布与作用于基础上的荷载分布完全一致。

　　均布荷载下柔性基础的基底沉降是中部大、边缘小(如图 2-2(a)所示)。如果要使柔性基础底面的沉降趋于均匀,显然就得增大基础边缘的荷载,并使中部荷载相应减小,这样,荷载和反力就变成如图 2-2(b)所示的非均匀分布的形状了。

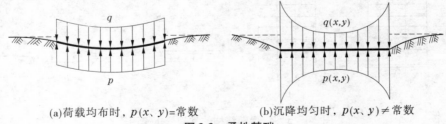

(a)荷载均布时,$p(x、y)$=常数　　　　(b)沉降均匀时,$p(x、y)\neq$常数

图 2-2　柔性基础

(二)刚性基础

　　刚性基础(如图 2-3 所示)具有非常大的抗弯刚度,受荷后基础不挠曲,中心荷载下刚性基础基底反力的分布也应该是边缘大、中部小;而当荷载偏心时,沉降后基底为一倾斜平面,反力图就变成图 2-3(b)中试验所示的不对称形状了。把刚性基础能跨越基底中部,将所承担的荷载相对集中地传至基底边缘的现象叫做基础的架越作用。

　　当基础四周没有超载(相当于无埋深,图 2-4(a)、(b))时,基底边缘砂粒很容易朝侧

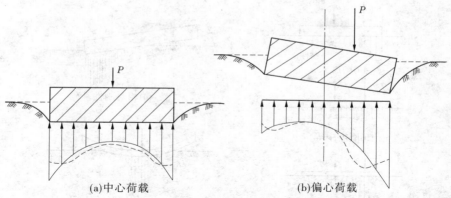

(a)中心荷载　　　　　　　　(b)偏心荷载

图2-3　刚性基础

向挤出,塑性区随荷载的增加迅速开展,基底反力呈抛物线形分布;而硬黏土具有较大的黏聚力,基底边缘可以承担一定的压力,使基底反力分布呈马鞍形。当四周有超载(相当于有埋深,图2-4(c)、(d))时,边缘砂粒较难挤出,塑性区较小,边缘反力增加,使它与基底中心的反力大小差别缓和。

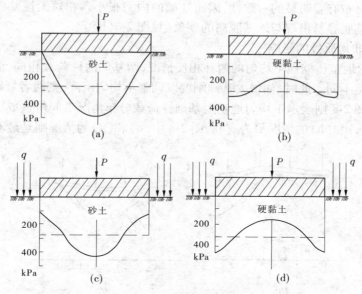

图2-4　圆形刚性基础模型底面反力分布图

(三)基础相对刚度的影响

基础架越作用的强弱取决于基础与地基的相对刚度大小、土的压缩性高低以及基底下塑性区的大小。

图2-5(a)表示黏性土地基上相对刚度较大的基础,如土中不存在塑性区或基础范围相对很小,则基础的架越作用很强。刚性基础基底反力的分布只与基础荷载合力的大小和作用点位置有关,而与荷载的分布情况无关。当荷载合力偏心较大时,相反一侧的基底可能与地基脱离接触(见图2-6(a))。

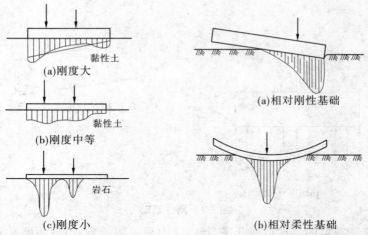

(a)刚度大	(a)相对刚性基础
(b)刚度中等	
(c)刚度小	(b)相对柔性基础

图 2-5　基础相对刚度对架越作用的影响　　图 2-6　基础与地基脱离接触的情况

图 2-5(b)则表示位于岩石或压缩性很低的地基上抗弯刚度相对很小的基础,其架越作用甚微。基础上的集中荷载直接传播到靠近荷载的窄小面积内。此时,基础荷载与基底反力两者的分布有着明显的一致性,因而基础的内力很小。相对柔性基础在远离集中荷载作用点的基底容易出现与地基脱离的现象(见图 2-6(b))。

(四)地基非均质性的影响

图 2-7 表示地基压缩性不均匀的两种相反情况,两基础的柱荷载相同,但其挠曲情况和弯矩图则截然不同。此时,如增大基础刚度以调整不均匀沉降,则两者弯矩图上的差别将更加突出。图 2-8 则表示不均匀地基上基础柱荷载分布情况不同所造成影响的鲜明对照。图 2-8 中(a)和(b)的情况最为有利,图 2-8 中(c)和(d)的情况则是最不利的。

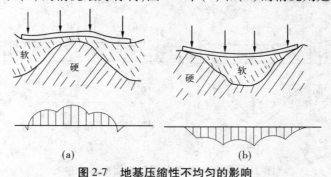

图 2-7　地基压缩性不均匀的影响

二、基础与上部结构的相互作用

如果考虑上部结构的刚度,基础设计就更为复杂了。所谓上部结构的刚度,是指整个上部结构对基础不均匀沉降或挠曲的抵抗能力,或称整体刚度。建筑结构按刚度可分为三类。

(一)柔性结构

以屋架—柱—基础为承重体系的木结构和排架结构是典型的柔性结构。图 2-9 所示

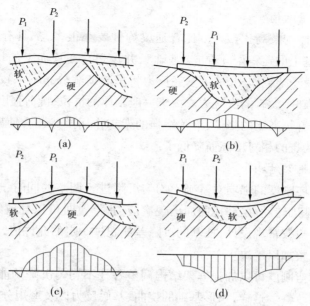

图 2-8　不均匀地基上基础柱荷载分布的影响

为二跨对称排架,设三个柱基的条件相同,由于屋架铰接于柱顶,整个承重体系对基础的不均匀沉降有很大的顺从性,故在图示柱顶荷载作用下发生的柱基沉降差不会引起主体结构附加应力,传给基础的柱荷载也不会因此而有所变动。

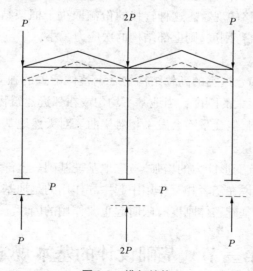

图 2-9　排架结构

(二)敏感性结构

最常见的砖石砌体承重结构和钢筋混凝土框架结构,对基础不均匀沉降的反应都很灵敏,特称它们为敏感性结构。

1. 砖石砌体承重结构

一般房屋墙砌体的长高比(L/H)比普通梁构件要小很多,都具有相当的抗弯刚度。如将整个墙体(地基上的"深梁")看成"基础",并设想它在顶面上的均布荷载作用下发生纵向挠曲,此时由于架越作用,墙下基底反力将呈与荷载分布不一致的马鞍形,而使墙身产生前述柔性基础所没有的次应力。由于一般砌体的抗拉、抗剪强度都很低,墙身往往因此出现裂缝。随着长高比的降低,继续增强的架越作用虽然还会使砌体总内力有所提高,但次应力却随墙身的相对增高而降低了。

2. 钢筋混凝土框架结构

框架在按其整体刚度的强弱对基础不均匀沉降进行调整的同时,也可使中柱一部分荷载向边柱转移,基础转动、梁柱挠曲而出现次应力,严重时可以导致结构的损坏。框架的柱下扩展基础一般按常规设计,柱基的沉降差如超过一定的允许值,在某种程度上可先通过基础尺寸的调整加以解决。

条形基础的抗弯刚度可以加强框架结构调整各柱不均匀沉降的能力,并使框架的变形和次应力都得到改善。这样,条形基础的挠曲、基底反力以及弯矩分布图就不但与地基的变形特性有关,同时也受到框架刚度的制约。

框架整体刚度和传至基础的柱荷载都随层数增加。在地基沉降和基础挠曲都相应增加的同时,框架与条形基础双方都将发挥与其刚度相适应的作用,共同参与调整地基的不均匀沉降。此时,基础分担内力的比例将随框架层数的增加而降低,简单说,就是出现了基础内力向上部结构转移的现象。这种转移的份额取决于框架结构、条形基础和地基的相对刚度,增加基础的抗弯刚度,则上部结构的次应力减小。

(三)刚性结构

烟囱、水塔、高炉、筒仓这类的高耸结构物之下整体配置的独立基础与上部结构浑然一体,使整个体系具有很大的刚度。当地基不均匀或在邻近建筑物荷载、地面大面积堆载的影响下,基础转动倾斜,但几乎不会发生相对挠曲。对天然地基上的刚性结构的基础应验算其整体倾斜和沉降量。

显然,随着地基抵抗变形能力的增强,考虑地基—基础—上部结构三者相互作用的意义也将相应降低。可以说在三者相互作用中起主导作用的是地基,其次是基础,而上部结构则是在压缩性地基上基础整体刚度有限时起重要作用的因素。

第三节　基础设计的基本规定

一、一般原则

基础在上部结构传来荷载及地基反力作用下产生内力,同时在基底压力作用下在地基内产生附加应力和变形。因此,基础设计不仅要使基础在内力或其他因素作用下本身应具有足够的强度、刚度和耐久性,还要满足地基的设计要求,使地基具有足够的强度和稳定性,并不产生过大的沉降或不均匀沉降。

　　基础设计应保证上部结构的安全与正常使用,并且要使基础(包括地基处理在内)的费用经济合理。

二、地基设计的规定

　　根据地基基础设计等级(见表2-1)及长期荷载作用下地基变形对上部结构的影响程度,《建筑地基基础设计规范》(GB 50007—2011)对地基设计有下列规定:

表 2-1　地基基础设计等级

设计等级	建筑和地基类型
甲级	重要的工业与民用建筑; 30 层以上的高层建筑; 体型复杂,层数相差超过 10 层的高、低层相连成一体的建筑物; 大面积的多层地下建筑物(如地下车库、商场、运动场等); 对地基变形有特殊要求的建筑物; 复杂地质条件的坡上建筑物(包括高边坡); 对原有工程影响较大的新建建筑物; 场地和地基条件复杂的一般建筑物; 位于复杂地质条件及软土地区的 2 层及 2 层以上地下室的基坑工程
乙级	除甲级、丙级以外的工业与民用建筑物
丙级	场地和地基条件简单、荷载分布均匀的 7 层以下民用建筑及一般工业建筑物,次要的轻型建筑物

　　(1)所有建筑物的地基计算均应满足承载力计算的有关设计

$$p_k \leqslant f_a \tag{2-1}$$

$$p_{kmax} \leqslant 1.2f_a \tag{2-2}$$

$$\frac{p_{kmax} + p_{kmin}}{2} \leqslant f_a \tag{2-3}$$

　　(2)设计等级为甲级、乙级的建筑物,均应按地基变形设计

$$s \leqslant [s] \tag{2-4}$$

　　(3)表 2-2 所列范围内设计等级为丙级的建筑物可不作变形验算,当有下列情况之一时,仍应作变形验算:

　　①地基承载力特征值小于 130 kPa,且体型复杂的建筑;

　　②在基础上及其附近有地面堆载或相邻基础荷载差异较大,可能引起地基产生过大的不均匀沉降时;

　　③软弱地基上的建筑物存在偏心荷载时;

　　④相邻建筑距离近,可能发生倾斜时;

⑤地基内有厚度较大或厚薄不均的填土,其自重固结未完成时。

（4）对经常受水平荷载作用的高层建筑、高耸结构和挡土墙等,以及建造在斜坡上或边坡附近的建筑物和构筑物,尚应验算其稳定性。

（5）基坑工程应进行稳定验算。

（6）当地下水位埋藏较浅,建筑地下室或地下构筑物存在上浮问题时,尚应进行抗浮验算。

表 2-2　可不作地基变形计算设计等级为丙级的建筑物范围

地基主要受力层情况		地基承载力特征值 f_{ak}(kPa)		$80 \leqslant f_{ak} < 100$	$100 \leqslant f_{ak} < 130$	$130 \leqslant f_{ak} < 160$	$160 \leqslant f_{ak} < 200$	$200 \leqslant f_{ak} < 300$
		各土层坡度(%)		≤5	≤10	≤10	≤10	≤10
建筑类型	砌体承重结构、框架结构(层数)			≤5	≤5	≤6	≤6	≤7
	单层排架结构(6 m柱距)	单跨	吊车额定起重量(t)	10~15	15~20	20~30	30~50	50~100
			厂房跨度(m)	≤18	≤24	≤30	≤30	≤30
		多跨	吊车额定起重量(t)	5~10	10~15	15~20	20~30	30~75
			厂房跨度(m)	≤18	≤24	≤30	≤30	≤30
	烟囱	高度(m)		≤40	≤50	≤75		≤100
	水塔	高度(m)		≤20	≤30	≤30		≤30
		容积(m³)		50~100	100~200	200~300	300~500	500~1 000

注:1. 地基主要受力层是指条形基础底面下深度为 $3b$(b 为基础底面宽度),独立基础下为 $1.5b$,且厚度均不小于 5 m的范围(2 层以下一般的民用建筑除外)。

2. 地基主要受力层中当有承载力特征值小于 130 kPa 的土层时,表中砌体承重结构的设计,应符合《建筑地基基础设计规范》(GB 50007—2011)第七章的有关要求。

3. 表中砌体承重结构和框架结构均指民用建筑,对于工业建筑可按厂房高度、荷载情况折合成与其相当的民用建筑层数。

4. 表中吊车额定起重量、烟囱高度和水塔容积的数值是指最大值。

第四节　浅基础的类型及其适用条件

浅基础的类型可分为三大类:扩展基础、联合基础和独立基础。

一、扩展基础

将上部结构传来的荷载,通过向侧边扩展成一定底面积,使作用在基底的压应力等于或小于地基土的允许承载力,而基础内部的应力应同时满足材料本身的强度要求,这种起到压力扩散作用的基础称为扩展基础。

上部结构通过墙、柱等承重构件传递的荷载,在其底部横截面上引起的压强通常远大于地基承载力。这就有必要在墙、柱之下设置水平截面向下扩大的基础——扩展基础,以便将墙式柱荷载扩散分布于基础底面,使它满足地基承载力和变形的要求。扩展基础包括配筋或不配筋的条形墙基础和单独柱基础。

(一)无筋扩展基础

无筋扩展基础指由砖、毛石、混凝土或毛石混凝土、灰土和三合土等材料组成的,且不需配置钢筋的墙下条形基础或柱下独立基础(见图2-10、图2-11)。

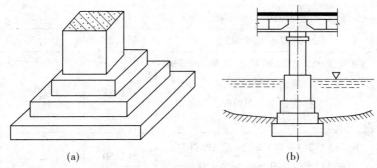

(a)   (b)

图2-10 无筋扩展基础示意图

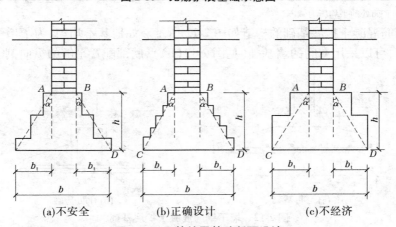

(a)不安全   (b)正确设计   (c)不经济

图2-11 无筋扩展基础断面设计

刚性角:与容许的 b_t/h 值相对应的角度 α 称为基础的刚性角。

基础的构造高度应满足下列要求

$$h \geqslant \frac{b_t}{\tan\alpha} \tag{2-5}$$

无筋扩展基础台阶宽高比的允许值如表2-3所示。

无筋扩展基础一般用于6层和6层以下的民用建筑和承重墙的轻型厂房,超过此范围时,必须验算基础强度,三合土的基础不宜用于4层以上的建筑。

(二)钢筋混凝土扩展基础

钢筋混凝土扩展基础的抗弯和抗剪性能良好,可在竖向荷载较大、地基承载力不高以及承受水平力和力矩荷载等情况下使用。由于这类基础的高度不受台阶宽高比的限制,故适宜在"宽基浅埋"的场合下采用。

表 2-3　无筋扩展基础台阶宽高比的允许值

基础材料	质量要求	台阶宽高比的允许值		
		$p_k \leqslant 100$	$100 < p_k \leqslant 200$	$200 < p_k \leqslant 300$
混凝土基础	C15 混凝土	1:1.00	1:1.00	1:1.25
毛石混凝土基础	C15 混凝土	1:1.00	1:1.25	1:1.50
砖基础	砖不低于 MU10、砂浆不低于 M5	1:1.50	1:1.50	1:1.50
毛石基础	砂浆不低于 M5	1:1.25	1:1.50	—
灰土基础	体积比为 3:7 或 2:8 的灰土,其最小干密度: 粉土 1.55 t/m³ 粉质黏土 1.50 t/m³ 黏土 1.45 t/m³	1:1.25	1:1.50	—
三合土基础	体积比 1:2:4~1:3:6(石灰:砂:骨料),每层约虚铺 220 mm,夯至 150 mm	1:1.50	1:2.00	—

注:p_k 为基础底面处的平均压力,kPa。

墙下钢筋混凝土扩展基础的构造如图 2-12 所示。如地基不均匀,为了增强基础的整体抗弯能力,可以采用有肋的墙基础(见图 2-12(b)),肋部配置足够的纵向钢筋和箍筋。

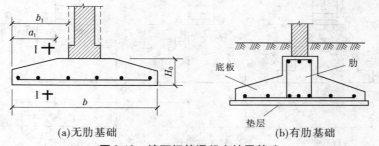

(a)无肋基础　　　　　　　　　　　　(b)有肋基础

图 2-12　墙下钢筋混凝土扩展基础

柱下钢筋混凝土扩展基础的构造如图 2-13 所示。其中图 2-13(a)、(b)是现浇基础,图 2-13(c)是预制柱(杯口)基础。

基底反力,则应不计基础和其上土的重量 G 所引起的反力(这种均布反力恰好与基础自重相抵,故不会产生基础的剪力和弯矩)。这样得到的是用于计算内力的基底净反力。在图 2-14(b)中以 p 表示任意截面 Ⅰ—Ⅰ 处的净反力;p_{max} 和 p_{min} 分别表示基础边缘处净反力的最大值和最小值。

计算底板受力钢筋时,按下列简化方法求得基础任意截面的弯矩:

对矩形基础,当台阶宽高比 $\tan\alpha \leqslant 2.5$ 且荷载偏心距 $e \leqslant b/6$ 时,任意截面 Ⅰ—Ⅰ 及

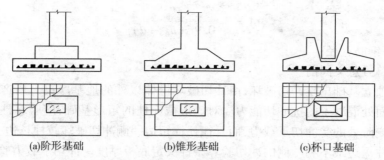

(a)阶形基础　　　　(b)锥形基础　　　　(c)杯口基础

图 2-13　柱下钢筋混凝土扩展基础

Ⅱ—Ⅱ（见图 2-14（c））的弯矩按下列公式计算

$$M_I = \frac{1}{12}a_1^2\Big[(2l+a')\Big(p_{max}+p-\frac{2G}{A}\Big)+(p_{max}-p)l\Big]$$

$$(2\text{-}6)$$

$$M_{II} = \frac{1}{48}(l-a')^2(2b+b')\Big(p_{max}+p_{min}-\frac{2G}{A}\Big)$$

$$(2\text{-}7)$$

其中　　$$p_{min}^{max} = \frac{F+G}{lb}\Big(1\pm\frac{6e}{l}\Big) \qquad (2\text{-}8)$$

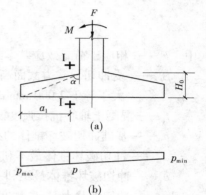

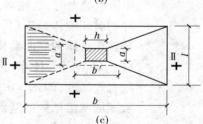

图 2-14　矩形基础底板截面弯矩计算

式中　M_I、M_{II}——任意截面 Ⅰ—Ⅰ、Ⅱ—Ⅱ 处相应于荷载效应基本组合时的弯矩设计值，kN·m；

　　　a_1——任意截面 Ⅰ—Ⅰ 至基底边缘最大反力处的距离，m；

　　　l、b——基础底面的边长，m，其中 b 为平行于力矩作用方向的边长；

　　　a'、b'——各分区内相应于计算截面处的长度，m；

　p_{max}、p_{min}——相应于荷载效应基本组合时基础底面边缘最大和最小地基反力设计值，kPa；

　　　p——相应于荷载效应基本组合时在任意截面 Ⅰ—Ⅰ 处基础底面地基反力设计值，kPa；

　　　G——考虑荷载分项系数的基础自重及其上的土自重，kN，当组合值由永久荷载控制时，$G = 1.35G_k$，G_k 为基础及其上土的标准自重，kN；

　　　A——基础底面面积，m^2。

柱下独立基础的底板应在两个方向配置受力钢筋，设计控制截面是柱边或阶梯形基础的变阶处，将此时对应的 a_1、a'、b' 和 p 代入式（2-6）、式（2-7）即可求出相应的控制截面弯矩值。底板长边方向和短边方向的受力钢筋面积 A_{sI} 和 A_{sII} 分别为

$$A_{sI} = \frac{M_I}{0.9f_yh_0} \qquad (2\text{-}9)$$

$$A_{s\text{II}} = \frac{M_{\text{II}}}{0.9f_y(h_0 - d)} \tag{2-10}$$

式中　d——钢筋直径；

其余符号意义同前。

为防止独立基础出现冲切破坏，由冲切破坏锥体以外的地基净反力所产生的冲切力应小于冲切面处混凝土的抗冲切能力。对矩形截面柱的矩形基础，应验算柱与基础交接处以及基础变阶处的受冲切承载力，而且往往柱短边一侧冲切破坏较柱长边一侧危险，这时只需根据柱短边最不利一侧的冲切验算条件决定底板厚度。冲切承载力验算公式为

$$F_l \leqslant 0.7\beta_{\text{hp}}f_t a_m h_0 \tag{2-11a}$$

$$a_m = (a_t + a_b)/2 \tag{2-11b}$$

$$F_l = p_j A_l \tag{2-11c}$$

式中　F_l——相应于荷载效应基本组合时作用在 A_l 上的地基土净反力设计值，kN；

β_{hp}——受冲切承载力截面高度影响系数，当 h 不大于 800 mm 时，β_{hp} 取 1.0，当 h 大于等于 2 000 mm 时，β_{hp} 取 0.9，其间按线性内插法取用；

f_t——混凝土轴心抗拉强度设计值，kPa；

h_0——基础冲切破坏锥体的有效高度，m；

a_m——冲切破坏锥体最不利一侧的计算长度，m；

a_t——冲切破坏锥体最不利一侧斜截面的上边长，m，当计算柱与基础交接处的受冲切承载力时，取柱宽，当计算基础变阶处的受冲切承载力时，取上阶宽；

a_b——冲切破坏锥体最不利一侧斜截面在基础底面面积范围内的下边长，m，当冲切破坏锥体的底面面积落在基础底面面积以内，即 $a_t + 2h_0 \leqslant l$ 时，如图 2-15（a）、（b）所示，计算柱与基础交接处的受冲切承载力时，a_b 取柱宽加两倍基础有效高度，即 $a_b = a_t + 2h_0$，当计算基础变阶处的受冲切承载力时，a_b 取上阶宽加两倍该处的基础有效高度，当冲切破坏锥体的底面在 l 方向落在基础底面以外，即 $a_t + 2h_0 \geqslant l$ 时，如图 2-15（c）所示，取 $a_b = l$；

p_j——扣除基础自重及其上土重后相应于荷载效应基本组合时地基土单位面积净反力，kPa，对偏心受压基础可取基础边缘处最大地基土单位面积净反力；

A_l——冲切验算时取用的部分基底面积，m²，图 2-15（a）、（b）中 $A_l = (b/2 - b_t/2 - h_0)l - (l/2 - a_b/2)^2$，即阴影面积 ABCDEF，或图 2-15（c）中 $A_l = (b/2 - b_t/2 - h_0)l$，即阴影面积 ABCD，$b_t$ 为相应的柱长边长度或平行于柱长边的台阶变化处长度。

设定一基础高度，若满足式（2-11a）的要求，表示该基础高度不会发生冲切破坏。若不满足要求，则要加大基础的高度 h（减去钢筋保护层的厚度后即为 h_0），直至满足要求。

二、联合基础

联合基础主要指同列相邻二柱公共的钢筋混凝土基础，即双柱联合基础，如图 2-16 所示。

为使联合基础的基底压力分布较为均匀，除应使基础底面形心尽可能接近柱主要荷

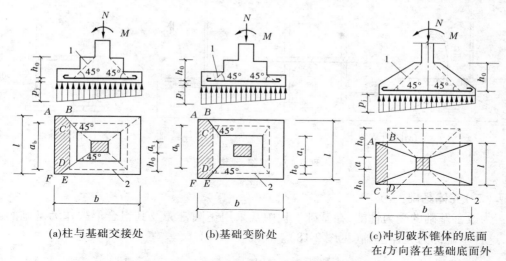

(a)柱与基础交接处　　　(b)基础变阶处　　　(c)冲切破坏锥体的底面
在l方向落在基础底面外

1—冲切破坏锥体最不利一侧的斜截面；2—冲切破坏锥体的底面线

图 2-15　计算阶形基础的受冲切承载力截面位置

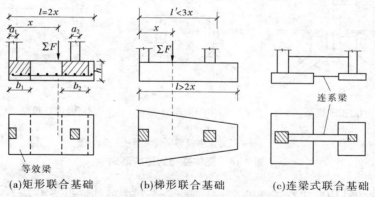

(a)矩形联合基础　　　(b)梯形联合基础　　　(c)连梁式联合基础

图 2-16　典型的双柱联合基础

载合力作用点外,基础还宜具有较大的抗弯刚度,因而通常采用"刚性设计"原则,即假设基底压力按线性规律分布,且不考虑基础与上部结构的相互作用。

根据理论计算和经验,认为可在柱边以外各取等于 h_0 的宽度(h_0 为基础的有效高度)与柱宽合计作为"等效梁"宽度,如图 2-16(a)所示。基础的横向受力钢筋按横向等效梁的柱边截面弯矩计算并配置于该截面内(此时,各横向等效梁底面的基底净反力以相应等效梁上的柱荷载计算),等效梁以外区段按最小配筋率配置。

三、独立基础

独立基础是配置于整个结构物之下的无筋或配筋的单个基础。这类基础与上部结构连成一体,或自身形成一个块状实体,因此具有很大的整体刚度,一般可按常规方法设计。

(一)独立基础的常用形式

烟囱、水塔、高炉等构筑物常采用钢筋混凝土圆板或圆环基础及混凝土的实体基础。独立基础的常用形式有圆板基础、实体基础和圆环基础(见图 2-17)。

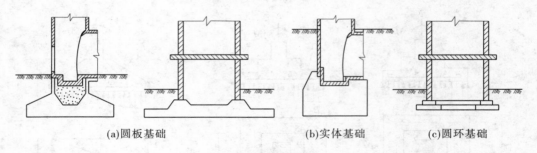

(a)圆板基础　　　　　　　　(b)实体基础　　　　(c)圆环基础

图 2-17　　烟囱、水塔基础

（二）壳体基础

为改善基础的受力性能,在基础工程中常采用正圆锥壳及其组合形式作为基础的断面,这种基础称为壳体基础(见图 2-18)。

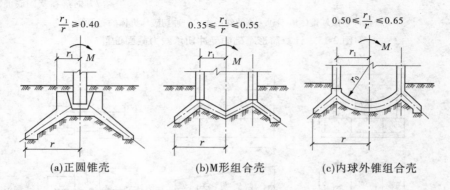

(a)正圆锥壳　　　　　(b)M 形组合壳　　　(c)内球外锥组合壳

r—基础水平投影面最大半径

图 2-18　　壳体基础的结构形式

壳体基础的结构形式有正圆锥壳、M 形组合壳和内球外锥组合壳。

一般高耸建筑物,如烟囱、水塔、电视塔、贮仓及中小型高炉等筒形构筑物常使用壳体基础。

第五节　　基础埋深的选择

所谓埋深,指的是从设计地面(一般从室外地面算起)到基础底面的距离。

埋深选择是基础设计工作中的重要一环,基础埋深的大小,对建筑物的造价、施工措施、施工期限以及保证房屋正常使用等都有影响。埋置太深,会增加房屋造价,埋置太浅,又不能保证建筑物的稳定性。

确定基础埋深的原则是,在满足地基稳定和变形的前提下,基础尽量浅埋。当上层土的承载力大于下层土的承载力时,宜利用上层土作为持力层。

影响基础埋深选择的因素很多,一般应考虑以下几个条件。

一、与建筑物有关的条件

基础的埋深首先取决于建筑物的用途或采用的基础形式,例如必须设置地下室或设备层的建筑物、半埋式结构物、须建造带封闭侧墙的底板基础或箱形基础的高层或重型建筑、带有地下设施的建筑物、具有地下部分的设备基础等。

二、工程地质条件

直接支承基础的土层称为持力层,其下的各土层称为下卧层。为了保证建筑物的安全,必须根据荷载的大小和性质给基础选择可靠的持力层。当上层土的承载力大于下层土的承载力时,如有可能,宜取上层土作为持力层,以减小基础的埋深;当上层土的承载力小于下层土的承载力时,如取下层土作为持力层,所需的基础底面面积较小,但埋深较大。哪一种方案较好,有时要从施工难易、材料用量等方面作方案比较后才能确定。当基础存在软弱下卧层时,基础宜尽量浅埋,以便加大基底至软弱层的距离。

在按地基条件选择埋深时,还经常要求从减少不均匀沉降的角度来考虑。例如,当土层的分布明显不均匀或各部分荷载轻重差别很大时,同一建筑物的基础可采用不同的埋深来调整不均匀沉降量。

(一)阶梯形基础

对墙基础,如地基持力层顶面倾斜,必要时可沿墙长将基础底面分段做成高低不同的阶梯状(见图2-19),以保证基础各段都具有足够的埋深。

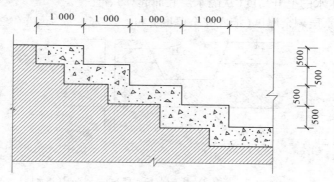

图2-19　阶梯形基础

(二)坡面基础

对于坡面基础(见图2-20),坡面埋深 d 应满足下列条件

$$d \geqslant (\chi b - a)\tan\beta \tag{2-12}$$

如基础埋深满足式(2-12),则土坡坡面附近由修建基础所引起的附加应力不影响土坡的稳定性。式中系数 χ 取3.5(对条形基础)或2.5(对矩形基础和圆形基础)。

三、水文地质条件

选择基础埋深时应注意地下水的埋藏条件和动态影响。对底面低于潜水面的基础,

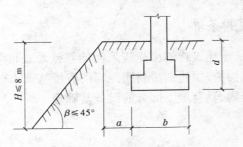

图 2-20　土坡坡顶处基础的最小埋深

除应考虑基坑排水、坑壁围护以及保持基土不受扰动等措施外,还应考虑可能出现的其他施工与设计问题,例如:出现涌土、流砂现象的可能性,地下水对基础材料的化学腐蚀作用,地下防渗,轻型结构物由于地下水顶托而上浮的可能性,地下水浮托力引起基础底板的内力变化等。

当持力层为隔水层而其下方存在承压水层时(见图 2-21),为了避免承压水冲破槽底而破坏地基,应注意开挖基槽时保留槽底安全厚度 h_0,可按下式估算

$$h_0 \geqslant \frac{\gamma_w}{\gamma}h \tag{2-13}$$

式中　γ——隔水层土的重度,kN/m^3;

　　　γ_w——水的重度,kN/m^3,取 10;

　　　h——承压水的上升高度(从隔水层底面起算),m;

　　　h_0——隔水层剩余厚度(槽底安全厚度),m。

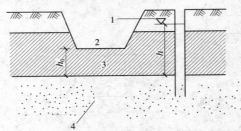

1—承压水位;2—基槽;3—黏土层(隔水层);4—卵石层(透水层)

图 2-21　基坑开挖深度(有承压水时)

若不能满足此条件,应采取人工降低地下水位,以保证基槽的安全。

四、地基冻融条件

地基土冻结的极限深度称为冻结深度。

(一)冻土

冻土分为季节性冻土和多年冻土两类。季节性冻土是指一年内冻结与解冻交替出现的冻土。

(二)冻胀和融陷

若冻胀产生的上抬力大于作用在基底的竖向力,会引起建筑物开裂甚至破坏。而土层解冻时,土中的冰晶体融化,使土体软化,含水量增大,强度降低,将产生很大的附加沉降,称为融陷。季节性冻土的冻胀性与融陷性是相互关联的,故常以冻胀性加以概括。

(三)冻胀性分类

地基土的冻胀性按《建筑地基基础设计规范》(GB 50007—2011)附录 G.0.1 分为不冻胀、弱冻胀、冻胀、强冻胀和特强冻胀五类(见表 2-4)。

表 2-4　地基土的冻胀性分类

土的名称	冻前天然 含水量 ω(%)	冻结期间地下 水位距冻结面的 最小距离 h_w(m)	平均冻胀率 η(%)	冻胀 等级	冻胀类别
碎(卵)石、砾、粗、中砂(粒径小于 0.075 mm 颗粒含量大于 15%),细砂(粒径小于 0.075 mm 颗粒含量大于 10%)	$\omega \leq 12$	>1.0	$\eta \leq 1$	I	不冻胀
		≤1.0	$1 < \eta \leq 3.5$	II	弱冻胀
	$12 < \omega \leq 18$	>1.0			
		≤1.0	$3.5 < \eta \leq 6$	III	冻胀
	$\omega > 18$	>0.5			
		≤0.5	$6 < \eta \leq 12$	IV	强冻胀
粉砂	$\omega \leq 14$	>1.0	$\eta \leq 1$	I	不冻胀
		≤1.0	$1 < \eta \leq 3.5$	II	弱冻胀
	$14 < \omega \leq 19$	>1.0			
		≤1.0	$3.5 < \eta \leq 6$	III	冻胀
	$19 < \omega \leq 23$	>1.0			
		≤1.0	$6 < \eta \leq 12$	IV	强冻胀
	$\omega > 23$	不考虑	$\eta > 12$	V	特强冻胀
粉土	$\omega \leq 19$	>1.5	$\eta \leq 1$	I	不冻胀
		≤1.5	$1 < \eta \leq 3.5$	II	弱冻胀
	$19 < \omega \leq 22$	>1.5	$1 < \eta \leq 3.5$	II	弱冻胀
		≤1.5	$3.5 < \eta \leq 6$	III	冻胀
	$22 < \omega \leq 26$	>1.5			
		≤1.5	$6 < \eta \leq 12$	IV	强冻胀
	$26 < \omega \leq 30$	>1.5			
		≤1.5	$\eta > 12$	V	特强冻胀
	$\omega > 30$	不考虑			

续表 2-4

土的名称	冻前天然含水量 ω (%)	冻结期间地下水位距冻结面的最小距离 h_w (m)	平均冻胀率 η (%)	冻胀等级	冻胀类别
黏性土	$\omega \leq \omega_P + 2$	>2.0	$\eta \leq 1$	I	不冻胀
		≤2.0	$1 < \eta \leq 3.5$	II	弱冻胀
	$\omega_P + 2 < \omega \leq \omega_P + 5$	>2.0			
		≤2.0	$3.5 < \eta \leq 6$	III	冻胀
	$\omega_P + 5 < \omega \leq \omega_P + 9$	>2.0			
		≤2.0	$6 < \eta \leq 12$	IV	强冻胀
	$\omega_P + 9 < \omega \leq \omega_P + 15$	>2.0			
		≤2.0	$\eta > 12$	V	特强冻胀
	$\omega > \omega_P + 15$	不考虑			

注:1. ω_P 为塑限含水量(%),ω 为在冻土层内冻前天然含水量的平均值。

2. 盐渍化冻土不在表列。

3. 塑性指数大于 22 时,冻胀性降低一级。

4. 粒径小于 0.005 mm 的颗粒含量大于 60% 时,为不冻胀土。

5. 碎石类土当充填物大于全部质量的 40% 时,其冻胀性按充填物土的类别判断。

6. 碎石土、砾砂、粗砂、中砂(粒径小于 0.075 mm 颗粒含量不大于 15%),细砂(粒径小于 0.075 mm 颗粒含量不大于 10%)均按不冻胀考虑。

(四)建筑基底下允许残留冻土层厚度 h_{max}

建筑基底下允许残留冻土层厚度 h_{max} 如表 2-5 所示。

表 2-5　建筑基底下允许残留冻土层厚度 h_{max}　　　　　(单位:m)

冻胀性	基础形式	采暖情况	基底平均压力(kPa)						
			90	110	130	150	170	190	210
弱冻胀土	条形基础	采暖	—	0.94	0.99	1.04	1.11	1.15	1.20
		不采暖	0.78	0.84	0.91	0.97	1.04	1.10	
	条形基础	采暖	—	>2.50	>2.50	>2.50	>2.50	>2.50	>2.50
		不采暖	2.20	2.50	>2.50	>2.50	>2.50	>2.50	
冻胀土	方形基础	采暖	—	0.64	0.70	0.75	0.81	0.86	—
		不采暖	0.55	0.60	0.65	0.69	0.74	—	
	条形基础	采暖	—	1.55	1.79	2.03	2.26	2.50	
		不采暖	1.15	1.35	1.55	1.75	1.95		

续表 2-5

冻胀性	基础形式	采暖情况	基底平均压力（kPa）						
			90	110	130	150	170	190	210
强冻胀土	方形基础	采暖	—	0.42	0.47	0.51	0.56	—	—
		不采暖	—	0.36	0.40	0.43	0.47	—	—
	条形基础	采暖	—	0.74	0.88	1.00	1.13		
		不采暖	—	0.56	0.66	0.75	0.84		
特强冻胀土	方形基础	采暖	0.30	0.34	0.38	0.41	—		
		不采暖	0.24	0.27	0.31	0.34			
	条形基础	采暖	0.43	0.52	0.61	0.70			
		不采暖	0.33	0.40	0.47	0.53			

注：1. 本表只计算法向冻胀力，如果基侧存在切向冻胀力，应采取防切向力措施。

2. 本表不适用于宽度小于 0.6 m 的基础，矩形基础可取短边尺寸按方形基础计算。

3. 表中数据不适用于淤泥、淤泥质土和欠固结土。

4. 表中基底平均压力数值为永久荷载标准值乘以 0.9，可以内插。

（五）季节性冻土地基的设计冻深 z_d

季节性冻土地基的设计冻深 z_d 应按下式计算

$$z_d = z_0 \cdot \psi_{zs} \cdot \psi_{zw} \cdot \psi_{ze} \tag{2-14}$$

式中　z_d——设计冻深，若当地有多年实测资料，也可按 $z_d = h' - \Delta z$ 计算，h' 和 Δz 分别为实测冻土层厚度和地表冻胀量；

　　　z_0——标准冻深，采用在地表平坦、裸露、城市之外的空旷场地中不少于 10 年实测最大冻深的平均值，当无实测资料时，按《建筑地基基础设计规范》（GB 50007—2011）附录 F 采用；

　　　ψ_{zs}——土的类别对冻深的影响系数，见表 2-6；

　　　ψ_{zw}——土的冻胀性对冻深的影响系数，见表 2-7；

　　　ψ_{ze}——环境对冻深的影响系数，见表 2-8。

表 2-6　土的类别对冻深的影响系数

土的类别	影响系数 ψ_{zs}	土的类别	影响系数 ψ_{zs}
黏性土	1.00	中砂、粗砂、砾砂	1.30
细砂、粉砂、粉土	1.20	碎石土	1.40

表 2-7　土的冻胀性对冻深的影响系数

冻胀性	影响系数 ψ_{zw}	冻胀性	影响系数 ψ_{zw}
不冻胀	1.00	强冻胀	0.85
弱冻胀	0.95	特强冻胀	0.80
冻　胀	0.90		

表 2-8　环境对冻深的影响系数

周围环境	影响系数 ψ_{ze}	周围环境	影响系数 ψ_{ze}
村、镇、旷野	1.00	城市市区	0.90
城市近郊	0.95		

注:环境影响系数一项,当城市市区人口为 20 万~50 万人时,按城市近郊取值;当城市市区人口大于 50 万人而小于或等于 100 万人时,按城市市区取值;当城市市区人口超过 100 万人时,按城市市区取值,5 km 以内的郊区应按城市近郊取值。

五、场地环境条件

基础埋深应大于因气候变化或树木生长导致地基土胀缩,以及其他生物活动形成孔洞等可能达到的深度,除岩石地基外,不宜小于 0.5 m。为了保护基础,一般要求基础顶面低于设计地面至少 100 mm 以上。

如果与邻近建筑物的距离很近,为了保证相邻原有建筑物的安全和正常使用,基础埋深宜浅于或等于相邻建筑物的埋深。如果基础深于原有建筑物基础,要使两基础之间保持一定距离,其净距 L 一般应大于相邻两基础底面高差 ΔH 的 1~2 倍(见图 2-22),以免开挖基坑时,坑壁坍落,影响原有建筑物地基的稳定。当不能满足这一需求时,应采取措施,如分段施工、设临时加固支撑或板桩支撑等。

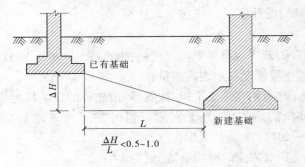

图 2-22　不同埋深相邻基础布置

如果基础邻近有管道或沟、坑等设施,基础底面一般应低于这些设施的底面。濒临河、湖等水体修建的建筑物基础,如受到流水或波浪冲刷的影响,其底面应位于冲刷线之下。

第六节　地基承载力的确定

地基承载力的有关定义如下:

(1)地基承载力是地基所具有的承受荷载的能力,即地基受荷后塑性区限在一定范围内,保证不产生剪切破坏而丧失稳定,且地基变形不超过容许值时的承载力。

(2)地基承载力特征值(f_{ak})是指载荷试验测定的地基土压力变形曲线线性变形内规定的变形所对应的压力值,其最大值为比例界限值。地基承载力特征值可由载荷试验或其他原位测试、公式计算,并结合工程实践经验等方法综合确定。

　　(3)修正后的地基承载力特征值(f_a)是指当基础宽度大于 3 m 或埋深大于 0.5 m 时,从载荷试验或其他原位测试、经验值等方法确定的地基承载力特征值,应进行深度和宽度修正,即为修正后的地基承载力特征值。

　　地基承载力的确定方法如下:

　　(1)根据土的强度理论计算确定。

　　(2)按静载荷试验等原位测试方法确定。

　　(3)根据规范承载力表确定。

　　(4)根据邻近条件相似的建筑物经验确定。

一、按理论公式计算地基承载力

　　当荷载偏心距 e 小于或等于 0.033 倍基础底面宽度(即 $e \leqslant 0.033b$,b 是指弯矩作用平面内的基础底面宽度)时,根据试验和统计得到的土的抗剪强度指标标准值,可按下式计算地基承载力特征值

$$f_a = M_b \gamma b + M_d \gamma_m d + M_c c_k \tag{2-15}$$

式中　f_a——由土的抗剪强度指标确定的地基承载力特征值;

　　　　M_b、M_d、M_c——承载力系数,按表 2-9 确定;

　　　　b——基础底面宽度,大于 6 m 时按 6 m 取值,对于砂土,小于 3 m 时按 3 m 取值;

　　　　c_k——基底下一倍短边宽深度内土的黏聚力标准值。

表 2-9　承载力系数 M_b、M_d、M_c

土的内摩擦角标准值 φ_k(°)	M_b	M_d	M_c	土的内摩擦角标准值 φ_k(°)	M_b	M_d	M_c
0	0	1.00	3.14	22	0.61	3.44	6.04
2	0.03	1.12	3.32	24	0.80	3.87	6.45
4	0.06	1.25	3.51	26	1.10	4.37	6.90
6	0.10	1.39	3.71	28	1.40	4.93	7.40
8	0.14	1.55	3.93	30	1.90	5.59	7.95
10	0.18	1.73	4.17	32	2.60	6.35	8.55
12	0.23	1.94	4.42	34	3.40	7.21	9.22
14	0.29	2.17	4.69	36	4.20	8.25	9.97
16	0.36	2.43	5.00	38	5.00	9.44	10.80
18	0.43	2.72	5.31	40	5.80	10.84	11.73
20	0.51	3.06	5.66				

注:φ_k 为基底下一倍短边宽深度内土的内摩擦角标准值。

二、按载荷试验确定地基承载力

　　(1)当载荷试验 $p \sim s$ 曲线上有明显的比例界限时(见图 2-23(a)),取该比例界限所

对应的荷载 p_{cr} 作为地基承载力特征值 f_{ak}。

（2）当极限荷载能确定，且该值 p_u 小于比例界限荷载值 p_{cr} 的 1.5 倍时，取极限荷载 p_u 的一半作为地基承载力特征值 f_{ak}。

当不能按上述两种方法确定时，可按图 2-23（b）中限制沉降量 s 对应的 p 值取值，即在 $p \sim s$ 曲线中，以一定的试验容许沉降值所对应的荷载作为地基的承载力特征值 f_{ak}。

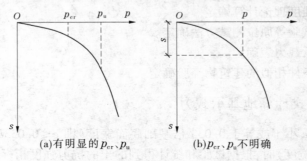

(a)有明显的 p_{cr}、p_u　　　　　　(b)p_{cr}、p_u 不明确

图 2-23　按静载荷试验 $p \sim s$ 曲线确定地基承载力

三、按规范承载力表确定

（1）根据野外鉴别结果确定。

（2）根据土的物理、力学性质指标确定。

（3）根据标准贯入试验和轻便触探试验确定。

（4）根据邻近条件相似的建筑物经验确定。

四、地基承载力特征值的修正

地基承载力除与土的性质有关外，还与基础底面尺寸及埋深等因素有关。当基础底面宽度大于 3 m 或埋深大于 0.5 m 时，除岩石地基外，地基承载力特征值 f_{ak} 应按下式进行宽度和埋深修正

$$f_a = f_{ak} + \eta_b \gamma (b - 3) + \eta_d \gamma_m (d - 0.5) \tag{2-16}$$

式中　f_a——修正后的地基承载力特征值，kPa；

　　　f_{ak}——地基承载力特征值，kPa，可由载荷试验或其他原位测试、公式计算并结合工程实践经验等方法综合确定；

　　　η_b、η_d——基础宽度和埋深的地基承载力修正系数，按基底下土的类别查表 2-10取值；

　　　γ——基础底面以下土的重度，kN/m³，地下水位以下取浮重度；

　　　b——基础底面宽度，m，基宽小于 3 m 按 3 m 取值，大于 6 m 按 6 m 取值；

　　　γ_m——基础底面以上土的加权平均重度，kN/m³，地下水位以下取有效重度；

　　　d——基础埋深，m，宜自室外地面标高算起，在填方整平地区，可自填土地面标高算起，但填土在上部结构施工后完成时，应从天然地面标高算起，对于地下

室,当采用箱形基础或筏板基础时,基础埋深自室外地面标高算起,当采用独立基础或条形基础时,应从室内地面标高算起。

表 2-10　承载力修正系数

土的类别		η_b	η_d
淤泥和淤泥质土		0	1.0
人工填土 e 或 I_L 大于等于 0.85 的黏性土		0	1.0
红黏土	含水比 $\alpha_w > 0.8$	0	1.2
	含水比 $\alpha_w \leqslant 0.8$	0.15	1.4
大面积压实填土	压实系数大于 0.95,黏粒含量 $\rho_c \geqslant 10\%$ 的粉土	0	1.5
	最大干密度大于 2.1 t/m^3 的级配砂石	0	2.0
粉土	黏粒含量 $\rho_c \geqslant 10\%$ 的粉土	0.3	1.5
	黏粒含量 $\rho_c < 10\%$ 的粉土	0.5	2.0
e 及 I_L 均小于 0.85 的黏性土		0.3	1.6
粉砂、细砂(不包括很湿与饱和时的稍密状态)		2.0	3.0
中砂、粗砂、砾砂和碎石土		3.0	4.4

注:1. 强风化和全风化的岩石,可参照所风化成的相应土类取值;其他状态下的岩石不修正。

2. 地基承载力特征值按《建筑地基基础设计规范》(GB 50007—2011)附录 D 深层平板载荷试验确定时 η_d 取 0。

3. 含水比是指土的天然含水量与液限的比值。

4. 大面积压实填土是指填土范围大于两倍基础宽度的填土。

第七节　基础底面尺寸的确定

在初步选择基础类型和埋深后,就可以根据持力层承载力设计值计算基础底面的尺寸。如果持力层较薄,且其下存在着承载力显著低于持力层的下卧层,尚须对软弱下卧层进行承载力验算。

一、根据持力层承载力计算基础底面尺寸

(一)中心荷载作用下的基础

如图 2-24 所示,在中心荷载 F、G 作用下,基础底面面积 A 可按下式计算

$$A \geqslant \frac{F}{f_a - \gamma_G d} \tag{2-17}$$

方形基础宽度

$$b = \sqrt{A} = \sqrt{\frac{F}{f_a - \gamma_G d}} \tag{2-18}$$

矩形基础面积

$$bl = A \geqslant \frac{F}{f_a - \gamma_G d} \tag{2-19}$$

条形基础宽度

$$b \geqslant \frac{F}{f_a - \gamma_G d} \qquad (2\text{-}20)$$

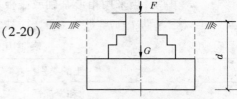

(二)偏心荷载作用下的基础

对于条形基础,基底压力为

$$p_{min}^{max} = \frac{F + G}{A} \pm \frac{M}{W} \qquad (2\text{-}21)$$

对于矩形基础,基底压力为

$$p_{min}^{max} = \frac{F + G}{A}(1 \pm \frac{6e}{l}) \qquad (2\text{-}22)$$

$$p_{max} \leqslant 1.2f \qquad (2\text{-}23)$$

$$e = \frac{M}{F + C} \qquad (2\text{-}24)$$

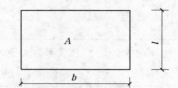

$$W = \frac{lb^2}{6} \qquad (2\text{-}25)$$

图 2-24　中心荷载作用下的基础

偏心荷载作用下的基础底面尺寸通常通过试算确定:

(1)按中心荷载作用的公式求基础底面面积 A_0;

(2)因偏心荷载下应力分布不均匀,按偏心程度将计算的基础底面面积增加 10% ~ 40%,即偏心荷载: $A = (1.1 \sim 1.4)A_0$;

(3)按矩形基础或条形基础计算公式计算基底压力、验算地基承载力,反复试算,直至满足要求。

二、软弱下卧层的验算

验算软弱下卧层计算简图如图 2-25 所示。

$$\sigma_z + \sigma_{cz} \leqslant f_z \qquad (2\text{-}26)$$

式中　σ_z——软弱下卧层顶面处的附加应力设计值,kPa;

　　σ_{cz}——软弱下卧层顶面处土的自重应力,kPa;

　　f_z——软弱下卧层顶面处经深度修正后地基承载力设计值,kPa。

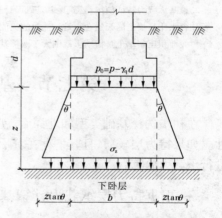

图 2-25　验算软弱下卧层计算简图

对于矩形基础

$$\sigma_z = \frac{lb(p - \sigma_c)}{(l + 2z\tan\theta)(b + 2z\tan\theta)} \qquad (2\text{-}27)$$

对于条形基础

$$\sigma_z = \frac{b(p - \sigma_c)}{b + 2z\tan\theta} \qquad (2\text{-}28)$$

式中　b、l——矩形基础的宽和长,m;

　　p——基底压力设计值,kPa;

σ_c——基底处土的自重应力标准值，kPa；

z——基础底面至软弱下卧层顶面的距离，m；

θ——地基压力扩散线与垂直线的夹角，即地基压力扩散角，(°)，可按表2-11采用。

对于条形基础，仅考虑宽度方向的扩散，并以沿基础纵向单位长度为计算单元。

表 2-11　地基压力扩散角 θ

E_{s1}/E_{s2}	z/b	
	0.25	0.50
3	6°	23°
5	10°	25°
10	20°	30°

注：1. E_{s1} 为上层土压缩模量，E_{s2} 为下层土压缩模量。

2. z/b < 0.25 时取 θ = 0°，必要时，宜由试验确定；z/b > 0.50 时 θ 值不变。

3. z/b 在 0.25 与 0.50 之间可插值使用。

第八节　地基变形验算及基础底面尺寸的调整

一、地基特征变形验算

(一)概述

对于各类建筑结构，如何控制对其不利的沉降形式——地基的特征变形，使它不会导致建筑物开裂损坏，有损其使用条件和外观，这是地基基础设计必须予以充分考虑的另一基本问题。

在常规设计中，一般都针对各类建筑物的结构特点、整体刚度和使用要求的不同，计算地基沉降的某一特征值 Δ，验证其是否不超过相应的允许值 $[\Delta]$，即满足下列条件：$\Delta \leqslant [\Delta]$。

建筑物的地基变形允许值见表 2-12。

表 2-12　建筑物的地基变形允许值

变形特征		地基土类别	
		中、低压缩性土	高压缩性土
砌体承重结构基础的局部倾斜		0.002	0.003
工业与民用建筑相邻柱基的沉降差	框架结构	0.002l	0.003l
	砌体墙填充的边排柱	0.000 7l	0.001l
	当基础不均匀沉降时不产生附加应力的结构	0.005l	0.005l
单层排架结构(柱距为6 m)柱基的沉降量(mm)		(120)	200

续表 2-12

变形特征		地基土类别	
		中、低压缩性土	高压缩性土
桥式吊车轨面的倾斜(按不调整轨道考虑)	纵向	0.004	
	横向	0.003	
多层和高层建筑的整体倾斜	$H_g \leqslant 24$	0.004	
	$24 < H_g \leqslant 60$	0.003	
	$60 < H_g \leqslant 100$	0.002 5	
	$H_g > 100$	0.002	
体型简单的高层建筑基础的平均沉降量(mm)		200	
高耸结构基础的倾斜	$H_g \leqslant 20$	0.008	
	$20 < H_g \leqslant 50$	0.006	
	$50 < H_g \leqslant 100$	0.005	
	$100 < H_g \leqslant 150$	0.004	
	$150 < H_g \leqslant 200$	0.003	
	$200 < H_g \leqslant 250$	0.002	
高耸结构基础的沉降量(mm)	$H_g \leqslant 100$	400	
	$100 < H_g \leqslant 200$	300	
	$200 < H_g \leqslant 250$	200	

注:1. 本表数值为建筑物地基实际最终变形允许值。

2. 有括号者仅适用于中压缩性土。

3. l 为相邻柱基的中心距离,mm;H_g 为自室外地面起算的建筑物高度,m。

4. 倾斜指基础倾斜方向两端点的沉降差与其距离的比值。

5. 局部倾斜指砌体承重结构沿纵向 6～10 m 内基础两点的沉降差与其距离的比值。

(二)地基特征变形

地基的特征变形可以分为如下四类(见图 2-26)。

(1)沉降量。基础某点的沉降值。

(2)沉降差。基础两点或相邻柱基中点的沉降量之差。

(3)倾斜。基础倾斜方向两端点的沉降差与其距离的比值。

(4)局部倾斜。砌体承重结构沿纵向 6～10 m 内基础两点的沉降差与其距离的比值。

1. 与柔性结构有关的地基特征变形

以屋架、柱和基础为主体的木结构和排架结构是典型的柔性结构,在高压缩性地基上应注意下列情况下的地基特征变形:

(1)开窗面积不大的墙砌体填充的边排柱,尤其是房屋端部抗风柱之间的沉降差。

(2)单层排架结构柱基的沉降量、多跨排架中受荷较大的中排柱基的下沉量,以免支

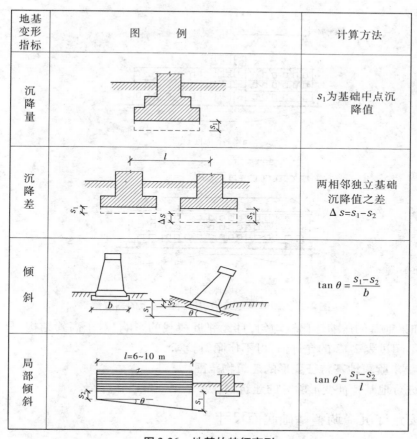

地基变形指标	图　例	计算方法
沉降量		s_1为基础中点沉降值
沉降差		两相邻独立基础沉降值之差 $\Delta s = s_1 - s_2$
倾斜		$\tan\theta = \dfrac{s_1 - s_2}{b}$
局部倾斜		$\tan\theta' = \dfrac{s_1 - s_2}{l}$

图 2-26　地基的特征变形

承于其上的相邻屋架发生对倾而使端部相碰。

（3）相邻柱基的沉降差所形成的桥式吊车轨面沿纵向或横向的倾斜,会导致吊车滑行或卡轨。

（4）由于厂房内部大面积堆载引起桩基向内转动倾斜,使柱受屋架的顶撑作用而弯曲。由地面荷载引起的柱基倾斜允许值为 0.008。

2. 与敏感性结构有关的地基变形特征

建筑物因地基沉降所引起的损坏,最常见的是砌体承重结构房屋外纵墙由拉应变形成的裂缝。图 2-27 是混合结构房屋外纵墙上因砌体剪切变形引起的斜裂缝。其中,图 2-27(a)中部沉降较大,墙体正向挠曲(下凹),裂缝呈正"八"字形开展;图 2-27(b)两翼沉降较大,墙体反向挠曲(拱起),裂缝呈倒"八"字形 。总之,斜裂缝的形态特征是朝沉降较大的那一方倾斜并向上延伸的。

3. 与刚性结构有关的地基特征变形

（1）对于高耸结构以及长高比很小的高层建筑,其地基的主要特征变形是建筑物整体倾斜。

（2）地基土层的不均匀分布以及邻近建筑物的影响是高耸结构物产生倾斜的重要原因。

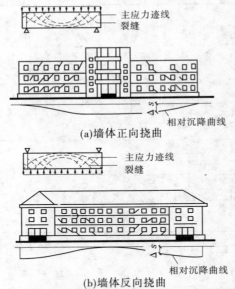

图 2-27　砌体承重结构房屋外纵墙上的斜裂缝

（3）如果地基的压缩性比较均匀，且无邻近荷载的影响，对于高耸结构，只要基础中心沉降量不超过表 2-12 的允许值，可不作倾斜验算。

（三）要求验算地基特征变形的建筑物范围

必须进行地基特征变形验算的建筑物在本章第三节已作介绍。

二、按允许沉降调整基础底面尺寸

设计压缩性地基上的独立基础或扩展基础，如只按地基承载力确定基础底面尺寸，则未必都能满足地基允许特征变形值（主要是沉降量和沉降差）的要求。

这里调整基础底面尺寸的概念和方法均按满足允许沉降差要求论述，但同样适用于沉降量调整的情况。

（一）基本概念

1. 均质地基上基础的沉降

均质地基上基础的沉降可按下式计算

$$s = \frac{1 - \mu^2}{E_0} \omega p_0 b \tag{2-29}$$

式中　s——地基表面任意点的沉降，mm；

　　　μ——地基土的泊松比；

　　　E_0——地基土的变形模量，kPa；

　　　p_0——基础底面的均布荷载，kPa；

　　　b——矩形荷载（基础）的宽度或圆形荷载（基础）的直径，m；

　　　ω——沉降影响系数。

如果以基底平均净反力 $p_p = \dfrac{F}{lb}$ 来近似代替式中的基底平均附加压力 p_0，即可得以下

公式

$$s = \frac{1 - \mu^2}{E_0} \omega \frac{F}{l} \tag{2-30}$$

式中　F——矩形基础柱荷载,kN;

　　　l——矩形基础的一边长,m;

　　　其他符号含义同前。

2.假设对某建筑物下荷载不同的柱基础群

按一个统一的承载力设计值 f 来确定所有基础的基础底面尺寸,则各基础的基底附加压力均为 $p_0 = f - \gamma_0 d$。根据式(2-29),底面尺寸愈大的基础(设边长比 l/b 不变,ω 为常数),其沉降量也愈大。

3.一个柱基

当其荷载 F 值不变时,由式(2-30)可以看出,增大底面尺寸反而可以减小沉降量,因为其基底平均附加压力 p_0 已随着底面面积的增大而减小了。按照这一概念,对于承受一定柱荷载的基础,可以通过改变其底面尺寸来达到改变沉降量的目的。

4.不同尺寸的相邻基础

如图 2-28 所示,j、k 两相邻基础原来的底面面积都是以相同的承载力 f 确定的,设柱荷载 $F_k > F_j$,则底面面积 $A_k > A_j$,因此沉降 $s_k > s_j$。

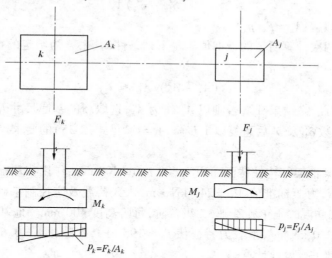

图 2-28　不同尺寸的相邻基础

如沉降差 $\Delta s_{kj} = s_k - s_j$ 超过允许值 $[\Delta]$,就只能靠沉降较大的 k 基础底面面积的增大来削减 s_k,从而将沉降差缩小到 $\Delta_{kj}^* \leqslant [\Delta]$。

必须指出,当地基存在压缩性大的软弱下卧层时,扩大基础底面面积并不都能有效地减小沉降量,有时甚至适得其反,此时如有可能,也可以通过调整基础埋深或采取其他方面的措施来解决。

(二)概述迭代法调整基础底面尺寸的计算

高压缩性地基上的基础按允许沉降差调整基底尺寸时,应考虑邻近基础对沉降的影

响。在计算过程中,引入沉降影响系数(或称地基柔度系数)δ,即

$$s_j = \delta_{jj}F_j + \delta_{jk}F_k \qquad s_k = \delta_{kk}F_k + \delta_{kj}F_j \qquad (2\text{-}31)$$

式中 δ_{jk}——k 基础承受单位竖向柱荷载 $F_k = 1$ 时,在 j 基础中心处引起的沉降,其余系数 δ_{kj}、δ_{jj} 和 δ_{kk} 的意义可仿此类推。

式(2-31)认为,地基具有线性变形性质而且是应用叠加原理得到的。

设 k 基础的沉降较大,利用式(2-31),k、j 两基础的沉降差可表达为

$$\Delta_{kj} = (\delta_{kk} - \delta_{jk})F_k - (\delta_{jj} - \delta_{kj})F_j \qquad (2\text{-}32)$$

如 $\Delta_{kj} > [\Delta]$,且按相同的 f 值选定了 A_j 和 A_k,则只能将 A_k 增大为 A_k^*,以便使沉降差由 Δ_{kj} 减小到 $[\Delta]$。此时,k 基础的基底附加压力减小为 $p_k^* = F_k/A_k^*$,与其底面尺寸有关的沉降影响系数 δ_{kk} 和 δ_{jk} 相应改变为 δ_{kk}^* 和 δ_{jk}^*,则

$$[\Delta] = (\delta_{kk}^* - \delta_{jk}^*)p_k^* A_k^* - (\delta_{jj} - \delta_{kj})F_j \qquad (2\text{-}33)$$

由于 p_k^* 和系数 δ_{kk}^*、δ_{jk}^* 均为未知数,故无法由式(2-33)直接解出调整后的基底面积 A_k^*,而应采用迭代算法才能求得,其步骤如下:

(1)将式(2-33)中的 δ_{kk}^*、δ_{jk}^*、p_k^* 和 A_k^* 以相应的近似值 δ_{kk}'、δ_{jk}'、p_k' 和 A_k' 代替(对第一次迭代计算,可取 $\delta_{kk}' = \delta_{kk}$,$\delta_{jk}' = \delta_{jk}$,$A_k' = A_k$),从而求得

$$p_k' = \frac{[\Delta] + (\delta_{jj} - \delta_{kj})F_j}{(\delta_{kk}' - \delta_{jk}')A_k'} \qquad (2\text{-}34)$$

(2)计算近似解:$A_k' = F_k/p_k'$。

(3)如前后两次计算所得的近似值满足下列条件(其中 ε 为给定的精度控制数,一般取 $0.01 \sim 0.02$)

$$|(A_k'' - A_k')/A_k'| \leqslant \varepsilon \qquad (2\text{-}35)$$

则取 A_k'' 作为最终结果 A_k^*,否则以 A_k'' 作为 A_k',选取新的基底尺寸 l_k 和 b_k,并计算相应的沉降影响系数 δ_{kk}' 及 δ_{jk}' 后重复以上步骤,直至满足式(2-35)的要求。上述计算可编程进行。

【例 2-1】 某框架结构柱截面面积为 $600 \text{ mm} \times 400 \text{ mm}$,作用在基础上的竖向荷载标准值 $F_k = 900 \text{ kN}$,力矩标准值 $M_k = 240 \text{ kN} \cdot \text{m}$,永久荷载效应控制基础。基础埋深 1.2 m,拟采用柱下钢筋混凝土单独基础,二级台阶,每阶高度 400 mm。地基土为均匀的粉质黏土,重度 $\gamma = 19.0 \text{ kN/m}^3$,承载力特征值 $f_{ak} = 195 \text{ kPa}$,孔隙比 $e = 0.65$,液性指数 $I_L = 0.36$。试对该基础进行设计计算。

解:1. 初步确定持力层承载力

不考虑宽度修正,孔隙比 e 和液性指数 I_L 均大于 0.85,查表 2-10,粉质黏土的承载力修正系数 $\eta_b = 0.3$,$\eta_d = 1.6$;地基土均匀,基底以上土的重度 $\gamma_m = 19.0 \text{ kN/m}^3$。

深度修正后的地基承载力特征值为

$$f_a = f_{ak} + \eta_d \gamma_m (d - 0.5)$$
$$= 195 + 1.6 \times 19.0 \times (1.2 - 0.5) = 216.28 (\text{kPa})$$

2. 确定基础底面尺寸

基础及其上土的重度 $\gamma_G = 20 \text{ kN/m}^3$。

只考虑竖向荷载作用,由式(2-17)

$$A_1 \geqslant \frac{F_k}{f_a - \gamma_G d} = \frac{900}{216.28 - 20 \times 1.2} \approx 4.68(\text{m}^2)$$

考虑偏心荷载作用,基础面积增大 25%,则 $A = 1.25A_1 = 1.25 \times 4.68 = 5.85(\text{m}^2)$;

一般取 $b/l = 1.2 \sim 2.0$,则取 $b = 3.0$ m $\leqslant 3.0$ m,$l = 2.0$ m < 3.0 m,故承载力不需要进行宽度修正,持力层承载力特征值仍为 $f_{ak} = 216.28$ kPa。

3. 计算基底边缘压力标准值

基础及回填土重:$G_k = \gamma_G A d = 20 \times 3 \times 2 \times 1.2 = 144(\text{kN})$

基底边缘压力为

$$p_{kmin}^{kmax} = \frac{F_k + G_k}{A} \pm \frac{6M_k}{lb^2} = \frac{900 + 144}{2 \times 3} \pm \frac{6 \times 240}{2 \times 3^2} = \frac{254}{94}(\text{kPa})$$

4. 基础冲切破坏验算

采用 C20 混凝土,其抗拉强度设计值 $f_t = 1.1$ N/mm²。初步确定采用台阶基础,共二阶,每阶高度 400 mm。取保护层厚 50 mm,则对柱边截面 $h_0 = h - 50 = 800 - 50 = 750$ (mm)。

本基础设计,冲切发生在最大反力一侧,因 $l = 2\,000 > a_t + 2h_0 = 400 + 2 \times 750 = 1\,900$ (mm),则冲切破坏锥体的底面落在基础底面以内,有

a_t 为柱宽,$a_t = 400$ mm,$a_b = a_t + 2h_0 = 400 + 2 \times 750 = 1\,900$ (mm)。

$$A_l = \left(\frac{b}{2} - \frac{b_t}{2} - h_0\right)l - \left(\frac{l}{2} - \frac{a_b}{2}\right)^2$$

$$= \left(\frac{3\,000}{2} - \frac{600}{2} - 750\right) \times 2\,000 - \left(\frac{2\,000}{2} - \frac{1\,900}{2}\right)^2$$

$$= 897\,500(\text{mm}^2)$$

基础截面高 800 mm $\leqslant$ 800 mm,则取 $\beta_{hp} = 1.0$,由式(2-11a)得

$$0.7\beta_{hp}f_t a_m h_0 = 0.7 \times 1.0 \times 1.1 \times \left(\frac{400 \times 2 + 2 \times 750}{2}\right) \times 750 = 664\,125(\text{N})$$

偏心荷载下由永久荷载控制荷载效应的基本组合时

$$p_j = 1.35 \times (p_{kmax} - G_k/A) = 1.35 \times \left(254 - \frac{144}{2 \times 3}\right) = 310.5(\text{kPa})$$

$$F_l = p_j A_l = 0.310\,5 \times 897\,500 = 278\,673.75(\text{N}) < 0.7\beta_{hp}f_t a_m h_0 = 664\,125\ \text{N}$$

故基础高度足够,满足抗冲切要求,不会发生冲切破坏。

变截面冲切验算略。

5. 基础底板配筋计算

钢筋选取 HPB235 级,$f_y = 210$ N/mm²。

基础长边方向宽高比 $\dfrac{3\,000 - 600}{2 \times 800} = 1.5 < 2.5$

基础短边方向宽高比 $\dfrac{2\,000 - 400}{2 \times 800} = 1.0 < 2.5$

偏心荷载偏心距 $e = \dfrac{M_k}{F_k} = \dfrac{240}{900} = 0.267(\text{m}) < \dfrac{b}{6} = \dfrac{3}{6} = 0.5(\text{m})$

上述三个条件满足,可按式(2-6)和式(2-7)计算弯矩。

荷载效应基本组合时基础底面边缘最大、最小反力设计值分别为

$$p_{\min}^{\max} = 1.35 \times p_{k\min}^{k\max} = 1.35 \times \dfrac{254}{94} = \dfrac{342.9}{126.9}(\text{kPa})$$

(1)Ⅰ—Ⅰ截面。

Ⅰ—Ⅰ截面至基底边缘最大反力处的距离 $a_1 = (3\,000 - 600)/2 = 1\,200(\text{mm})$,计算截面处的长度 $a' = 0.4$ m;垂直偏心方向的基底边长 $l = 2.0$ m,平行偏心方向的基底边长 $b = 3$ m,Ⅰ—Ⅰ截面处的基底反力设计值为

$$\begin{aligned} p &= p_{\min} + (p_{\max} - p_{\min})(b - a_1)/b \\ &= 126.9 + (342.9 - 126.9) \times (3 - 1.2)/3 \\ &= 256.5(\text{kPa}) \end{aligned}$$

将各参数代入式(2-6)得

$$\begin{aligned} M_{\mathrm{I}} &= \frac{1}{12}a_1^2 \Big[(2l + a')\Big(p_{\max} + p - \frac{2G}{A}\Big) + (p_{\max} - p)l \Big] \\ &= \frac{1}{12} \times 1.2^2 \times \Big[(2 \times 2 + 0.4) \times \Big(342.9 + 256.5 - \frac{2 \times 1.35 \times 144}{2 \times 3}\Big) + (342.9 - 256.5) \times 2 \Big] \\ &= 303.004\,8(\text{kN} \cdot \text{m}) = 303\,004\,800\ \text{N} \cdot \text{mm} \end{aligned}$$

由式(2-9)得

$$A_{\mathrm{s}\,\mathrm{I}} = \frac{M_{\mathrm{I}}}{0.9 f_{\mathrm{y}} h_0} = \frac{303\,004\,800}{0.9 \times 210 \times 750} = 2\,138(\text{mm}^2)$$

故实际配筋 10 Φ 18@200($A_{\mathrm{s}} = 2\,545\ \text{mm}^2$)。

(2)Ⅱ—Ⅱ截面。

Ⅱ—Ⅱ计算截面处的长度 $b' = 0.6$ m,其他参数同Ⅰ—Ⅰ截面,代入式(2-7)得

$$\begin{aligned} M_{\mathrm{II}} &= \frac{1}{48}(l - a')^2 (2b + b')\Big(p_{\max} + p_{\min} - \frac{2G}{A}\Big) \\ &= \frac{1}{48} \times (2 - 0.4)^2 (2 \times 3 + 0.6)\Big(342.9 + 126.9 - \frac{2 \times 1.35 \times 144}{2 \times 3}\Big) \\ &= 142.560(\text{kN} \cdot \text{m}) = 142\,560\,000(\text{N} \cdot \text{mm}) \end{aligned}$$

由式(2-10)得

$$A_{\mathrm{s}\,\mathrm{II}} = \frac{M_{\mathrm{II}}}{0.9 f_{\mathrm{y}}(h_0 - d)} = \frac{142\,560\,000}{0.9 \times 210 \times (750 - 18)} = 1\,030(\text{mm}^2)$$

故实际配筋 11 Φ 12@250($A_{\mathrm{s}} = 1\,244\ \text{mm}^2$)。

基础断面构造尺寸及配筋见图 2-29。

【例2-2】 已知某住宅楼外墙厚 370 mm,相应于荷载效应基本组合时作用在基础顶面的轴心荷载为 $F = 390$ kN/m。基础埋深 1.30 m,地基土为均匀的粉土,重度 $\gamma = 18.5$ kN/m^3,承载力特征值 $f_{ak} = 140$ kPa,黏粒含量 $\rho_c < 10\%$。试设计该基础。

解:(1)基础材料选用钢筋混凝土条形基础,混凝土等级 C20,钢筋 HPB235 级,$f_t =$

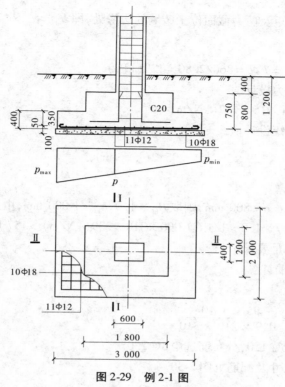

图 2-29　例 2-1 图

$1.10 \text{ N/mm}^2, f_y = 210 \text{ N/mm}^2$。

（2）初步确定持力层承载力。

不考虑宽度修正，黏粒含量 $\rho_c < 10\%$，查表 2-10，粉土的承载力修正系数 $\eta_b = 0.5$，$\eta_d = 2.0$；地基土均匀，基底以上土的重度 $\gamma_m = 18.5 \text{ kN/m}^3$。

深度修正后的地基承载力特征值为

$$f_a = f_{ak} + \eta_d \gamma_m (d - 0.5)$$
$$= 140 + 2.0 \times 18.5 \times (1.30 - 0.5) = 169.6 (\text{kPa})$$

（3）确定基础底面宽度。

基础及其上土的重度 $\gamma_G = 20 \text{ kN/m}^3$；

只考虑竖向荷载作用，由式（2-20）得

$$b \geqslant \frac{F}{f_a - \gamma_G d} = \frac{390}{169.6 - 20 \times 1.30} \approx 2.72 (\text{m})$$

取 $b = 2.80 \text{ m} < 3.0 \text{ m}$，故承载力不需要进行宽度修正，持力层承载力特征值仍为 $f_{ak} = 169.6 \text{ kPa}$。

（4）确定基础高度。

基础高度一般按 $h = b/8$ 的经验值选取：$h = b/8 = 2\,800/8 = 350(\text{mm})$。钢筋保护层厚度取 40 mm，则 $h_0 = 350 - 40 = 310(\text{mm})$，做成锥形截面，用砖放脚，与墙体相连。剖面图见图 2-30。

悬臂部分最大弯矩及剪力截面位于砖墙的边缘处,即 $b_1 = \dfrac{1}{2} \times (2.8 - 0.37) = 1.215$ (m);

地基净反力值:$p_j = F/b = 360/2.80 = 129 \, (\text{kPa})$

Ⅰ—Ⅰ截面的剪力设计值

$V = p_j b_1 = 129 \times 1.215 = 157 \, (\text{kN/m})$

Ⅰ—Ⅰ截面的弯矩设计值

$$M_1 = \frac{1}{2} p_j b_1^2 = \frac{1}{2} \times 129 \times 1.215^2 = 95.2 \, (\text{kN} \cdot \text{m})$$

(5)基础剪切验算。

基础截面高 360 mm < 800 mm,则取 $\beta_{hp} = 1.0$,$a_m = 1\,000$ mm,由式(2-11a)得

$0.7\beta_{hp}f_t a_m h_0 = 0.7 \times 1.0 \times 1.1 \times 1\,000 \times 310 = 239 \, (\text{kN/m}) > 157 \, \text{kN/m}$

基础底板高度满足要求。

(6)基础底板配筋计算。

由式(2-9)得

$$A_{s1} = \frac{M_1}{0.9 f_y h_0} = \frac{95.2 \times 10^6}{0.9 \times 210 \times 310} = 1\,625 \, (\text{mm}^2)$$

故实际配筋Φ16@120,分布筋选Φ8@250。

基础断面构造尺寸及配筋见图2-30。

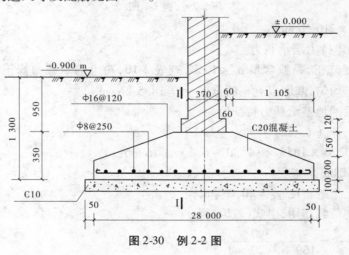

图2-30　例2-2图

第九节　减轻建筑物不均匀沉降的措施

减轻建筑物不均匀沉降常用的方法:①采用柱下条形基础、筏板基础和箱形基础等;②采用桩基或其他深基础;③采用各种地基处理方法;④从地基、基础、上部结构相互作用的观点出发,在建筑、结构或施工方面采取措施。

只处理地基不能完全解决问题,往往需同时辅以某些建筑、结构和施工措施,才能取

得预期效果。

一、建筑设计措施

（一）建筑物的体型应力求简单

建筑物平面和立面上的轮廓形状,构成了建筑物的体型。复杂的体型常常是削弱建筑物整体刚度和加剧不均匀沉降的重要因素。因此,当地基条件不好时,在满足使用要求的前提下,应尽量采用简单的建筑体型,如长高比小(建筑物长度或沉降单元长度与自基础底面算起的总高度之比)的等高"一"字形建筑物。实践表明,这样的建筑物,由于整体刚度好,地基受荷均匀,所以较少发生开裂。

平面形状复杂的建筑物(见图2-31),纵、横单元交叉处基础密集,地基中各单元荷载产生附加应力互相重叠,必然出现比别处更大的沉降。加之这类建筑物的整体性差,各部分的刚度不对称,很容易遭受地基不均匀沉降的损害。

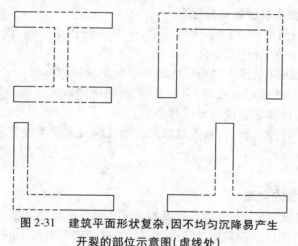

图 2-31　建筑平面形状复杂,因不均匀沉降易产生
开裂的部位示意图(虚线处)

（二）控制建筑物的长高比

建筑物的长高比是决定结构整体刚度的主要因素。长高比大的砌体承重房屋,其整体刚度差,纵墙很容易因挠曲过度而开裂。

（三）合理布置纵、横墙

合理布置纵、横墙是增强砌体承重结构房屋整体刚度的重要措施之一。一般地基不均匀沉降最易产生在纵向挠曲上,因此一方面要避免纵墙开洞、转折、中断而削弱纵墙刚度;另一方面应使纵墙尽可能与横墙联结,缩小横墙间距,以增加房屋整体刚度,提高调整不均匀沉降的能力。

（四）合理安排相邻建筑物之间的距离

地基中附加应力的向外扩散,使得相邻建筑物的沉降互相影响,在软弱地基上,两建筑物的距离太近时,相邻影响产生的附加不均匀沉降,可能造成建筑物的开裂或互倾。这两种相邻影响主要表现为:

(1)同期建造的两相邻建筑物之间的彼此影响,特别是当两建筑物轻(低)重(高)差别太大时,轻者受重者的影响。

(2)原有建筑物受邻近新建重型或高层建筑物的影响。

(五)设置沉降缝

用沉降缝将建筑物分割成若干独立的沉降单元,可有效地避免不均匀沉降带来的危害。沉降缝的位置通常选择在下列部位:

(1)平面形状复杂的建筑物的转折处。

(2)建筑物高度或荷载差异处。

(3)过长的砖石承重结构或钢筋混凝土框架结构的适当部位。

(4)建筑物结构或基础类型不同处。

(5)地基土的压缩性有显著差异或地基基础处理方法不同处。

(6)分期建造房屋交界处。

(7)拟设置伸缩缝处(沉降缝可兼作伸缩缝)。

(六)控制与调整建筑物各部分标高

根据建筑各部分可能产生的不均匀沉降,采取一些技术措施,控制与调整各部分标高,减轻不均匀沉降在使用上的影响:

(1)根据预估的沉降量预先提高室内地坪或地下设施的标高。

(2)建筑物各部分(或设备之间)有联系时,可将沉降较大者的标高适当提高。

(3)在建筑物与设备之间预留足够的净空。

(4)当有管道穿过建筑物时,预留足够尺寸的孔洞或采用柔性管道接头。

二、结构措施

(一)减轻建筑物的自重

基底压力中,建筑物自重(包括基础及覆土重)所占的比例很大,一般工业建筑物自重占总荷载的50%,而民用建筑则达70%。为此,对于软弱地基上的建筑物,常采取下列一些结构措施减轻自重,以便达到减小沉降量的目的:

(1)采用轻质材料或构件,减小墙体的重量。如采用混凝土墙板、各种空心砌块、多孔砖、加气砖、空心楼板等。

(2)选用轻型结构。如采用预应力钢筋混凝土结构、轻型钢结构、轻型空间结构(如悬索结构、充气结构等)。

(3)减小基础和回填土的重量。如墙下的浅埋钢筋混凝土条形基础、壳体基础和空心基础等。

(二)减小或调整基底附加压力

设置地下室或半地下室,利用挖除的土重去补偿一部分甚至全部建筑物的重量,有效地减小基底的附加压力,起到均匀与减小沉降的目的。此外,也可通过调整建筑与设备荷载的部位以及改变基础底面的尺寸,来达到控制与调整基底压力,改变不均匀沉降量。

(三)增强基础刚度

在软弱和不均匀的地基上采用整体刚度较大的交叉梁、筏板基础和箱形基础,提高基础的抗变形能力,以调整不均匀沉降。

（四）采用对不均匀沉降不敏感的结构

采用铰接排架、三角拱等结构，对于地基发生不均匀沉降时不会引起过大的结构附加应力，可避免结构产生开裂等危害。必须注意，即使采用了这些结构，严重的不均匀沉降对于屋盖系统、围护结构、吊车梁及各种纵横连系构件等还是有害的，因此应考虑采取相应的防护措施，例如避免用连续吊车梁及刚性屋面防水层、墙内加设圈梁等。

（五）设置圈梁

设置圈梁可增强砖石承重墙房屋的整体性，提高墙体抗挠、抗拉、抗剪的能力，是防止墙体裂缝产生与发展的有效措施，在地震区还起到抗震作用。

因为墙体可能受到正向或反向的挠曲，一般在建筑物上下各设置一道圈梁，下面圈梁可设在基础顶面处，上面圈梁可设在顶层门窗以上（可结合作为过梁）。更多层的建筑，圈梁数可相应增加，隔层设置或层层设置。

三、施工措施

（一）施工顺序

（1）在软弱地基上进行工程建设，合理安排施工程序，注意某些施工方法，也能收到减小或调整部分不均匀沉降的效果。

（2）当拟建的相邻建筑物之间轻（低）重（高）悬殊时，一般应按照先重后轻的原则进行施工；必要时，还要在高或重的建筑物竣工之后间歇一段时间再建低或轻的建筑物，这样可达到减小部分沉降差的目的。

（二）保护原状土

对于灵敏度较高的软黏土，在施工时应注意不要破坏其原状结构，在浇筑基础前须留约 200 mm 厚覆盖土层，待浇筑基础时再清除。若地基土受到扰动，应注意清除扰动土层，并铺上一层粗砂或碎石，经压实后再在砂或碎石垫层上浇筑混凝土。

（三）减轻堆载

在已建成的轻型建筑物周围，不宜堆放大量的建筑材料或弃土方等重物，以免地面堆载引起建筑物产生附加沉降。拟建的密集建筑群内如有采用桩基础的建筑物，桩的设置应首先进行。

（四）注意降水影响

在进行井点排水降低地下水位及开挖深基坑修建地下室时，应密切注意对邻近建筑物可能产生的不良影响。

思考题

2-1　地基基础设计的主要内容与步骤有哪些？

2-2　何谓地基基础的常规设计方法？其适用条件是什么？

2-3　试述柔性基础和刚性基础的受力及变形特点。

2-4　上部结构、基础、地基共同作用相互影响的实质性内容是什么？为什么说解决基础与地基接触面反力计算是共同作用理论的关键性课题？解决的难点在何处？目前在设计中有哪几种解决的办法?

2-5　试述浅基础的类型及其适用条件。

2-6　选择基础的埋深应考虑哪些条件?按冻深条件确定基础最小埋深应考虑哪些因素?

2-7　确定地基承载力有哪些方法?地基承载力的主要影响因素是什么?

2-8　如何按地基承载力确定基础底面尺寸?

2-9　何谓软弱下卧层?试述软弱下卧层的验算要点。

2-10　地基变形的特征有哪些?为何要进行地基变形验算?

2-11　何谓刚性基础?它与钢筋混凝土扩展基础有何区别?各自的特点及其适用条件是什么?

2-12　基础平均压力、基础平均附加压力、基底平均净反力在基础工程设计中各用在什么情况下?

2-13　试比较刚性基础、墙下钢筋混凝土条形基础与柱下钢筋混凝土独立基础在立面高度确定方法上的区别。

2-14　试从建筑、结构和施工三个方面阐述减轻不均匀沉降的措施。

习　题

2-1　某建筑场地地表以下土层依次为:①中砂,厚 2.0 m,孔隙比 $e = 0.650$,土粒相对密度 $G_s = 2.67$,潜水面在地表下 1 m 处,饱和重度 $\gamma_{sat} = 20$ kN/m³;②黏土,隔水层,厚度 2.0 m,重度 $\gamma = 19$ kN/m³;③粗砂,含承压水,承压水位高出地表 2.0 m。问基坑开挖深达 1 m 时,坑底有无隆起开裂的危险?若基础埋深 $d = 1.5$ m,施工时将中砂层内地下水面降到坑底外,还须设法将粗砂层中的承压水位至少降低几米才行?

2-2　地基土层及其物理、力学特性如图 2-32 所示。利用静载荷试验测得各土层的承载力特征值分别为:土层①黏土,$f_{ak} = 125$ kPa;土层②粉质黏土,$f_{ak} = 175$ kPa;土层③粉土,$f_{ak} = 200$ kPa(当塑性指数 $I_P \geqslant 3$ 时,可认为粉土中的黏粒含量 $\rho_c \geqslant 10\%$);深层静载荷试验测得土层④粗砂,$f_{ak} = 260$ kPa。试用规范承载力修正公式确定各土层修正的承载力特征值,并用强度计算公式计算各土层的地基承载力特征值(设定基础宽度 $b = 2.5$ m,埋深 d 分别为 1.2 m、2.4 m、4.5 m、6.5 m)。

2-3　某住宅楼承重墙厚 240 mm,至设计地面每延米中心荷载的标准值 $F_k = 160$ kN,力矩值 $M_k = 30$ kN·m,刚性基础埋深 $d = 1.0$ m,基础宽度 $b = 1.2$ m,地基土层如图 2-33 所示。①试验算持力层、下卧层的承载力是否满足要求。②设计该刚性基础并绘出基础剖面图。

2-4　某框架结构柱截面 600 mm × 400 mm,作用在基础上的竖向荷载标准值 $F_k = 720$ kN,力矩标准值 $M_k = 300$ kN·m,永久荷载效应控制基础。基础埋深 1.8 m,地基土为均匀的粉土,重度 $\gamma = 18.5$ kN/m³,承载力特征值 $f_{ak} = 180$ kPa,孔隙比 $e = 0.65$。采用 C20 混凝土,底板采用 HPB235 钢筋。拟采用独立基础,试确定基础尺寸并对底板进行配筋计算。

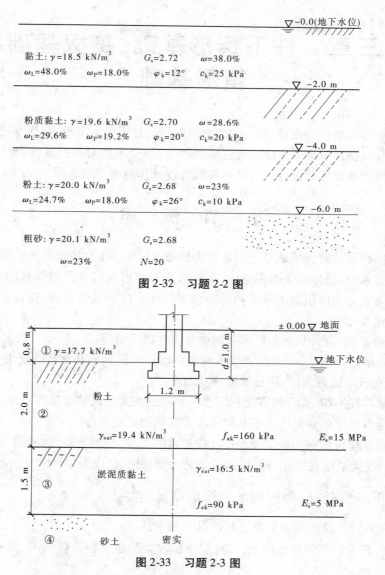

图 2-32　习题 2-2 图

图 2-33　习题 2-3 图

2-5　已知某住宅楼由砖墙承重,底层墙厚为 370 mm,作用在基础顶面的轴心荷载 $F = 160$ kN/m。基础埋深 1.00 m,地基土持力层为淤泥质粉质黏土,重度 $\gamma = 16.5$ kN/m³,承载力特征值 $f_{ak} = 90$ kPa。采用 C20 混凝土,底板采用 HPB235 钢筋。拟采用墙下钢筋混凝土条形基础,试设计该基础。

第三章　柱下条形基础、筏板基础和箱形基础

本章是本书最重要的内容之一,主要介绍常用的柱下条形基础、筏板基础和箱形基础概念、构造要求、设计原理及方法。通过本章的学习,要求能对条形基础、十字交叉基础、筏板基础及箱形基础进行设计。另外对补偿性设计作简单介绍。

第一节　概　述

当上部结构荷载较大或地基土的承载力较低,采用一般的基础形式已经不能满足强度和变形的要求时,采用柱下条形基础、筏板基础和箱形基础可以增加基础的刚度,防止由于过大的不均匀沉降引起上部结构的开裂和损坏。柱下条形基础、筏板基础和箱形基础也称为连续基础。

柱下条形基础、筏板基础和箱形基础通常用在以下情况:

(1)地基承载力不足,需要设置较大的底面面积去满足地基承载力要求,此时可将扩展式基础的底板连成条或片,即形成连续基础。

(2)地基存在不均匀沉降,需要利用连续基础的刚度去调整地基的不均匀变形。

(3)高地震烈度区需要用连续基础来改善建筑物的抗震性。

(4)为满足建筑物的功能需要而设计成连续的底板,如地下室、储液池、船坞等。

近年来,连续基础在工业与民用建筑中被大量采用,已成为一种常见的基础形式。

一、柱下条形基础、筏板基础和箱形基础的特点

柱下条形基础、筏板基础和箱形基础具有如下特点:

(1)具有较大的基础底面面积,因此能承担较大的建筑物荷载,易于满足地基承载力的要求。

(2)其基础的连续性可以大大加强建筑物的整体刚度,有利于减小不均匀沉降及提高建筑物的抗震性能。

(3)对于箱形基础和设置了地下室的筏板基础,可以有效地提高地基承载力,并能以挖去的土重补偿建筑物的部分(或全部)重量。

(4)其基础的埋深较大,可提高竖向和水平承载力,增加建筑物的安全性。

(5)筏板基础和箱形基础在建筑物下部构成较大的地下空间,提高了空间利用率。

柱下条形基础、筏板基础和箱形基础在我国已建成的高层建筑中被大量采用,在具体的应用中,为了满足沉降量的要求,多采用桩与筏板基础、桩与箱形基础相结合的形式,称为桩筏基础和桩箱基础,如图 3-1 所示。

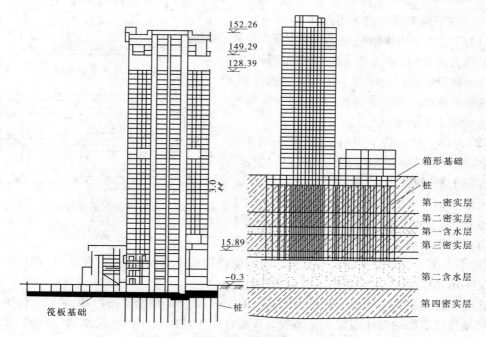

图 3-1 桩筏基础和桩箱基础示意图

二、柱下条形基础、筏板基础和箱形基础的设计方法

柱下条形基础、筏板基础和箱形基础一般可看成是地基上的受弯构件——梁或板。它们的挠曲特征、基底反力和截面内力分布都与地基、基础以及上部结构的相对刚度特征有关。因此,连续基础的设计要考虑上部结构、基础与地基的共同作用,从而使三者不但单独满足静力平衡条件,而且相互之间要满足变形协调条件,以保证上部建筑物和地基基础的变形连续性。应该从三者相互作用的观点出发,采用适当的方法进行地基上梁或板的分析与设计。在相互作用分析中,地基模型的选择是最为重要的。本章将重点介绍弹性地基模型及地基上梁的分析方法,然后分类阐述连续基础的构造要求和简化计算方法。

第二节 柱下条形基础、筏板基础及箱形基础的
基本概念及适用性

采用柱下条形基础、筏板基础和箱形基础,有的是为了满足建筑物的特定用途,大多数则是为了扩大基础底面面积,以满足地基承载力的要求,并依靠基础的连续性和刚度,来加强建筑物的整体刚度,以利于调整不均匀沉降或改善建筑物的抗震性能。

一、柱下条形基础

(一)柱下条形基础的概念

柱下条形基础是常用于软弱地基上框架或排架结构的一种基础类型,通常是由一根梁或交叉梁及其横向伸出的翼板所组成的,如图 3-2(a)所示。

（二）柱下条形基础的适用条件

（1）当上部结构传给柱基的荷载较大，而地基土承载力较低时，则需增大基础底面面积，若因受邻近建筑物或已有的地下构筑设施的限制，独立基础的底面面积不能再扩展，此时可采用柱下钢筋混凝土条形基础。

（2）为防止过大的不均匀沉降，减小地基变形，则应加大基础整体刚度，此时也应采用柱下钢筋混凝土条形基础。

条形基础可以沿柱列单向平行配置，当柱下的地基软弱、土的压缩性或柱荷载的分布沿两个柱列方向都很不均匀，一方面需要进一步扩大基础底面面积，另一方面又要求基础具有空间刚度以调整不均匀沉降时，可沿纵、横柱列设置交叉条形基础（十字交叉条形基础见图3-2（b））。

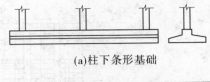

(a)柱下条形基础

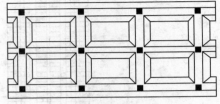

(b)十字交叉条形基础

图 3-2　条形基础

在高层建筑框架结构中有时采用梁高达 1/3 ~ 1/2 柱距的交叉条形基础，以其巨大的刚度来增强建筑物的整体刚度。交叉条形基础宜用于柱距较小的框架结构，其构造要求与柱列下的单向条形基础类似。

条形基础和交叉条形基础的共同点是：每个长条形结构单元都间隔承受柱的集中荷载，设计时必须考虑各单元纵向和横向的弯曲应力和剪应力并配置受力钢筋。

二、筏板基础

（一）筏板基础的概念

当上部结构荷载很大而地基承载力较低，采用十字交叉条形基础仍不能满足要求时，可将基础底面扩大为支撑整个建筑物的钢筋混凝土板，即形成筏板基础。筏板基础指柱下或墙下连续的平板式或带肋的板式钢筋混凝土基础，有时称筏板基础、筏式基础或片筏基础，简称筏基。

（二）筏板基础的类型和适用条件

筏板基础分为梁板式和平板式两种类型，其选型应根据工程地质、上部结构体系、柱距、荷载大小以及施工条件等因素确定。当筏板基础做成一块等厚的钢筋混凝土板（见图 3-3（a））时，称为平板式筏板基础，适用于柱荷载不大、柱距较小且等柱距的情况。当荷载较大时，可以加大柱下的板厚（见图 3-3（b））。当柱荷载太大且不均匀，柱距又较大时，将产生较大的弯曲应力，可沿柱轴线纵横向设肋梁（见图 3-3（c）），就成为肋梁式筏板基础（或称为梁板式筏板基础）。筏板基础可以有效地提高基础承载力，增强基础刚性，调整地基不均匀沉降，因而在高层房屋建筑中广泛采用。

三、箱形基础

（一）箱形基础的概念和适用条件

箱形基础指由底板、顶板、侧墙及一定数量内隔墙构成的整体刚度较好的钢筋混凝土

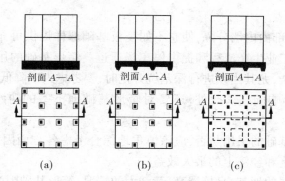

剖面 A—A   剖面 A—A   剖面 A—A

(a)   (b)   (c)

图 3-3 筏板基础

箱形空间整体结构(见图 3-4),简称箱基。它一般由钢筋混凝土建造,空间部分可结合建筑使用功能设计成地下室,适应于软弱地基上的高层、重型或对不均匀沉降有严格要求的建筑物,是多层和高层建筑中广泛采用的一种基础形式。

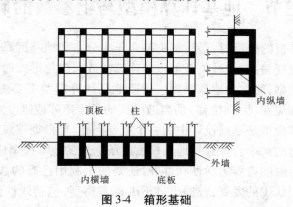

内纵墙

顶板   柱

内横墙   底板   外墙

图 3-4 箱形基础

(二)箱形基础的主要特点

1. 箱形基础的优点

(1)与一般实体基础(扩展基础和柱下条形基础)相比,箱形基础具有很大的刚度和整体性,能显著提高地基稳定性、降低基础沉降量,可以有效地调整基础的不均匀沉降。

箱形基础宽度和埋深大,最小埋深一般为 3~5 m,最深可达 10~20 m 以上,这增加了地基的稳定性,提高了承载力。

箱形基础有很大的刚度,能有效地扩散上部结构传给地基的荷载,同时又能较好地抵抗由于局部地层土质不均匀或受力不均匀所引起的地基不均匀变形,减少沉降对上部结构的影响。如抵抗地基或荷载分布不均匀引起的差异沉降和架越不太大的地下洞穴,不引起上部结构中过大的次应力。

(2)抗震性能好。

(3)有较好的补偿性,因为箱形基础埋深较大,使得基底自重应力与基底接触压力相近,因此大大减小了基底附加应力,使得基础不会产生较大沉降,同时承载力也能满足要求,从而发挥了箱形基础的补偿作用。

(4)可以提供多种使用功能。与地下室结合充分利用建筑物的地下空间。

2. 箱形基础的缺点

由于箱形基础内部由内墙分隔，使它不如筏板基础那样提供可充分利用地下空间的条件，因而难以适应工业生产流程和提供停车场通道。箱形基础的用料多、工期长、造价高、施工技术比较复杂，尤其当须进行深基坑开挖时，要考虑人工降低地下水位、坑壁支护和对邻近建筑物的影响问题。此外，还要对箱形基础地下室的防水、通风采取周密的措施。

综上所述，箱形基础的采用与否，应该慎重地综合考虑各方面因素，通过方案比较后确定，才能收到技术上和经济上的最大效益。

另外，对于很软弱的地基，且楼层高、荷载大的情况，箱形基础因为面积大，受压层深，地基仍可能产生很大变形。在这种情况下，可在箱形基础下打桩，形成桩箱基础，以减少沉降。

第三节　　地基计算模型与土参数的确定

进行地基上梁和板的分析时，必须解决基底压力分布和地基沉降计算问题，这些问题都涉及土的应力—应变关系，这种关系可以用连续的或离散化形式的特征函数表示，这就是所谓的地基计算模型，简称为地基模型。构造地基计算模型主要是根据模型假设建立起联系地基的应力和应变（力和位移）的离散形式的柔度矩阵或刚度矩阵。

合理地选择地基模型是基础设计中的一个重要问题，要根据建筑物荷载的大小、地基性质以及地基承载力的大小合理选择地基模型。所选用的地基模型应尽可能准确地反映土体在受到外力作用时的主要力学性状，同时还要便于利用已有的数学方法和计算手段进行分析。随着人们认识的发展，曾提出过不少地基模型，包括线性弹性地基模型、非线性弹性地基模型和弹塑性地基模型等。然而，由于土体性状的复杂性，想要用一个普遍都能适用的力学模型来描述地基土工作状态的全貌是很困难的，因其各具有一定的局限性，常用的地基模型分为线性弹性地基模型和非线性弹性地基模型。线性弹性地基模型是最简单的地基模型，主要有文克勒（Winkler）地基模型（见图 3-5）、弹性半空间地基模型和分层地基模型。当地基模型确定后，计算结果的精确性很大程度上取决于土参数（即地基模型参数）的确定，地基模型参数的确定是非常重要的，所以本节还简要介绍一些地基模型参数的确定方法。

一、文克勒地基模型

1867 年，捷克工程师文克勒提出了土体表面任一点的压强与该点的沉降量成正比的假设，即

$$p = ks \tag{3-1}$$

式中　　p——土体表面某点的压强，kN/m^2；

　　　　s——相应于某点的沉降量，m；

　　　　k——基床系数，kN/m^3。

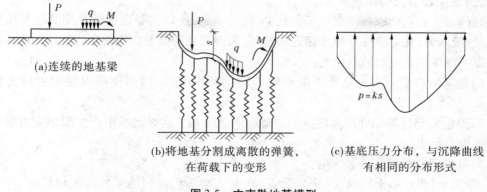

(a)连续的地基梁

(b)将地基分割成离散的弹簧，
在荷载下的变形

(c)基底压力分布，与沉降曲线
有相同的分布形式

图 3-5　文克勒地基模型

(一)文克勒假设的实质

文克勒假设的实质是将地基看成许多互不联系的弹簧，弹簧的刚度即基床系数 k。根据这一假设，地基表面某点的沉降与其他点的压力无关，故可把地基土体划分成许多竖直的土柱，每条土柱可用一根独立的弹簧来代替(见图3-6(b))。如果在这种弹簧体系上施加荷载，则每根弹簧所受的压力与该弹簧的变形成正比。这种模型的基底反力图形与基础底面的竖向位移形状是相似的(见图3-6(a))。如果基础刚度非常大，受荷后基础底面仍保持为平面，则基底反力图按直线规律变化(见图3-6(c))。这就是第二章在常规设计中所采用的基底反力简化算法所依据的计算图式。

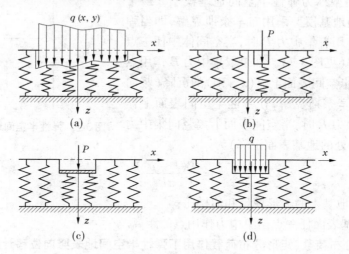

图 3-6　文克勒地基模型

(二)文克勒假设的缺点

首先，文克勒假设忽略了地基中的剪力，因而无法考虑地基中的应力扩散，从而使地基的变形只发生在基础荷载作用范围以内，这显然与实际不符。

其次，试验研究指出，在同一压力作用下，基床系数 k 不是常数。它不仅与土的性质、类别有关，还与基础底面面积的大小、形状以及基础的埋深等因素有关。

(三)文克勒假设的物理意义

尽管如此,文克勒地基模型由于参数少、便于应用,所以仍是目前最常用的地基模型之一。一般认为,凡力学性质与水相近的地基,采用文克勒模型就比较合适。在下述情况下,可以考虑采用文克勒地基模型:

(1)地基主要受力层为软土。由于软土的抗剪强度低,因而能够承受的剪应力值很小。

(2)厚度不超过基础底面宽度一半的薄压缩层地基。这时地基中产生附加应力集中现象,剪应力很小。

(3)基底下塑性区相应较大时。

一般认为,当地基土较软弱(例如淤泥、软黏土地基),或当地基的压缩层较薄,与基础最大的水平尺寸相比成为很薄的"垫层"时,宜采用文克勒地基模型进行计算。

二、弹性半空间地基模型

弹性半空间地基模型将地基视为均质的线性变形半空间,并用弹性力学公式求解地基中的附加应力或位移。此时,地基上任一点的沉降与整个基底反力以及邻近荷载的分布有关。

(一)竖向集中力作用在弹性半空间产生地表竖向位移计算

将地基看成是均质的线性变形的半空间体,利用弹性力学中的弹性半空间体理论建立的地基计算模型称为弹性半空间地基模型。最常用的弹性半空间地基模型采用布辛奈斯克解,即当弹性半空间表面作用着集中力 P 时,半空间体中任一点的应力和位移解(见图3-7)。如果取集中力 P 作用点为坐标原点,则半空间表面上点 $(x,y,0)$ 的沉降(竖向位移) s(根据布辛奈斯克解,在弹性半空间表面上作用一个竖向集中力 P 时,半空间表面上离竖向集中力作用点距离为 r 处的地基表面沉降)为

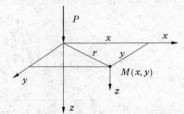

图 3-7　弹性半空间地表受集中力

$$s = \frac{P(1 - \mu^2)}{\pi E r} \tag{3-2}$$

式中　E、μ——地基土的变形模量和泊松比;

r——地基表面任一点至集中力作用点的距离。

(二)任意分布荷载、矩形分布荷载作用下弹性半空间地表竖向位移计算

当弹性半空间体表面作用任意分布荷载 $P(\xi,\eta)$ 时(见图 3-8(a)),地基表面任一点 $M(x,y)$ 的竖向位移可以由式(3-2)积分而得,其表达式为

$$s(x,y) = \frac{1 - \mu^2}{\pi E} \iint \frac{P(\xi,\eta \mathrm{d}\xi \mathrm{d}\eta)}{\sqrt{(\xi - x)^2 + (\eta - y)^2}} \tag{3-3}$$

设矩形荷载面积 $b \times c$ 上作用均布荷载 P,将坐标轴的原点置于矩形面积的中心点 j(见图 3-8(b)),利用式(3-2)对整个矩形面积的积分,可以求得在 x 轴上 i 点的竖向变位为

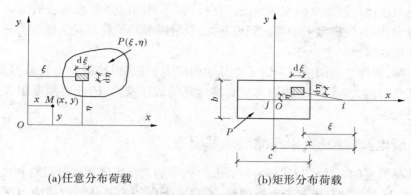

(a)任意分布荷载　　　　　　(b)矩形分布荷载

图 3-8 弹性半空间体表面的位移计算

$$s_{ij} = 2P \int_{\xi=x-\frac{c}{2}}^{\xi=x+\frac{c}{2}} \int_{\eta=0}^{\eta=\frac{b}{2}} \frac{1-\mu^2}{\pi E} \frac{\mathrm{d}\xi \mathrm{d}\eta}{\sqrt{\xi^2+\eta^2}} = \frac{1-\mu^2}{\pi E} PbF_{ij} \tag{3-4}$$

当 i 点位于矩形荷载面积中点 j 时,其竖向变位应为

$$s_{ij} = 4P \int_{\xi=0}^{\xi=\frac{c}{2}} \int_{\eta=0}^{\eta=\frac{b}{2}} \frac{1-\mu^2}{\pi E} \frac{\mathrm{d}\xi \mathrm{d}\eta}{\sqrt{\xi^2+\eta^2}} = \frac{1-\mu^2}{\pi E} PbF_{ij} \tag{3-5}$$

对于弹性半空间地基上的基础,为了求得各点基底反力与沉降之间的关系,可用数值方法求得近似解。按叠加原理,网格中点的沉降应为 n 个网格上(见图 3-9)的基底压力分别引起的沉降的总和,即

$$s_i = \delta_{i1}p_1f_1 + \delta_{i2}p_2f_2 + \cdots + \delta_{ij}p_jf_j + \cdots + \delta_{in}p_nf_n = \sum_{j=1}^{n} \delta_{ij}R_j \tag{3-6}$$

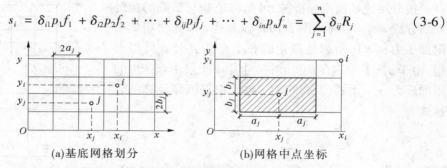

(a)基底网格划分　　　　　　(b)网格中点坐标

图 3-9 基底网格划分和网格中点坐标

式(3-6)可以写成矩阵的形式如下

$$s = \delta R \tag{3-7}$$

$$s = \begin{bmatrix} s_1 \\ s_2 \\ \vdots \\ s_i \\ \vdots \\ s_n \end{bmatrix} \quad \delta = \begin{bmatrix} \delta_{11} & \delta_{12} & \cdots & \delta_{1n} \\ \delta_{21} & \delta_{22} & \cdots & \delta_{2n} \\ \vdots & \vdots & \vdots & \vdots \\ \delta_{i1} & \delta_{i2} & \cdots & \delta_{in} \\ \vdots & \vdots & \vdots & \vdots \\ \delta_{n1} & \delta_{n2} & \cdots & \delta_{nn} \end{bmatrix} \quad R = \begin{bmatrix} R_1 \\ R_2 \\ \vdots \\ R_j \\ \vdots \\ R_n \end{bmatrix}$$

弹性半空间地基模型具有能够扩散应力和变形的优点,可以反映邻近荷载的影响,但

它的扩散能力往往超过地基的实际情况,所以计算所得的沉降量和地表的沉降范围常较实测结果为大,同时该模型未能考虑到地基的成层性、非均质性以及土体应力—应变关系的非线性等重要因素。

实践表明,弹性半空间模型考虑了地基中的应力扩散,但扩散能力又显得太强,因此求得的地基变形偏大。同时也没有考虑真实地基的成层特性,因此对深度很大的均匀地基才较为适合。

三、分层地基模型(有限压缩层地基模型)

分层地基模型的表达式与式(3-4)相同,但式中的柔度矩阵需按分层总和法计算。如图 3-10 所示,将基底划分成 n 个矩形网格,并将它下面的地基分割成截面与网格相同的棱柱体,其下端到达硬层顶面或沉降计算深度。各棱柱体依照天然土考虑到地基土具有天然分层的特点,并考虑到土的压缩特性以及地基的有限压缩层深度。近几十年来,在土与基础的共同作用分析中广泛应用了分层地基模型,或称为有限压缩层地基模型。该模型在分析时用弹性理论的方法计算地基中的应力,而地基的变形则应用土力学中的分层总和法(即地基沉降等于沉降计算深度范围内各计算分层在侧限条件下的压缩量之和),使其结果更符合实际。

根据土力学的基本理论,用分层总和法计算基础沉降时,一般的表达式为

$$s = \sum_{i=1}^{m} \frac{\overline{\sigma}_{zi} \Delta H_i}{E_{si}} \tag{3-8}$$

按分层地基模型分析时,可先将地基与基础的接触面划分成 n 个单元(见图 3-10),设基底 j 单元作用集中附加压力 $p_j = 1$,由弹性理论的布辛奈斯克公式可以求得,由于 $p_j = 1$ 作用在 i 单元中点上第 k 土层中点产生的附加应力 σ_{kij},由式(3-8)可得 i 单元中点沉降计算的表达式为

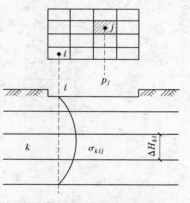

$$\delta_{ij} = \sum_{i=1}^{m} \frac{\sigma_{kij} \Delta H_{ki}}{E_{ski}} \tag{3-9}$$

式中　ΔH_{ki}——i 单元下第 k 土层的厚度,m;

　　　E_{ski}——i 单元下第 k 土层的压缩模量,kN/m^2;

　　　m——i 单元下的土层数。

图 3-10　分层地基模量的计算

根据叠加原理,i 单元中点的沉降 s_i 为基底各单元压力分别在该单元引起的沉降之和,其表达式与式(3-6)同,即

$$s_i = \sum_{j=1}^{n} \delta_{ij} R_j$$

这种模型能够较好地反映地基土扩散应力和应变的能力,可以反映邻近荷载的影响,考虑到土层沿深度和水平方向的变化,但仍无法考虑土的非线性和基底反力的塑性重分布。研究结果表明,分层地基模型的计算结果更符合实际,一般介于文克勒地基与弹性半空间地基之间,因而在工程中被广泛应用。

四、层向各向同性体模型

层向各向同性体是指通过弹性体内部各点均有一个就其弹性性质而言各个方向皆相等的平面,如图 3-11 所示,在 xOy 平面内各向同性,这是一般正交各向异性弹性材料的一种特殊情况。对于如图 3-11 所示的情况,其应力—应变关系为

$$\left.\begin{aligned}
\varepsilon_x &= \frac{\sigma_x}{E_1} - \mu_1 \frac{\sigma_y}{E_1} - \mu_2 \frac{\sigma_z}{E_2} \\[6pt]
\varepsilon_y &= \frac{\sigma_y}{E_1} - \mu_2 \frac{\sigma_z}{E_2} - \mu_1 \frac{\sigma_x}{E_1} \\[6pt]
\varepsilon_z &= \frac{\sigma_z}{E_2} - n\mu_2 \frac{\sigma_x}{E_1} - n\mu_1 \frac{\sigma_y}{E_1} \\[6pt]
\gamma_{xy} &= \frac{\tau_{xy}}{G_1} \\[6pt]
\gamma_{yz} &= \frac{\tau_{yz}}{G_2} \\[6pt]
\gamma_{zx} &= \frac{\tau_{zx}}{G_2}
\end{aligned}\right\} \tag{3-10}$$

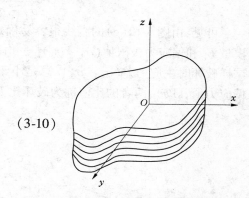

图 3-11　层向各向同性体模型

式中　E_1——在各向同性平面内的弹性模量;

　　　E_2——垂直于各向同性平面的弹性模量;

　　　μ_1——在各向同性平面内的泊松比;

　　　μ_2——泊松比,表示由垂直于各向同性平面的单位应变所引起的各向同性平面内的应变;

　　　G_1——各向同性平面的剪切模量;

　　　G_2——垂直于各向同性平面的剪切模量;

　　　n——模量比,$n = E_1/E_2$。

对平面应变问题,以上应力—应变关系可表达为

$$\boldsymbol{\sigma} = \boldsymbol{D}\boldsymbol{\varepsilon} \tag{3-11}$$

五、非线性弹性模型

非线性弹性模型中应力—应变关系如图 3-12(a)所示,这与线性弹性模型的根本区别在于土的弹性模量和泊松比都随应力而变化。

在非线性弹性模型中,应用得较多的是邓肯张(Duncan Cheung)模型。根据康德纳(Kondner)的建议,在三轴试验中,当 σ_3 不变时,其应力—应变关系可近似地用以下曲线函数表示(见图 3-12(b))

$$\sigma_1 - \sigma_3 = \frac{\varepsilon_1}{a + b\varepsilon_1} \tag{3-12}$$

式中　$\sigma_1 - \sigma_3$——主应力差;

　　　ε_1——轴向应变;

a——初始切线模量 E_i 的倒数；

b——主应力差 $(\sigma_1 - \sigma_3)_{ult}$ 的倒数。

如果将图 3-12(b) 的纵坐标改为 $\varepsilon_1 / (\sigma_1 - \sigma_3)$，则双曲线变为直线，如图 3-12(c) 所示，该直线方程为

$$\frac{\varepsilon_1}{\sigma_1 - \sigma_3} = a + b\varepsilon_1 \tag{3-13}$$

可见，由图 3-12(c) 的直线很容易确定 a、b 的数值，从而得到在某 σ_3 作用下的切线模量 E_i 和偏应力极限值 $(\sigma_1 - \sigma_3)_{ult}$。由图 3-12(b) 可见，双曲线总是低于渐近线，因此试样破坏时主应力差 $(\sigma_1 - \sigma_3)_f$ 总是小于偏应力的极限值 $(\sigma_1 - \sigma_3)_{ult}$（即当 $\varepsilon \to \infty$ 时的偏应力值，kPa），两者的比值称为破坏比 R_f，即

$$R_f = \frac{(\sigma_1 - \sigma_3)_f}{(\sigma_1 - \sigma_3)_{ult}} \tag{3-14}$$

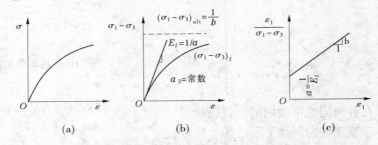

图 3-12　非线性弹性模型中应力—应变关系

对于不同的土，R_f 值基本上与侧压力无关，式(3-12)可改写成

$$\sigma_1 - \sigma_3 = \frac{\varepsilon_1}{\dfrac{1}{E_i} + \dfrac{\varepsilon_1 R_f}{(\sigma_1 - \sigma_3)_f}} \tag{3-15}$$

对式(3-15)求导，得应力—应变曲线任一点的切线模量为

$$E_t = \frac{d(\sigma_1 - \sigma_3)}{d\varepsilon_1} = \frac{\dfrac{1}{E_i}}{\left[\dfrac{1}{E_i} + \dfrac{\varepsilon_1 R_f}{(\sigma_1 - \sigma_3)_f} \right]^2} \tag{3-16}$$

式(3-16)切线模量 E_t 的表达式与主应力差和轴向应变都有关，为在式(3-16)中消除轴向应变 ε_1，将式(3-15)改写为 ε_1 的形式，然后代入式(3-16)，则得切线模量的表达式为

$$E_t = \left[1 - \frac{R_f(\sigma_1 - \sigma_3)}{(\sigma_1 - \sigma_3)_f} \right]^2 E_i \tag{3-17}$$

根据简布(Janbu)的试验研究，得出初始切线模量 E_i 与固结压力 σ_3 之间的关系如下

$$E_i = kP_a \left(\frac{\sigma_3}{P_a} \right)^n \tag{3-18}$$

式中　k、n——由试验确定的参数，按 $\lg E_i \sim \lg \sigma_3$ 的关系直线确定，如图 3-13 所示；

P_a——大气压力，单位与 E_i 相同，以便使 k 成为无因次数。

根据莫尔 – 库仑破坏标准,有如下关系

$$(\sigma_1 - \sigma_3)_f = \frac{2c\cos\varphi + 2\sigma_3\sin\varphi}{1 - \sin\varphi} \quad (3\text{-}19)$$

将式(3-18)和式(3-19)代入式(3-17),得切线模量的表达式为

$$E_t = \left[1 - \frac{R_f(1 - \sin\varphi)(\sigma_1 - \sigma_3)}{2c\cos\varphi + 2\sigma_3\sin\varphi}\right]^2 kP_a\left(\frac{\sigma_3}{P_a}\right)^n$$

$$(3\text{-}20)$$

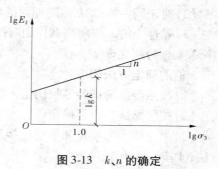

图 3-13 k、n 的确定

式中 c——土的黏聚力;

φ——土的内摩擦角,五个参数 R_f、c、φ、k 和 n 都由三轴试验确定。

半无限弹性体空间模型虽然具有能够扩散应力和变形的优点,但是,它的扩散能力往往超过地基的实际情况,所以计算所得的沉降量和地表的沉降范围往往比实测结果要大。这与它具有无限大的压缩层(沉降计算深度)有关,尤其是它未能考虑到地基的成层性、非均匀性以及土体应力—应变关系的非线性等重要因素。从以上分析可见,考虑地基、基础及上部结构共同工作的方法计算烦琐,必须借助于计算机才能完成,现已有现成的软件,对于重大工程应综合考虑。

地基模型实质上是描述了基底压力与地基沉降之间的关系。进行连续基础的计算与设计,关键是选用哪种地基模型,应该根据地基的实际情况和各个模型的适用条件综合加以考虑。

地基模型选定之后,分析时不论基于何种模型假设,不论采用什么数学方法,都要以下面两个条件作为根本的出发点:

(1)接触条件。计算前认为与地基接触的基础底面,计算后仍须保持接触,不得出现脱开的现象。这就是地基与基础之间的变形协调条件。

(2)基础在外荷载和基底反力的作用下必须满足静力平衡条件。

依据上述条件即可列出解答问题所需的微分方程式,在求解微分方程式时还需要结合必要的边界条件进行求解。

不管采用哪个计算模型,都要首先确定出该模型所必需的模型参数(系数),下文将介绍如何确定这些模型参数(系数)。

六、计算模型参数的确定

(一)基床系数的确定

1. 基床系数的物理意义

根据文克勒假设,基床系数 k 为使地基产生单位下沉所需的压强。

2. 影响基床系数的因素

它的大小除与土的类型有关外,还与基础底面面积的大小与形状、基础的埋深大小、基础的刚度大小以及荷载作用的时间长短等因素有关。

(1)在相同压力作用下,k 值随基础宽度的增加而减小,在基底压力和基底面积相同的情况下,矩形基础下土的 k 值比方形的小,而圆形基础下土的 k 值比方形的大。

（2）对于同一基础，k 值随埋深的增加而增大。

（3）黏性土的 k 值随荷载作用时间的增长而减小。

3. k 值的确定方法

k 值的确定方法如下：

（1）按照静载荷试验结果确定。

（2）按压缩试验资料确定。

（3）由土的变形模量和泊松比换算：①Vesic（1963）方法；②Biot（1937）方法；③国内方法；④按经验确定。

1）按载荷试验确定

可在载荷试验的 $p \sim s$ 曲线上（见图 3-14）取基底自重压力 p_1、基底平均压力 p_2 及相应的沉降 s_1、s_2，则相应于载荷试验的地基基床系数为

$$k_p = (p_2 - p_1)/(s_2 - s_1) \tag{3-21}$$

考虑实际基础宽度 b 比载荷板宽度 b_p 大得多，太沙基提出的修正方法（载荷板宽度为 1 英尺 = 0.305 m）为

黏性土　　　　　$k = \dfrac{0.305}{b} k_p$

砂土　　　　　$k = \left(\dfrac{b+0.305}{2b}\right)^2 k_p$

当载荷板宽度较大时（圆板直径 ≥ 0.75 m，方板边长 ≥ 0.707 m），也可不进行修正。

2）经验系数法

主要根据土的类别和状态提供经验系数，例如表 3-1 是当基础面积大于 10 m² 时常用的 k 值范围。使用这类表格时应考虑影响 k 值的因素适当取值。

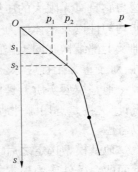

图 3-14　载荷试验的 $p \sim s$ 曲线

表 3-1　基床系数 k 值的范围

土的分类	土的状态	k 值（kN/m³）
淤泥质黏土、有机质土、新填土		1 000 ~ 5 000
淤泥质粉质黏土		5 000 ~ 10 000
黏土、粉质黏土	软塑	5 000 ~ 20 000
	可塑	20 000 ~ 40 000
	硬塑	40 000 ~ 100 000
砂土	松散	7 000 ~ 15 000
	中密	15 000 ~ 25 000
	密实	25 000 ~ 40 000
砾石土	松散	15 000 ~ 25 000
	中密	25 000 ~ 40 000
	密实	40 000 ~ 100 000

3）按计算平均沉降量 s_m 计算

用分层总和法（或规范法）计算基础若干点的沉降，取其平均值 s_m，如果基底平均压力为 p，则

$$k = \frac{p}{s_m} \tag{3-22}$$

4）确定 k 值的其他方法

k 值的确定还有许多不同的方法，例如与压缩模量、变形模量、无侧限压缩强度、有约束的极限承载力等建立计算关系，或者与弹性半空间模型的计算结果相比较确定，但一般并不多用。

（二）土的泊松比和变形模量的确定

1. 土的泊松比的确定

土的侧向应变 ε_x 与竖向应变 ε_z 之比，称为土的泊松比 μ_0，即

$$\mu_0 = \frac{\varepsilon_x}{\varepsilon_z}$$

1）公式计算法

土的泊松比可由下式确定

$$\mu_0 = \frac{K_0}{1 + K_0}$$

式中　K_0——静止侧压力系数，$K_0 = 1 - \sin\varphi'$，φ' 为土的有效内摩擦角。

2）查表法

土的泊松比可由表 3-2 查得。

表 3-2　土的泊松比典型值

土的类别	μ_0 值
砂：密实砂	0.3 ~ 0.4
疏松砂	0.2 ~ 0.35
细砂（$e = 0.4 \sim 0.7$）	0.25
粗砂（$e = 0.4 \sim 0.7$）	0.15
岩石：玄武岩、砂岩、花岗岩、片麻岩、页岩	0.1 ~ 0.4 随岩性、密度、破碎程度而定，通常为 0.15 ~ 0.25
黏土：湿黏土	0.1 ~ 0.3
砂质黏土	0.2 ~ 0.35
淤泥	0.30 ~ 0.45
饱和的黏土或淤泥	0.45 ~ 0.50
冰冻的漂石黏土（湿的）	0.20 ~ 0.40
黄土	0.10 ~ 0.30
冰	0.36
混凝土	0.15 ~ 0.25

2. 土的变形模量的确定

土的变形模量 E_0 是指土体在无侧限条件下应力与应变之比,其中的应变包含土的弹性应变和塑性应变两部分。

变形模量 E_0 要比弹性模量 E 小,通常在土与基础的共同作用分析中用变形模量 E_0。

1) 由压缩模量 E_s 估算

(1) 压缩模量 E_s:压缩模量 E_s 是在有侧限条件下竖向应力 σ_z 与竖向应变 ε_z 之比,即

$$E_s = \frac{\sigma_z}{\varepsilon_z} \tag{3-23}$$

(2) E_0 的计算公式为

$$E_0 = \frac{(1 + \mu_0)(1 - 2\mu_0)}{1 - \mu_0} E_s = \beta E_s \tag{3-24}$$

2) 由现场载荷试验确定

在现场进行载荷试验,可以得到单位面积压力 p 和相应的沉降量 s 的关系曲线,在 $p \sim s$ 曲线上的直线段取任一压力 p 和相应的沉降量 s,按下式计算变形模量

$$E_0 = \omega(1 - \mu_0^2)\sqrt{A}\,\frac{p}{s} \tag{3-25}$$

3) 多层地基的变形模量

多层地基的变形模量计算如下

$$E_0 = \frac{\sum H_i \overline{\sigma}_{zi}}{\sum \dfrac{H_i \overline{\sigma}_{zi}}{E_{0i}}} \tag{3-26}$$

式中　H_i——i 层土厚度,m;

　　　E_{0i}——i 层土的变形模量,kPa;

　　　$\overline{\sigma}_{zi}$——i 层土的平均附加应力,kPa。

4) 变形模量的经验数值

土的变形模量可以按照表 3-3 所示的经验值选取。

表 3-3　土的变形模量参考值

土类		E_0(MPa)	
		密实	中密
砾石		65 ~ 45	
砾粗砂		48	31
中砂		42	31
细砂	稍湿	36	25
	饱和	31	19
粉砂	稍湿	21	17.5
	很湿	17.5	14
	饱和	14	9

续表 3-3

土类		E_0(MPa)	
		密实	中密
粉土	稍湿	21	17.5
	很湿	17.5	14
	饱和	14	9
粉质黏土	坚硬状态	39~16	
	塑性状态	16~4	
黏土	坚硬状态	59~16	
	塑性状态	16~4	

第四节　文克勒地基上梁的计算

采用文克勒地基模型进行地基基础计算的主要计算思路和步骤如图 3-15 所示。

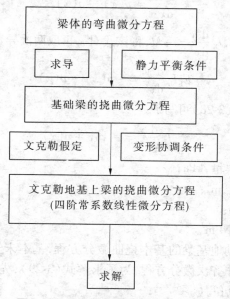

图 3-15　文克勒地基模型计算流程图

由图 3-15 可见,该解法是对弹性地基梁建立力的平衡方程,然后根据文克勒假定,使其满足变形协调条件,最后根据边界条件对得到的微分方程进行求解,求解过程针对不同情况进行。

一、弹性地基梁的挠曲微分方程及其通解

图 3-16(a)表示一弹性地基梁受荷载作用时,梁底反力为 $p(x)$,梁和基础的竖向位移为 $y(x)$,在分布荷载段取 dx,作用在该单元上的力如图 3-16(b)所示,考虑 dx 段单元的

平衡得

$$V - (V + \mathrm{d}V) + p(x)\mathrm{d}x - q(x)\mathrm{d}x = 0$$

$$\frac{\mathrm{d}V}{\mathrm{d}x} = p(x) - q(x) \tag{3-27a}$$

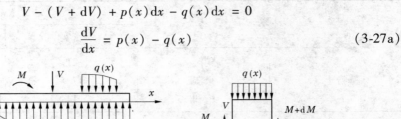
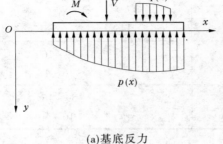

(a)基底反力   (b)微分单元受力

图 3-16 弹性地基梁受力计算简图

由于 $V = \dfrac{\mathrm{d}V}{\mathrm{d}x}$,式(3-27a)可以写成

$$\frac{\mathrm{d}^2 M}{\mathrm{d}x^2} = p(x) - q(x) \tag{3-27b}$$

利用材料力学公式 $E_b I_b \dfrac{\mathrm{d}^2 y}{\mathrm{d}x^2} = -M$,将该式对 x 再取两次导数,代入式(3-27b)得

$$E_b I_b \frac{\mathrm{d}^4 y}{\mathrm{d}x^4} = -p(x) + q(x) \tag{3-28}$$

根据文克勒假设,式(3-28)可写成

$$E_b I_b \frac{\mathrm{d}^4 y}{\mathrm{d}x^4} = -kby + q(x) \tag{3-29}$$

式中　E_b——梁的弹性模量,kPa;

　　　I_b——梁的惯性矩,m^4;

　　　b——梁的宽度,m;

　　　k——基床系数,kN/m^3。

式(3-29)即为文克勒地基梁的基本挠曲微分方程,基本未知函数为梁的挠度 $y(x)$,是一个四阶常系数线性非齐次微分方程,为了求解式(3-29),先考虑梁上无荷载部分,即令 $q(x) = 0$,则式(3-29)可写成

$$E_b I_b \frac{\mathrm{d}^4 y}{\mathrm{d}x^4} = -kby \tag{3-30}$$

式(3-30)为一常系数线性齐次方程,令 $y(x) = e^{mx}$,代入式(3-30)后得

$$E_b I_b m^4 = -kby \tag{3-31}$$

令

$$\lambda = \sqrt[4]{\frac{kb}{4E_b I_b}}$$

得特征方程为

$$m^4 + 4\lambda^4 = 0 \tag{3-32}$$

式中,λ 称为弹性地基梁的弹性特征,是反映梁的挠度和地基刚度之比的系数,故其倒数 $1/\lambda$ 称为特征长度。式(3-32)的 4 个根为

$$m_1 = -m_3 = \lambda(1+i)$$
$$m_2 = -m_4 = \lambda(-1+i)$$

于是式(3-30)的通解为

$$y(x) = A_1 e^{m_1 x} + A_2 e^{m_2 x} + A_3 e^{m_3 x} + A_4 e^{m_4 x} \tag{3-33}$$

式中 A_1、A_2、A_3、A_4——积分常数。

为了将通解表达成函数的形式,引用欧拉公式

$$e^{i\lambda x} = \cos(\lambda x) + i\sin(\lambda x)$$
$$e^{-i\lambda x} = \cos(\lambda x) - i\sin(\lambda x)$$

引入新常数 C_1、C_2、C_3、C_4,并令

$$A_1 + A_4 = C_1 \qquad \lambda(A_1 - A_4) = C_2$$
$$A_2 + A_3 = C_3 \qquad \lambda(A_2 - A_3) = C_4$$

于是式(3-33)可写成如下形式

$$y = e^{\lambda x}[C_1\cos(\lambda x) + C_2\sin(\lambda x)] + e^{-\lambda x}[C_3\cos(\lambda x) + C_4\sin(\lambda x)] \tag{3-34a}$$

对式(3-34a)不断微分,则有

$$\frac{1}{\lambda}\frac{dy}{dx} = e^{\lambda x}\{C_1[\cos(\lambda x) - \sin(\lambda x)] + C_2[\cos(\lambda x) + \sin(\lambda x)]\} -$$
$$e^{-\lambda x}\{C_3[\cos(\lambda x) + \sin(\lambda x)] + C_4[\sin(\lambda x) - \cos(\lambda x)]\} \tag{3-34b}$$

$$\frac{1}{2\lambda^2}\frac{d^2 y}{dx^2} = -e^{\lambda x}[C_1\sin(\lambda x) - C_2\cos(\lambda x)] + e^{-\lambda x}[C_3\sin(\lambda x) - C_4\cos(\lambda x)] \tag{3-34c}$$

$$\frac{1}{2\lambda^3}\frac{d^3 y}{dx^3} = -e^{\lambda x}\{C_1[\cos(\lambda x) + \sin(\lambda x)] - C_2[\cos(\lambda x) - \sin(\lambda x)]\} +$$
$$e^{-\lambda x}\{C_3[\cos(\lambda x) - \sin(\lambda x)] + C_4[\cos(\lambda x) + \sin(\lambda x)]\} \tag{3-34d}$$

由材料力学知,$\frac{dy}{dx} = \varphi$、$-E_b I_b \frac{d^2 y}{dx^2} = M$、$E_b I_b \frac{d^3 y}{dx^3} = V$,于是由式(3-34a)可得梁的角变位 φ、弯矩 M 和剪力 V,式中常数 C_1、C_2、C_3、C_4 由荷载情况及边界条件确定。

二、无限长梁和半无限长梁的解

(一)无限长梁受集中荷载

图 3-17 为受集中力的无限长梁,取集中力 P_0 的作用点为坐标原点,求待定常数 C_1、C_2、C_3、C_4 的方法如下:

远端边界条件 $\lim\limits_{x\to\infty} y = 0$,则有 $C_1 = C_2 = 0$

$$y = e^{-\lambda x}[C_3\cos(\lambda x) + C_4\sin(\lambda x)] \tag{3-35a}$$

梁的对称条件 $\left.\frac{dy}{dx}\right|_{x=0} = 0$,则有 $\lambda(-C_3 + C_4) = 0$,令 $C_3 = C_4 = C$,得到

$$y = Ce^{-\lambda x}[\cos(\lambda x) + \sin(\lambda x)] \tag{3-35b}$$

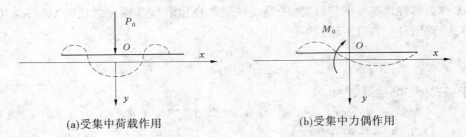

(a)受集中荷载作用　　　　　　　　　　　(b)受集中力偶作用

图 3-17　无限长梁

原点的平衡条件为

$$V\big|_{x=0^+} = -EI\frac{\mathrm{d}^3 y}{\mathrm{d}x^3}\bigg|_{x=0^+} = -\frac{P_0}{2} \tag{3-35c}$$

可得

$$C = \frac{P_0}{8\lambda E_b I_b} = \frac{\lambda P_0}{2kb} \tag{3-35d}$$

如令 $K = kb$，K 为梁单位长度上的集中基床系数，则 $C = \lambda P_0/(2K)$。代入式（3-35b）求得受集中力作用的无限长梁的挠曲曲线方程，并可进一步得到梁的转角、弯矩、剪力和基底压力的分布规律

$$y = \frac{\lambda P_0}{2kb}\mathrm{e}^{-\lambda x}\big[\cos(\lambda x) + \sin(\lambda x)\big] = \frac{\lambda P_0}{2kb}F_1(\lambda x) \tag{3-36a}$$

$$\varphi = \frac{\mathrm{d}y}{\mathrm{d}x} = -\frac{\lambda^2 P_0}{kb}\mathrm{e}^{-\lambda x}\sin(\lambda x) = \frac{\lambda^2 P_0}{kb}F_2(\lambda x) \tag{3-36b}$$

$$M = -E_b I_b\frac{\mathrm{d}^2 y}{\mathrm{d}x^2} = \frac{P_0}{4\lambda}\mathrm{e}^{-\lambda x}\big[\cos(\lambda x) - \sin(\lambda x)\big] = \frac{P_0}{4\lambda}F_3(\lambda x) \tag{3-36c}$$

$$V = -E_b I_b\frac{\mathrm{d}^3 y}{\mathrm{d}x^3} = -\frac{P_0}{4\lambda}\mathrm{e}^{-\lambda x}\cos(\lambda x) = -\frac{P_0}{2}F_4(\lambda x) \tag{3-36d}$$

$$p = ky = \frac{\lambda P_0}{2b}\mathrm{e}^{-\lambda x}\big[\cos(\lambda x) + \sin(\lambda x)\big] = \frac{\lambda P_0}{2b}F_1(\lambda x) \tag{3-36e}$$

式中

$$\left.\begin{array}{l} F_1(\lambda x) = \mathrm{e}^{-\lambda x}\big[\cos(\lambda x) + \sin(\lambda x)\big] \\[4pt] F_2(\lambda x) = \mathrm{e}^{-\lambda x}\sin(\lambda x) \\[4pt] F_3(\lambda x) = \mathrm{e}^{-\lambda x}\big[\cos(\lambda x) - \sin(\lambda x)\big] \\[4pt] F_4(\lambda x) = \mathrm{e}^{-\lambda x}\cos(\lambda x) \end{array}\right\} \tag{3-36f}$$

函数 $F_1(\lambda x)$、$F_2(\lambda x)$、$F_3(\lambda x)$、$F_4(\lambda x)$ 与 λx 之间关系如图 3-18 所示，或查有关表格。

由式（3-36a）可以得出：

当 $x = 0$ 时　　　　　　　　　　　$y = \dfrac{P_0\lambda}{2kb}$

当 $x = \dfrac{2\pi}{\lambda}$ 时　　　　　　　$y = 0.001\ 87\dfrac{P_0\lambda}{2kb}$

可见梁的挠度随 x 的增加迅速衰减，在 $x = 2\pi/\lambda$ 处挠度仅为 $x = 0$ 处挠度的

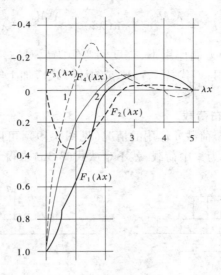

图 3-18　$F_1(\lambda x)$、$F_2(\lambda x)$、$F_3(\lambda x)$、$F_4(\lambda x)$ 与 λx 之间关系图

0.187%；在 $x = \pi/\lambda$ 处的挠度仅为 $x = 0$ 处挠度的 4.3%，故集中荷载的作用点离梁两端的距离 $x \geqslant \pi/\lambda$ 时，就可近似按无限长梁计算，实用上将弹性地基梁分为以下 3 种类型：

（1）无限长梁。荷载作用点与两端的距离都大于 π/λ。

（2）半无限长梁。荷载作用点与一端的距离小于 π/λ，与另一端的距离大于 π/λ。

（3）有限长梁。荷载作用点与两端的距离都小于 π/λ，梁的长度大于 $\pi/(4\lambda)$。

（二）无限长梁受集中力偶 M_0

图 3-17(b) 是受集中力偶 M_0 作用的无限长梁。采用与（一）无限长梁受集中荷载相同的方法，需要满足的边界条件和平衡条件为

$$\lim_{x \to \infty} y = 0 \qquad y\big|_{x=0} = 0 \qquad M\big|_{x=0^+} = -EI\frac{\mathrm{d}^2 y}{\mathrm{d}x^2}\bigg|_{x=0^+} = \frac{M_0}{2}$$

由此得到的解为

$$C_1 = C_2 = 0, \quad C_3 = 0, \quad C_4 = \frac{M_0}{8\lambda^2 E_b I_b} = \frac{\lambda^2 M_0}{kb}$$

于是，得受集中力偶作用的无限长梁的转角、弯矩、剪力和基底压力的分布规律

$$y = \frac{\lambda^2 M_0}{kb}\mathrm{e}^{-\lambda x}\sin(\lambda x) = \frac{\lambda^2 M_0}{kb}F_2(\lambda x) \tag{3-37a}$$

$$\varphi = \frac{\mathrm{d}y}{\mathrm{d}x} = -\frac{\lambda^3 M_0}{kb}\mathrm{e}^{-\lambda x}\big[\cos(\lambda x) - \sin(\lambda x)\big] = \frac{\lambda^3 M_0}{kb}F_3(\lambda x) \tag{3-37b}$$

$$M = -E_b I_b \frac{\mathrm{d}^2 y}{\mathrm{d}x^2} = \frac{M_0}{2}\mathrm{e}^{-\lambda x}\cos(\lambda x) = \frac{M_0}{2}F_4(\lambda x) \tag{3-37c}$$

$$V = -E_b I_b \frac{\mathrm{d}^3 y}{\mathrm{d}x^3} = -\frac{M_0\lambda}{2}\mathrm{e}^{-\lambda x}\big[\cos(\lambda x) + \sin(\lambda x)\big] = -\frac{M_0\lambda}{2}F_1(\lambda x) \tag{3-37d}$$

$$p = ky = \frac{\lambda^2 M_0}{b} e^{-\lambda x} \sin(\lambda x) = \frac{\lambda^2 M_0}{b} F_2(\lambda x) \tag{3-37e}$$

与集中力相反,在集中力偶作用下,挠度和弯矩为反对称,而转角和剪力是对称的。当 $x < 0$ 时,在计算系数时用 $|x|$ 代替 x,y、M、p 的计算式应加上" $-$ "号,而 φ 和 V 的计算式不变。

(三)无限长梁上受均布荷载

对于无限长梁上受均布荷载 q 作用的情况(见图 3-19),可以按梁在集中力作用下的解积分而得,只要将 $qd\xi$ 作为集中荷载,就不难从式(3-36)求得。

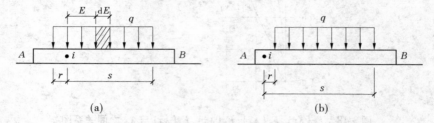

(a)　　　　　　　　　　　　　　(b)

图 3-19　无限长梁受均布荷载作用

当计算点位于均布荷载范围之内时,例如图 3-19(a)中 i 点的挠度应为

$$y = \frac{q\lambda}{2kb} \left[\int_0^T e^{-\lambda x} \left[\cos(\lambda\xi) + \sin(\lambda\xi) \right] + \int_0^S e^{-\lambda x} \left[\cos(\lambda\xi) + \sin(\lambda\xi) \right] \right]$$

$$= \frac{q}{2kb} \left[2 - F_4(\lambda r) - F_4(\lambda s) \right] \tag{3-38a}$$

用同样方法可得

$$\varphi = \frac{q}{2kb} \left[F_1(\lambda r) - F_1(\lambda s) \right] \tag{3-38b}$$

$$M = \frac{q}{4\lambda^2} \left[F_2(\lambda r) + F_2(\lambda s) \right] \tag{3-38c}$$

$$V = \frac{q}{4\lambda} \left[F_3(\lambda r) - F_3(\lambda s) \right] \tag{3-38d}$$

$$p = ky = \frac{q}{2b} \left[2 - F_4(\lambda r) - F_4(\lambda s) \right] \tag{3-38e}$$

当计算点位于均布荷载范围以外时(见图 3-19(b)),用同样方法可得

$$y = \frac{q}{2kb} \left[F_4(\lambda r) - F_4(\lambda s) \right] \tag{3-39a}$$

$$\varphi = \frac{q\lambda}{2kb} \left[F_1(\lambda r) - F_1(\lambda s) \right] \tag{3-39b}$$

$$M = \frac{q}{4\lambda^2} \left[F_2(\lambda r) - F_2(\lambda s) \right] \tag{3-39c}$$

$$V = \frac{q}{4\lambda} \left[F_3(\lambda r) - F_3(\lambda s) \right] \tag{3-39d}$$

$$p = \frac{q}{2b} \left[F_4(\lambda r) - F_4(\lambda s) \right] \tag{3-39e}$$

（四）无限长梁上受若干个集中荷载的作用

计算承受若干个集中荷载的无限长梁上任意截面的 y、φ、M、V 时，可以式（3-36）或式（3-37）分别计算各荷载单独作用时在该截面引起的效应，然后叠加得到共同作用下的总效应。注意：在每一次计算时，均需把坐标原点移到相应的集中荷载作用点处。

（五）半无限长梁上受集中荷载的作用

如果一半无限长梁的一端上受集中荷载 P_0 的作用（见图3-20（a）），另一端延伸至无穷远，取坐标原点为 P_0 的作用点，边界条件有：

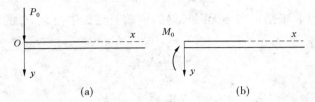

(a)　　　　　　　　　　(b)

图 3-20　半无限长梁

（1）$x \rightarrow 0$ 时，$y = 0$；

（2）$x = 0$ 时，$E_b I_b \dfrac{\mathrm{d}^2 y}{\mathrm{d}x^2} = -M = 0$；

（3）$x = 0$ 时，$E_b I_b \dfrac{\mathrm{d}^3 y}{\mathrm{d}x^3} = -P_0 = 0$。

由以上边界条件可得积分常数为

$$C_1 = C_2 = 0$$
$$C_4 = 0$$
$$C_3 = \frac{P_0}{2\lambda^3 E_b I_b} = \frac{2\lambda P_0}{kb}$$

将以上结果代入式（3-34a），于是可得半无限长梁的一端上受集中荷载 P_0 的作用时的 y、φ、M、V、p 值

$$y = \frac{2P_0}{kb} F_4(\lambda x) \tag{3-40a}$$

$$\varphi = \frac{-2P_0 \lambda^2}{kb} F_1(\lambda x) \tag{3-40b}$$

$$M = \frac{-P_0}{\lambda} F_2(\lambda x) \tag{3-40c}$$

$$V = -P_0 F_3(\lambda x) \tag{3-40d}$$

$$p = ky = \frac{2P_0}{b} F_4(\lambda x) \tag{3-40e}$$

（六）半无限长梁上受力偶作用

如果一半无限长梁的一端上受力偶 M_0 的作用（见图3-20（b）），另一端延伸至无穷远，取坐标原点为 M_0 的作用点，边界条件有：

（1）$x \rightarrow \infty$ 时，$y = 0$；

(2) $x = 0$ 时,$E_b I_b \dfrac{d^2 y}{dx^2} = -M_0$;

(3) $x = 0$ 时,$E_b I_b \dfrac{d^3 y}{dx^3} = 0$。

由以上边界条件可得式(3-34a)中的积分常数为

$$C_1 = C_2 = 0$$

$$C_3 = \frac{-M_0}{2\lambda^2 E_b I_b} = \frac{2\lambda^2 M_0}{kb} = -C_4$$

将以上结果代回,于是可得半无限长梁的一端上受集中荷载 P_0 的作用时的 y、φ、M、V、p 值

$$y = \frac{-4M_0\lambda^3}{kb}F_3(\lambda x) \qquad (3\text{-}41\text{a})$$

$$\varphi = \frac{2M_0\lambda^2}{kb}F_4(\lambda x) \qquad (3\text{-}41\text{b})$$

$$M = M_0 F_1(\lambda x) \qquad (3\text{-}41\text{c})$$

$$V = -2M_0\lambda F_2(\lambda x) \qquad (3\text{-}41\text{d})$$

$$p = ky = \frac{-4M_0\lambda^3}{b}F_3(\lambda x) \qquad (3\text{-}41\text{e})$$

三、有限长梁的计算

(一)叠加法

真正的无限长梁是没有的。对于有限长梁,有多种方法求解。这里介绍的方法以上面导得的无限长梁的计算公式为基础,利用叠加原理来求得满足有限长梁两自由端边界条件的解答,其原理如下。

图 3-21(a)表示一长为 l 的弹性地基梁作用着集中力 P 和均布荷载 q,端点 A 和 B 均为自由端。设想将 A、B 两端向外无限延长形成无限长梁,并设外荷载 P 和 M 在无限长梁相应于 A 和 B 截面产生的弯矩和剪力为 M_A、V_A、M_B、V_B。由于有限长梁的两端点的弯矩、剪力都为零,故在无限长梁相应于截面 A、B 处引入端部条件弯矩 M_{OA}、M_{OB},端部条件剪力 V_{OA}、V_{OB}(见图 3-21(c)),以满足有限长梁两端弯矩和剪力为零的条件,如果能求得 M_{OA}、M_{OB}、V_{OA}、V_{OB},则有限长梁各截面的内力可按无限长梁承受外荷载和端部条件力的作用在相应截面产生的内力叠加而得。

为了求得端部条件力 M_{OA}、M_{OB}、V_{OA}、V_{OB},可以按以下方法进行。由式(3-36c)可以看出,V_{OA}、

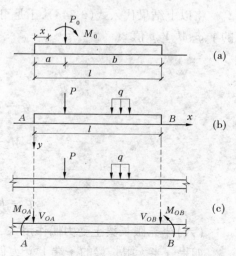

图 3-21　弹性地基梁

V_{OB} 在截面 A 处引起的弯矩分别为 $\dfrac{V_{OA}}{4\lambda}F_3(\lambda 0)$ 和 $\dfrac{V_{OB}}{4\lambda}F_3(\lambda l)$。因此,为了满足有限长梁 A 端弯矩为零的条件,则有

$$\frac{V_{OA}}{4\lambda}F_3(\lambda 0)+\frac{V_{OB}}{4\lambda}F_3(\lambda l)+\frac{M_{OA}}{4\lambda}F_4(\lambda 0)+\frac{M_{OB}}{4\lambda}F_4(\lambda l)=-M_A \tag{3-42}$$

同理,可以列出其他 3 个方程,并将 4 个方程写成如下形式

$$\begin{bmatrix} \dfrac{F_3(\lambda 0)}{4\lambda} & \dfrac{F_3(\lambda l)}{4\lambda} & \dfrac{F_4(\lambda 0)}{2} & \dfrac{F_4(\lambda l)}{2} \\[2mm] \dfrac{F_3(\lambda l)}{4\lambda} & \dfrac{F_3(\lambda 0)}{4\lambda} & \dfrac{F_4(\lambda l)}{2} & \dfrac{F_4(\lambda 0)}{2} \\[2mm] -\dfrac{F_4(\lambda 0)}{2} & \dfrac{F_4(\lambda l)}{2} & -\dfrac{\lambda F_1(\lambda 0)}{2} & \dfrac{\lambda F_1(\lambda l)}{2} \\[2mm] -\dfrac{F_4(\lambda l)}{2} & \dfrac{F_4(\lambda 0)}{2} & -\dfrac{\lambda F_1(\lambda l)}{2} & \dfrac{\lambda F_1(\lambda 0)}{2} \end{bmatrix}\begin{bmatrix} V_{OA} \\ V_{OB} \\ M_{OA} \\ M_{OB} \end{bmatrix}+\begin{bmatrix} M_A \\ M_B \\ V_A \\ V_B \end{bmatrix}=0 \tag{3-43}$$

或缩写成
$$\boldsymbol{CR}=\boldsymbol{F} \tag{3-44}$$

式中　$\boldsymbol{C}$——系数矩阵;

　　　　$\boldsymbol{R}$——端部条件力列向量;

　　　　$\boldsymbol{F}$——外力作用下端部力向量。

将式(3-44)求逆得
$$\boldsymbol{R}=\boldsymbol{C}^{-1}\boldsymbol{F} \tag{3-45}$$

求解得
$$\left.\begin{aligned} V_{OA}&=V_0'+V_0'' \\ V_{OB}&=V_0'-V_0'' \\ M_{OA}&=M_0'+M_0'' \\ M_{OB}&=M_0'-M_0'' \end{aligned}\right\} \tag{3-46}$$

式中
$$\left.\begin{aligned} V_0'&=4E_1\{S_A'[1+F_4(\lambda l)]+\lambda M_A'[1-F_1(\lambda l)]\} \\ V_0''&=4E_2\{S_A''[1-F_4(\lambda l)]+\lambda M_A''[1+F_1(\lambda l)]\} \\ M_0'&=-\frac{2E_1}{\lambda}\{S_A'[1+F_3(\lambda l)]+2\lambda M_A'[1-F_4(\lambda l)]\} \\ M_0''&=-\frac{2E_2}{\lambda}\{S_A''[1-F_3(\lambda l)]+2\lambda M_A''[1+F_4(\lambda l)]\} \end{aligned}\right\} \tag{3-47}$$

其中
$$\left.\begin{aligned} S_A' \\ S_A'' \end{aligned}\right\}=\frac{1}{2}(V_A\mp V_B) \tag{3-48}$$

$$\left.\begin{aligned} M_A' \\ M_A'' \end{aligned}\right\}=\frac{1}{2}(M_A\pm M_B) \tag{3-49}$$

$$\left.\begin{aligned} E_1 \\ E_2 \end{aligned}\right\}=\{2[1+F_4(\lambda l)][1-F_4(\lambda l)]-[1\mp F_1(\lambda l)][1\pm F_3(\lambda l)]\}^{-1} \tag{3-50}$$

求得端部条件力 M_{OA}、M_{OB}、V_{OA}、V_{OB} 后,有限长梁的内力就可按无限长梁计算。

(二)解析解

除以上计算方法外,有限长梁还有解析解,如图 3-21(a)所示,海藤泥(Hetenyi,1964)

直接给出了挠度、弯矩和剪力的解析解表达式

$$y = \frac{P_0}{kb\left[\sinh^2(\lambda l) - \sin^2(\lambda l)\right]}I_{3P} + \frac{M_0\lambda^2}{kb\left[\sinh^2(\lambda l) - \sin^2(\lambda l)\right]}I_{3M} \tag{3-51}$$

$$M = \frac{P_0}{2\lambda\left[\sinh^2(\lambda l) - \sin^2(\lambda l)\right]}I_{1P} + \frac{M_0}{\left[\sinh^2(\lambda l) - \sin^2(\lambda l)\right]}I_{1M} \tag{3-52}$$

$$V = -\frac{P_0}{\left[\sinh^2(\lambda l) - \sin^2(\lambda l)\right]}I_{2P} + \frac{M_0\lambda}{\left[\sinh^2(\lambda l) - \sin^2(\lambda l)\right]}I_{2M} \tag{3-53}$$

式中

$I_{1P} = 2\sinh(\lambda x)\sin(\lambda x)\left[\sinh(\lambda l)\cos(\lambda a)\cosh(\lambda b) - \sin(\lambda l)\cosh(\lambda a)\cos(\lambda b)\right] - \left[\sinh(\lambda x)\cos(\lambda x) - \cosh(\lambda x)\sin(\lambda x)\right]\{\sinh(\lambda l)\left[\sinh(\lambda a)\cosh(\lambda b) - \cos(\lambda a)\sinh(\lambda b)\right] + \sin(\lambda l)\left[\sinh(\lambda a)\cos(\lambda b) - \cosh(\lambda a)\sin(\lambda b)\right]\}$

$I_{2P} = \left[\cosh(\lambda x)\sin(\lambda x) + \sinh(\lambda x)\cos(\lambda x)\right]\left[\sinh(\lambda l)\cos(\lambda a)\cosh(\lambda b) - \sin(\lambda l)\cosh(\lambda a)\cos(\lambda b)\right]$
$\sinh(\lambda x)\sin(\lambda x)\{\sinh(\lambda l)\left[\sin(\lambda a)\cos(\lambda b) - \cos(\lambda a)\sin(\lambda b)\right] + \sin(\lambda l)\left[\sinh(\lambda a)\cos(\lambda b) - \cos(\lambda a)\sin(\lambda b)\right]\}$

$I_{3P} = 2\cosh(\lambda x)\cos(\lambda x)\left[\sinh(\lambda l)\cos(\lambda a)\cos(\lambda b) - \sin(\lambda l)\cosh(\lambda a)\cos(\lambda b)\right] + \left[\cosh(\lambda x)\sin(\lambda x) + \sinh(\lambda x)\cos(\lambda x)\right]\{\sinh(\lambda b)\left[\sin(\lambda a)\cosh(\lambda b) - \cos(\lambda a)\sinh(\lambda b)\right] + \sin(\lambda l)\left[\sinh(\lambda a)\cos(\lambda b) - \cosh(\lambda a)\sin(\lambda b)\right]\}$

$I_{1M} = \sinh(\lambda x)\sin(\lambda x)\{\sinh(\lambda l)\left[\cosh(\lambda a)\sin(\lambda b) + \sin(\lambda a)\cosh(\lambda b)\right] + \sin(\lambda l)\left[\cosh(\lambda a)\sin(\lambda b) + \sinh(\lambda a)\cos(\lambda b)\right]\} + \left[\sinh(\lambda x)\cos(\lambda x) - \cosh(\lambda x)\sin(\lambda x)\right]\left[\sinh(\lambda l)\cos(\lambda a)\cos(\lambda b) + \sin(\lambda l)\cosh(\lambda a)\cos(\lambda x)\right]$

$I_{2M} = \left[\cosh(\lambda x)\sin(\lambda x) + \sinh(\lambda x)\cos(\lambda x)\right]\{\sinh(\lambda l)\left[\cos(\lambda a)\sinh(\lambda b) + \sin(\lambda a)\cos(\lambda b)\right] + \sin(\lambda l)\left[\cosh(\lambda l)\sin(\lambda b) + \sinh(\lambda a)\cos(\lambda b)\right]\} - 2\sinh(\lambda x)\sin(\lambda x)\left[\sinh(\lambda l)\cos(\lambda a)\cosh(\lambda b) + \sin(\lambda l)\cos(\lambda a)\sin(\lambda b)\right]$

$I_{3M} = \cosh(\lambda x)\cos(\lambda x)\left[\sinh(\lambda l)\cos(\lambda a)\sinh(\lambda b) + \sinh(\lambda l)\sin(\lambda a)\cosh(\lambda b) + \sin(\lambda l)\cosh(\lambda a)\sin(\lambda b) + \sin(\lambda l)\sinh(\lambda a)\cos(\lambda b)\right] - \left[\cosh(\lambda x)\sin(\lambda x) + \sinh(\lambda x)\cos(\lambda x)\right]\left[\sinh(\lambda l)\cos(\lambda a)\cos(\lambda b) + \sin(\lambda l)\cos(\lambda a)\cos(\lambda b)\right]$

【例 3-1】　如图 3-22 所示,某地基梁长 40.0 m,宽 1.0 m,高 0.6 m,梁的弹性模量 $E = 21$ GPa,地基基床系数 $k = 2\,000$ kN/m³。试求:当梁中部作用竖向集中力 $P_0 = 1\,500$ kN 时梁的内力。

解:先判断该梁的类型:

$$I = \frac{bl^3}{12} = \frac{1.0 \times 0.6^3}{12} = 0.018(\text{m}^3)$$

$$\lambda = \sqrt[4]{\frac{bk}{4EI}} = \sqrt[4]{\frac{1.0 \times 2\,000}{4 \times 2.1 \times 10^7 \times 0.018}} = 0.190\,7$$

$\lambda L = 0.190\,7 \times 40.0 = 7.628 > \pi$,应按照无限长梁计算。

利用式(3-36c)

$$M = \frac{P_0}{4\lambda}F_3(\lambda x) = \frac{1\,500}{4 \times 0.190\,7} \times F_3(\lambda x) = 1\,966.44 \times F_3(\lambda x)$$

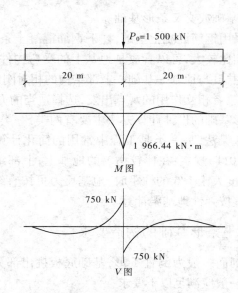

图 3-22 例 3-1 计算图

$$F_3(\lambda x) = e^{-\lambda x}(\cos\lambda x - \sin\lambda x) = e^{-0.190\,7x}[\cos(0.190\,7x) - \sin(0.190\,7x)]$$

利用式(3-36d)

$$V = -\frac{P_0}{2}F_4(\lambda x) = -\frac{1\,500}{2} \times e^{-\lambda x}\cos(\lambda x) = -750 \times e^{-0.190\,7x}\cos(0.190\,7x)$$

将计算结果列于表 3-4 中。

表 3-4 例 3-1 计算结果

$x(\text{m})$	λx	$F_3(\lambda x)$	$M(\text{kN}\cdot\text{m})$	$F_4(\lambda x)$	$V(\text{kN})$
0	0	1	1 966.44	1	−750
2.5	0.476 75	0.266 693	524.435 5	0.551 573	−413.68
5.0	0.953 5	−0.091 19	−179.317	0.223 076	−167.307
7.5	1.430 25	−0.203 38	−399.925	0.033 515	−25.136 2
10.0	1.907	−0.189 21	−372.069	−0.049	36.749 51
12.5	2.383 75	−0.130 35	−256.319	−0.066 97	50.227 33
15.0	2.860 5	−0.070 87	−139.366	−0.054 99	41.245 22
17.5	3.337 25	−0.027 95	−54.958 5	−0.034 86	26.142 41
20.0	3.814	−0.003 52	−6.916 96	−0.017 26	12.943 42

第五节 柱下钢筋混凝土条形基础简化计算方法

当上部结构荷载较大、地基土的承载力较低时,采用一般的基础形式往往不满足地基变形和强度的要求,为增加基础的刚度,防止由于过大的不均匀沉降引起上部结构的开裂和损坏,常采用柱下条形基础或交叉条形基础。

柱下条形基础一般采用钢筋混凝土基础,柱下钢筋混凝土形基础由于梁长度方向的尺寸与其竖截面高度相比较大,可以看成是地基上的受弯构件,它的挠曲特性、基底反力和截面内力相互关联,并且与地基—基础—上部结构的相对刚度特性有关。因此,应该从地基、基础及上部结构三者相互作用的观点出发,选择适当的方法进行设计计算。

柱下钢筋混凝土条形基础的设计计算方法主要有两类:一类是考虑地基基础与上部结构相互作用的弹性地基梁法,另一类是工程中常用的简化计算方法。《建筑地基基础设计规范》(GB 50007—2011)规定:在比较均匀的地基上,上部结构刚度较好、荷载分布较均匀,且条形基础的高度大于 1/6 的柱距时,地基反力可按直线分布,条形基础的内力可按连续梁计算,否则,宜按弹性地基梁计算。

一、柱下钢筋混凝土条形基础的构造要求

柱下条形基础的横剖面一般为倒置 T 形,基础底板挑出部分称翼板,其余部分称肋梁(见图 3-23)。其构造一般应满足以下要求:

(1)符合钢筋混凝土扩展基础的构造要求。

(2)对柱下条形基础,其翼板厚度不宜小于 200 mm。当翼板厚度为 200 ~ 250 mm时,宜采用等厚度翼板;当翼板厚度大于 250 mm 时,宜采用变厚度翼板,其坡度不大于1:3,柱下条形基础的肋梁高宜为柱距的 1/4 ~ 1/8。

(3)条形基础的端部应向外伸出,其长度宜为第一跨距的 0.25 ~ 0.3,但不宜伸出太长。其目的为增加底部面积,改善端部地基的承载条件,也可起调节底面形心位置,使基底反力分布合理。

(4)当采用现浇柱时,柱与条形基础梁的交接处的平面尺寸不应小于图 3-24(e)所示的尺寸。

(5)在软土地区,柱下条形基础底部应铺垫厚度不小于 100 mm 的砂石垫层,对刚度较小的基础梁可不铺垫层。

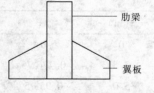

图 3-23　柱下条形基础示意图

(6)基础梁内的受力钢筋,按各部位受力情况进行布置。如:支座处,受力筋设置在支座下部,跨中处受力筋设置在基础梁上部,梁下部的纵向筋需连接时,连接位置宜在跨中,梁上部纵筋连接位置宜在支座处,搭接长度应满足规范要求,位于同一连接区段内的受拉筋搭接接头截面面积不宜超过钢筋总截面面积的 25%。

(7)顶部钢筋按计算配筋全部贯通,底部通长筋截面面积不得小于底部纵向筋总面积的 1/3。梁上部及下部的纵向受力筋配筋率均不应小于 0.2%。

(8)对高度大于 700 mm 的基础梁,还应加设腰筋,在肋梁两侧沿高度每隔 300 ~ 400 mm 设置一根,其直径不小于 10 mm。梁中箍筋肢数由计算确定,当肋梁宽 $b_1 \leq 350$ mm时采用双肢箍,当 350 mm $\leq b_1 \leq$ 800 mm 时采用四肢箍,直径不应小于 8 mm,其间距与普通梁相同。

(9)柱下钢筋混凝土条形基础的强度等级不应小于 C20。

(10)基础梁底板的构造要求与墙下钢筋混凝土条形基础相同。

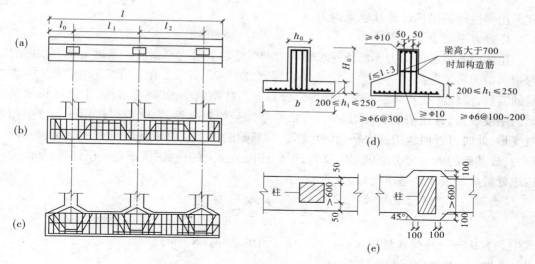

图 3-24 柱下钢筋混凝土条形基础的构造

二、柱下单向钢筋混凝土条形基础的计算

(一)条形基础的计算方法

柱下条形基础的内力计算时应考虑基础和上部结构的共同作用,原则上需要同时满足静力平衡和变形协调条件。目前,柱下条形基础的内力计算方法有以下三种:

(1)简化计算方法。简化的内力计算方法主要为静力平衡法(静定分析方法)和倒梁法,这类方法是按线性分布的基底净反力为前提计算的,故也称直线分布法。简化计算方法仅满足静力平衡条件,计算简便,是最常用的计算方法。简化计算方法适用于柱荷载比较均匀、柱距相差不大,基础对地基的相对刚度较大的情况,计算中忽略了柱间不均匀沉降的影响,且考虑地基与基础的共同作用。

(2)地基上梁的计算方法。将柱下条形基础看成地基上的梁,采用适合的地基计算模型(如采用线弹性地基模型便成为弹性地基上梁,这也是最常用的计算方法),考虑地基与基础的共同作用,根据地基与基础之间的静力平衡和变形协调条件,建立方程。可以用解析法、近似解析法和数值方法等直接或近似求解基础内力。该方法适用于具有不同相对刚度的基础、荷载分布和地基条件。计算中没有考虑上部结构刚度的影响,计算结果偏于保守,安全度较高。

(3)考虑基础与上部结构共同作用的方法。前述两种方法都没有考虑上部结构的影响,实际上上部结构、基础和地基应该看成一个统一的整体,考虑它们的共同作用,这样才符合条形基础的实际工作状态,但是计算过程相当复杂,工作量很大,通常将上部结构适当进行简化,以考虑其刚度的影响,目前有等效刚度法、空间子结构法、弹性杆法、加权残数法等。这种方法考虑比较全面,但计算过程复杂,目前尚未广泛应用。

条形基础内力计算方法总体上可分为简化计算法和弹性地基梁法两种。当地基土变形反力重分布趋于均匀时,用倒梁法计算基础梁内力。

当地基与基础的相对刚度较小时,因荷载作用点下反力较集中,反力分布也不均匀,宜采用弹性地基梁法计算基础梁内力。

1. 静力平衡法

用基础各截面的静力平衡条件求解内力的方法称为静力平衡法。基础梁任意截面的弯矩和剪力可取脱离体按剪力平衡条件求得,如图 3-25 所示。在实际工程中,因结构本身的需要,使柱荷载及间距不一定呈均匀分布。当柱距较小,基础梁较短,上部结构和基础的刚度较大,且地基土质较均匀时,可认为基础是绝对刚性的,在荷载作用下不产生相对变形,此时可近似地用静力平衡法计算条形基础的内力。由于基础自重不会引起基础内力,故基础的内力分析应该用净反力,根据柱传至梁上的荷载,按偏心受压计算,基础梁边缘处最大和最小地基净反力为

$$p_{\min}^{\max} = \frac{\sum F}{bL} \pm \frac{\sum M_i}{W} \tag{3-54}$$

式中　$\sum M_i$——外荷载对基底形心弯矩设计值的总和,kN·m;

　　　　W——基础底面的抵抗矩,m³;

　　　　其他符号含义同前。

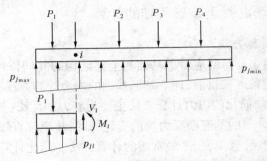

图 3-25　静力平衡法示意

静力平衡法未考虑地基基础与上部结构的相互作用,因而在荷载和直线分布的基底反力作用下产生整体弯曲。与其他方法比较,这样计算所得的基础不利,截面上弯矩绝对值一般较大。但此法宜用于上部整体性结构且自身刚度较大的条形基础以及联合基础。

【例 3-2】　某条形基础埋深 2.0 m,上部荷载和布置如图 3-26 所示,地基土的承载力设计值 $f = 180$ kPa。请确定基础底面尺寸并用静力平衡法计算基础内力。

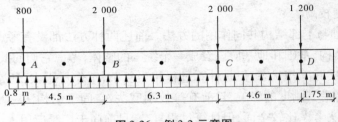

图 3-26　例 3-2 示意图

解:(1)确定基础底面尺寸。

柱轴力的合力距离最左端柱 A 点的距离可根据力矩平衡确定

$$x = \frac{\sum P_i x_i}{\sum P_i} = \frac{1\,200 \times 15.4 + 2\,000 \times 10.8 + 2\,000 \times 4.5}{1\,200 + 2\,000 + 2\,000 + 800} = 8.18(\text{m})$$

由荷载和合力与基底形心重合的条件来确定条形基础右端伸出的长度为

$l_y = (8.18 + 0.8) \times 2 - (15.4 + 0.8) = 1.76(\text{m})$，取 1.75 m

基础的总长度为

$L = 15.4 + 0.8 + 1.75 = 17.95(\text{m})$

根据地基承载力设计值确定出基础底面面积为

$$A = \frac{\sum P}{f - \gamma_0 d} = \frac{1\,200 + 2\,000 + 2\,000 + 800}{180 - 20 \times 2.0} = \frac{6\,000}{140} \approx 42.86(\text{m}^2)$$

基础宽度可取为

$$b = \frac{42.86}{17.95} \approx 2.39(\text{m})$$

（2）进行条形基础梁的内力分析。

沿基础每米长度的净反力为

$$p = \frac{\sum P}{L} = \frac{6\,000}{17.95} \approx 334(\text{kPa})$$

根据静力平衡条件计算各截面的内力

$M_A = 1/2 \times 334 \times 0.8^2 = 107(\text{kN} \cdot \text{m})$

$V_A^{左} = 334 \times 0.8 = 267(\text{kN})$

$V_A^{右} = 267 - 800 = -533(\text{kN})$

AB 跨内最大负弯矩的截面 I 离 A 点的距离为

$$x_I = \frac{800}{334} - 0.8 = 1.60(\text{m})$$

$M_I = 1/2 \times 334 \times 2.4^2 - 800 \times 1.6 = -318(\text{kN} \cdot \text{m})$

$M_B = 1/2 \times 334 \times 5.3^2 - 800 \times 4.5 = 1\,091(\text{kN} \cdot \text{m})$

$V_B^{左} = 334 \times 5.3 - 800 = 970(\text{kN})$

$V_B^{右} = 970 - 2\,000 = -1\,030(\text{kN})$

BC 跨内最大负弯矩的截面 II 距离 B 点的距离为

$$x_{II} = \frac{800 + 2\,000}{334} - 5.3 = 3.08(\text{m})$$

$M_C = 1/2 \times 334 \times 11.6^2 - 800 \times 10.8 - 2\,000 \times 6.3 = 1\,231(\text{kN} \cdot \text{m})$

$V_C^{左} = 334 \times 11.6 - 800 - 2\,000 = 1\,074(\text{kN})$

$V_C^{右} = 1\,074 - 2\,000 = -926(\text{kN})$

CD 跨内最小弯矩的截面 III 距离 D 点的距离为

$$x_{III} = \frac{1\,200}{334} - 1.75 = 1.84(\text{m})$$

$M_{III} = 1/2 \times 334 \times 3.59^2 - 1\,200 \times 1.75 = 52(\text{kN} \cdot \text{m})$

$M_D = 1/2 \times 334 \times 1.75^2 = 511(\text{kN} \cdot \text{m})$

$V_D^{左} = -334 \times 1.75 = -585(\text{kN})$

$$V_D^{右} = -585 + 1\ 200 = 615(\text{kN})$$

根据以上计算结果即可绘出条形基础梁的弯矩图和剪力图(这里从略)。

2. 倒梁法

倒梁法是假定柱下条形基础的基底反力为直线分布,以柱子作为固定铰支座,基底净反力作为荷载,将基础视为倒置的连续梁计算内力的方法。计算简图如图 3-27 所示。当基础或上部结构的刚度较大,柱距不大且接近等间距,相邻柱荷载相差不大,地基土质均匀,且基础的绝对及相对沉降量较小时,用倒梁法计算内力比较接近实际。但按这种方法计算的支座反力一般不等于柱荷载,主要是由于没有考虑土与基础以及上部结构的共同作用,只考虑出现于柱间的局部弯曲,而略去基础全长发生的整体弯曲,假设地基反力按直线分布与事实不符。为了消除这个矛盾,可用逐次渐近的方法,将支座处的不平衡力均匀分布在本支座附近 1/3 跨度范围内,调整后的地基反力呈阶梯形分布,然后进行连续梁分析,可反复多次,直到支座反力接近柱荷载。

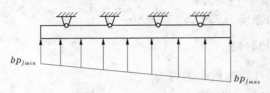

图 3-27　倒梁法计算简图

1)基本假定

计算时作如下假定:

(1)将条形基底视为一倒置的连续梁,把柱脚视为基础梁的铰支座,将地基净反力作为基础梁上的荷载。

(2)梁下地基反力呈直线分布,按柱子传到梁上的荷载,利用平衡条件即可求得地基反力的分布。

(3)将竖向荷载的合力重心尽量调整至与基础的形心重合,两者的偏心距以不大于基础长度的 3% 为宜。

(4)当呈现对称荷载和对称基础时,地基反力按均布考虑。

(5)基础翼板按悬臂板计算,当横向有弯矩荷载时,地基反力以悬臂外伸部分的净反力值计算。

2)设计步骤

(1)绘出计算简图,包括有关尺寸、荷载、埋深等。

(2)以 $\sum M_A = 0$,求荷载合力重心位置,将偏心地基反力变为均布反力,再确定悬臂长及基础梁总长度,使荷载重心与基础形心重合。荷载 N_i 作用点至荷载合力重心的距离

$$x = \frac{\sum N_i x_i + \sum M_i}{\sum N_i} \tag{3-55}$$

(3)按基础梁总长确定底板宽度,计算横向地基净反力,即

$$p_{j\min}^{j\max} = \frac{\sum N_i}{bL}\left(1 \pm \frac{6e}{b}\right) \tag{3-56}$$

其中
$$e = \sum M_x / \sum N_i$$

（4）算出底板悬臂梁的地基平均净反力，并按斜截面受剪承载力确定板厚并计算配筋量。

然后按斜截面抗剪能力确定翼板的厚度，并将翼板作为悬臂按下式计算弯矩和剪力

$$M = \left(\frac{p_{j1}}{3} + \frac{p_{j2}}{2}\right)l_1^2 \tag{3-57}$$

$$V = \left(\frac{p_{j1}}{2} + p_{j2}\right)l_1 \tag{3-58}$$

底板厚度及配筋计算同墙下条形基础。

（5）按倒梁法计算条形基础纵向肋梁的内力，以确定肋梁高度及配筋量。

按以上原则将不平衡力进行分配后，基底反力呈阶梯形分布，此时需对不平衡力引起的荷载端弯矩继续用弯矩分配法进行计算，求得各跨杆端弯矩、支座处剪力及跨中弯矩，将各次计算结果叠加，直至新的不平衡力不超过荷载的20%即可。一般调整1~2次即能达到要求。

当按均布反力计算基础梁内力后，考虑到上部结构与地基基础相互作用引起的"架桥"作用，在进行配筋计算时，可以将悬挑段、边跨跨中及第一内支座的弯矩值乘以系数1.2。

由于实际工程中基础存在不均匀沉降及柱间地基变形差异等因素，使基础梁内产生附加应力，并引起应力重新分布，此时可依地区设计经验，采用经验弯矩系数法，也能得到满意结果。

【例3-3】　某建筑基础采用条形基础，具体基础荷载和尺寸如图3-28所示，基础总长度为34 m，柱间距为6 m，共5跨。试用倒梁法计算基础内力。

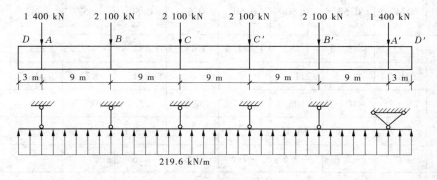

图3-28　例3-3 示意图

解：（1）先计算基底反力（单位长度）。

$$P = \frac{\sum P_i}{L} = \frac{1\ 400 \times 2 + 2\ 100 \times 4}{51} = 219.6(\text{kN/m})$$

（2）求固端弯矩。

$$M_{AD} = -M_{A'D'} = \frac{1}{2} \times 219.6 \times 3^2 = 988.2(\text{kN} \cdot \text{m})$$

$$M_{BA} = -M_{B'A'} = -\frac{1}{8} \times 219.6 \times 9^2 = -2\,223.5(\mathrm{kN \cdot m})$$

$$M_{BC} = M_{CC'} = M_{C'B'} = \frac{1}{12} \times 219.6 \times 9^2 = 1\,482.3(\mathrm{kN \cdot m})$$

$$M_{CB} = M_{C'C} = M_{B'C'} = -\frac{1}{12} \times 219.6 \times 9^2 = -1\,482.3(\mathrm{kN \cdot m})$$

$$M_{A'D'} = -M_{A'B'} = -M_{AD} = -1/2 \times 219.6 \times 3^2 = -988.2(\mathrm{kN \cdot m})$$

（3）计算弯矩分配系数。

由力矩分配原理可知

$$\mu_{BA} = \mu_{B'A'} = \frac{3i}{3i+4i} = 0.43$$

$$\mu_{BC} = \mu_{B'C'} = \frac{4i}{3i+4i} = 0.57 \quad (i = \frac{EI}{6})$$

$$\mu_{CB} = \mu_{C'B'} = \mu_{CC'} = \mu_{C'C} = \frac{4i}{4i+4i} = 0.50$$

（4）用力矩分配法计算弯矩。

首先计算各支座处的不平衡力矩

$$\sum M_B = -\sum M_{B'} = -2\,223.5 + 1\,482.3 = -741.2(\mathrm{kN \cdot m})$$

$$\sum M_C = \sum M_{C'} = 0$$

先进行第一轮的力矩分配及传递（从 B 和 B' 开始），然后进行 C 和 C' 的力矩分配及传递，再回到 B 和 B'，如此循环，直到误差允许，具体如表 3-5 所示。

表 3-5　力矩分配法计算过程

弯矩分配系数	0.43	0.57	0.50	0.50	0.50	0.50	0.57	0.43	
-988.2	-2 223.5	1 482.3	-1 482.3	1 482.3	-1 482.3	1 482.3	-1 482.3	2 223.5	988.2
		318.7	422.5	211.3			-211.3	-422.5	-318.7
			-105.7	-105.7		52.9	105.7	105.7	
	22.7	30.2	15.1			-15.1	-30.2	-22.7	
			-3.8	-7.6	-7.6	7.6	7.6	3.8	
	1.6	2.2	1.1			-1.1	-2.2	-1.6	
			-0.3	-0.6	-0.5	0.6	0.5	0.3	
	0.1	0.2	0.1			-0.1	-0.2	-0.1	
			-0.05	-0.05	0.05	0.05			
-988.2	-1 880.5	1 880.5	-1 368.7	1 368.7	-1 368.7	1 368.7	-1 880.5	1 880.5	988.2

绘出最终的弯矩图如图 3-29 所示。

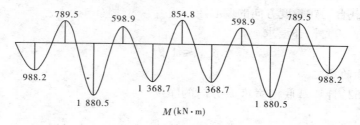

图 3-29 弯矩计算结果图

（5）根据前面计算出来的弯矩及外荷载，以每跨梁为隔离体求支座剪力（这里从略），对于支座反力和柱荷载处的不平衡力，应按渐进法进行逐步调整，直到误差允许为止。

（二）基础底面尺寸的确定

柱下钢筋混凝土条形基础的底面尺寸确定一般采用前面所述的简化计算法，具体如下：将条形基础看做长度为 L、宽度为 b 的刚性基础，按地基承载力设计值确定基础底面尺寸。

1. 基础长度的确定

计算时先计算荷载合力的位置，然后调整基础两端的悬臂长度，使荷载合力的重心尽可能与基础形心重合，地基反力为均匀分布（见图 3-30(a)），并要求

$$p = \frac{\sum F + G}{bL} \leqslant f \tag{3-59}$$

式中 p——均布地基反力，kN/m^2；

$\sum F$——上部结构传至基础顶面的竖向力设计值总和，kN；

G——基础自重，kN；

b、L——条形基础的宽度和长度，m；

f——基础持力层土的地基承载力设计值，kN/m^2。

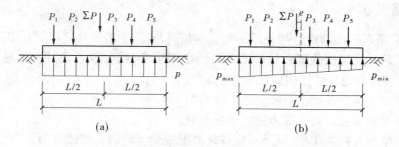

图 3-30 简化计算法的基底反力分布

如果荷载合力不可能调到与基底形心重合，或者偏心距超过基础长度的 3%，基底反力按梯形分布（见图 3-30(b)），并按下式计算

$$p_{min}^{max} = \frac{\sum F + G}{bL}\left(1 \pm \frac{6e}{L}\right) \tag{3-60}$$

式中　p^{max}_{min}——基底反力的最小值和最大值,kN/m²;

　　　e——荷载合力在长度方向的偏心距,m。

除满足式(3-59)外,还要求

$$p_{max} \leqslant 1.2f \qquad (3-61)$$

2. 翼板尺寸的确定

先按式(3-62)计算基底沿宽度 b 方向的净反力

$$p^{j\,max}_{j\,min} = \frac{\sum F + G}{bL}(1 \pm \frac{e_b}{L}) \qquad (3-62)$$

式中　$p^{j\,max}_{j\,min}$——基础宽度方向的最大、最小净反力,kN/m²;

　　　e_b——基础宽度 b 方向的偏心距,m。

然后按斜截面抗剪能力确定翼板厚度,并将翼板作为悬臂按式(3-57)、式(3-58)计算弯矩和剪力。

式(3-57)与式(3-58)中 M、V 分别为柱或墙边的弯矩和剪力,p_{j1}、p_{j2}、L_1 如图 3-31 所示。

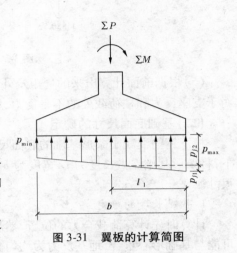

图 3-31　翼板的计算简图

第六节　柱下十字交叉条形基础设计

当上部结构荷载较大而地基承载力较低时,为了扩大基础的底面面积和增强基础的刚性,常采用由纵向、横向条形基础组成的十字交叉条形基础。十字交叉条形基础是空间受力体系,应按照地基基础与上部结构共同工作方法进行计算,通常采用有限元法计算,目前已有计算软件。但在工程中通常采用简化的方法,本节仅介绍简化计算方法。

一、构造要求

十字交叉条形基础的构造与条形基础基本相同,实用中需要补充以下几点:

(1)为了调整结构荷载重心与基底平面形心相重合,同时改善角柱与边柱下地基的受力条件,在转角和边柱处作构造性延伸。

(2)十字交叉条形基础梁的断面通常取为"T"形。

(3)在交叉处翼板双向主受力钢筋重叠布置。

(4)基础梁若有扭矩作用,纵筋则应按计算配置受弯钢筋和受扭钢筋。

二、柱下十字交叉条形基础的内力分析

如果柱网下的地基软弱、土的压缩性或柱荷载的分布沿两个柱列方向都很不均匀,一方面需要进一步扩大基础底面面积,另一方面又要求基础具有空间刚度,以调整不均匀沉降时,可沿纵、横柱列设置交叉条形基础(见图 3-32),在高层建筑框架结构中有时采用梁高达 1/3~1/2 柱距的交叉条形基础,以其巨大的刚度来增强建筑物的整体刚度。

如果单向条形基础的底面面积已能满足地基承载力的要求,只须减小基础之间的沉降差,则可在另一方向加设联梁,组成如图 3-33 所示的联梁式交叉条形基础。联梁不着地,但需要有一定的刚度和强度,否则作用不大。这种交叉条形基础的设计,可按单向条形基础考虑,联梁的配置通常是带经验性的。

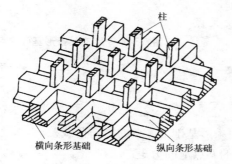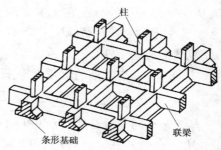

柱　　　　　　　　　　　　　　　柱

横向条形基础　　　纵向条形基础　　　条形基础　　　　　　联梁

图 3-32　柱下交叉条形基础　　　　　图 3-33　联梁式交叉条形基础

交叉条形基础是在柱网下纵、横相连的空间结构体系,它与地基相互作用的理论分析自然相当复杂,现仍按对柱下单向条形基础所采用的那些简化原则来探讨交叉条形基础的实用计算方法。

当上部结构具有很大的整体刚度时,像分析条形基础时那样,将交叉条形基础作为倒置的二组连续梁来对待,连续梁上的荷载就是地基的净反力及柱子传来的力矩荷载(可假定该力矩荷载由作用方向上的条形基础承担)。关于地基反力的分布问题,如果地基较软而均匀,基础刚度较大,外荷载的总偏心又很小,可以认为是均布的。这样,只要用全部柱压力除以基础的总支承面积便可求出反力值。如果荷载偏心较大,也可按反力呈直线分布假设的原则粗略地计算确定反力分布。

如果上部结构的刚度很小,便可假定它不参与相互作用,将基础作为地基上的一个十字交叉梁格体系来分析,不过,问题仍然是比较复杂的。实践中,常采用一些近似计算方法来解决。

在工程中内力分析方法通常采用简化计算方法,在分析过程中一般要考虑以下问题。

(一)结点荷载分配

柱下十字交叉条形基础内力分析方法的关键在于如何进行交叉点处柱荷载的分配。十字交叉条形基础的交叉点位于柱荷载作用点处,该处所受柱子的竖向荷载,由纵横方向的基础梁共同承担。进行十字交叉条形基础设计时,必须解决结点处柱竖向荷载如何分配于纵横方向的基础梁上。当纵横向基础梁上所分配的荷载确定后,就可将纵横向基础梁按单向条形基础进行计算。如图 3-34 所示的十字交叉条形基础简图,每个交叉点处都作用有从上部结构传来的竖向荷载 P 和 x、y 方向的力距 M_x 和 M_y,假设略去扭转变形的影响,即一个方向的条形基础有转角时,不引起另一方向条形基础的内力,则 M_x 全部由 x 向基础承担,M_y 全部由 y 向基础承担。对任意结点 i,荷载分配必须满足以下两个条件:

（1）静力平衡条件。

分配在 x、y 方向的竖向荷载之和应等于结点处荷载,即

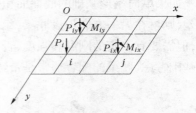

$$P_i = P_{ix} + P_{iy} \qquad (3\text{-}63)$$

式中　P_i——任意结点 i 上的集中荷载,kN;

　　　　$P_{ix}P_{iy}$——结点 i 处分配在 x、y 方向交叉点
上的竖向荷载,kN。

图 3-34　十字交叉条形基础结点
荷载分配

（2）结点变形协调条件。

x 和 y 方向基础在交叉处的沉降相等,即

$$\sum \delta_{ij} P_{jx} + \sum \overline{\delta_{ij}} M_{jx} = \sum \delta_{ik} P_{ky} + \sum \overline{\delta_{ik}} M_{ky} \qquad (3\text{-}64)$$

式中　P_{jx}、P_{ky}——x 向条形基础上 j 点和 y 向条形基础上 k 点的竖向荷载;

　　　　M_{jx}、M_{ky}——作用在 x 向的 j 点和 y 向的 k 点上的力矩;

　　　　δ_{ij}、$\overline{\delta_{ij}}$——j 点处作用单位力($P_{jx}=1$)和单位力矩($M_{jx}=1$)在 i 点产生的沉降;

　　　　δ_{ik}、$\overline{\delta_{ik}}$——k 点处作用单位力($P_{ky}=1$)和单位力矩($M_{ky}=1$)在 i 点产生的沉降。

δ_{ij}、$\overline{\delta_{ij}}$、δ_{ik}、$\overline{\delta_{ik}}$ 可以由 Hetenyi 对于文克勒地基上有限长梁的解求得,即

$$y = \frac{P_0 \lambda}{kb\left[\sinh^2(\lambda l) - \sin^2(\lambda l) \right]} I_{3b} + \frac{M_0 \lambda}{kb\left[\sinh^2(\lambda l) - \sin^2(\lambda l) \right]} \qquad (3\text{-}65)$$

在式(3-65)中,令 $P_0=1$,$M_0=0$,可求得 δ_{ij} 或 δ_{ik};令 $P_0=0$,$M_0=1$,可求得 $\overline{\delta_{ij}}$ 或 $\overline{\delta_{ik}}$。设十字交叉条形基础有 n 个交叉点,每个交叉点都可按式(3-63)和式(3-64)列出两个方程,共可列出 $2n$ 个方程,每个交叉点有 2 个未知数(即 P_{ix} 和 P_{iy}),共 $2n$ 个未知数,求解方程组,就可得出每个柱荷载在纵横方向的分配值,然后分别按条形基础计算基础未知力。

（二）结点荷载的简化计算公式

根据文克勒地基上无限长梁受集中荷载作用的解可知,随着与集中力作用点距离 x 的增加,梁的挠度迅速减小,当 $x = \pi/\lambda$ 时,该处的挠度为集中力作用点($x=0$)挠度的 4.3%。因此,实用上当柱距大于 π/λ 时,就可以忽略相邻柱荷载的影响,根据无限长梁和半无限长梁的解,推导出各种类型结点竖向荷载分配的计算公式,方法简单,也称为结点形状分配系数法。

结点类型如图 3-35 所示。

1. 内柱结点

内柱结点如图 3-35(a)所示,设 P_{ix} 和 P_{iy} 为在 x 向和 y 向条形基础的分配荷载,根据无限长梁受集中荷载作用的解,由式(3-66)可得 x 向基础在 P_{ix} 作用下 i 结点产生的沉降为

$$y_{ix} = \frac{P_{ix}\lambda_x}{2kb_x} = \frac{P_{ix}}{2kb_x S_x} \qquad (3\text{-}66)$$

式中　k——地基土的基床系数;

　　　　b_x——x 向的基底宽度;

S_x——x 向的弹性特征长度，$S_x = \dfrac{1}{\lambda_x}$。

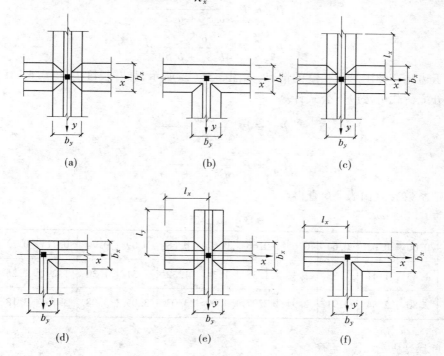

(a)　　　　　　　　(b)　　　　　　　　(c)

(d)　　　　　　　　(e)　　　　　　　　(f)

图 3-35　十字交叉条形基础结点类型

同理可得 y 向基础在 P_{ix} 作用下结点 i 的沉降为

$$y_{iy} = \frac{P_{iy}\lambda_y}{2kb_y} = \frac{P_{iy}}{2kb_y S_y} \tag{3-67}$$

式中　b_y——y 向的基底宽度；

　　　S_y——y 向的弹性特征长度，$S_y = \dfrac{1}{\lambda_y}$。

由结点变形协调条件 $y_{ix} = y_{iy}$，得

$$\frac{P_{ix}}{2kb_x S_x} = \frac{P_{iy}}{2kb_y S_y} \tag{3-68}$$

由结点平衡条件，得

$$P_i = P_{ix} + P_{iy}$$

求解以上两方程，得

$$P_{ix} = P_i \frac{b_x S_x}{b_x S_x + b_y S_y} \tag{3-69}$$

$$P_{iy} = P_i \frac{b_y S_y}{b_x S_x + b_y S_y} \tag{3-70}$$

2. 边柱结点

边柱结点如图 3-35（b）所示，结点荷载可分解为作用在无限长梁上的 P_{ix} 和作用在半

无限长梁上的 P_{iy},同理可得

$$P_{ix} = P_i \frac{4b_x S_x}{4b_x S_x + b_y S_y} \tag{3-71}$$

$$P_{iy} = P_i \frac{b_y S_y}{4b_x S_x + b_y S_y} \tag{3-72}$$

对于边柱有伸出悬臂长度的情况,如图 3-35(c)所示,悬臂长度 $l_x = (0.6 \sim 0.75)S_y$,结点的分配荷载可按以下公式计算

$$P_{ix} = P_i \frac{\alpha\beta b_x S_x}{\alpha\beta b_x S_x + b_y S_y} \tag{3-73}$$

$$P_{iy} = P_i \frac{b_y S_y}{\alpha\beta b_x S_x + b_y S_y} \tag{3-74}$$

式中系数 α、β 由表 3-6 查得。

表 3-6　　α、β 值表

l/S	0.60	0.62	0.64	0.65	0.66	0.67	0.68	0.69	0.70	0.71	0.73	0.75
α	1.43	1.41	1.38	1.36	1.35	1.34	1.32	1.31	1.30	1.29	1.26	1.24
β	2.80	2.84	2.91	2.94	2.97	3.00	3.03	3.05	3.08	3.10	3.18	3.23

3. 角柱结点

对于图 3-35(d)所示的角柱结点,柱荷载可分解为作用在两个半无限长梁上的荷载 P_{ix} 和 P_{iy},根据半无限长梁的解,同理可推导出结点荷载的分配公式同式(3-73)和式(3-74)。

为减缓角柱结点处地基反力过于集中,常在两个方向伸出悬臂,如图 3-35(e)所示,当 $l_x = \xi S_y$,同时 $l_y = \xi S_y$,$\xi = 0.6 \sim 0.75$,结点荷载分配计算公式同式(3-73)和式(3-74)。

当角柱结点仅在一个方向伸出悬臂时,如图 3-35(f)所示,结点荷载分配计算公式如下

$$P_{ix} = P_i \frac{\beta b_x S_x}{\beta b_x S_x + b_y S_y} \tag{3-75}$$

$$P_{iy} = P_i \frac{b_y S_y}{\beta b_x S_x + b_y S_y} \tag{3-76}$$

式中系数 β 由表 3-6 查得。

（三）结点分配荷载的调整

按照以上方法进行柱荷载分配后,可分别按纵、横两个方向的条形基础计算,但这样计算,在交叉点处基底重叠部分面积重复计算了一次,结果使地基反力减小,致使计算结果偏于不安全,故在结点荷载分配后还需进行调整,方法如下。

设调整前的地基平均反力为

$$p = \frac{\sum P}{\sum F + \sum \Delta F} \tag{3-77}$$

式中　$\sum P$——交叉条形基础上竖向荷载的总和；

　　　$\sum F$——交叉条形基础支承总面积；

　　　$\sum \Delta F$——交叉条形基础结点处重叠面积之和。

调整后的地基平均反力为

$$p' = \frac{\sum P}{\sum F} \tag{3-78}$$

或将 p' 表达为

$$p' = mp \tag{3-79}$$

式中 m 为修正系数，将式(3-77)和式(3-78)代入式(3-79)得

$$m = 1 + \frac{\sum \Delta F}{\sum F} \tag{3-80}$$

于是式(3-79)可写成

$$p' = \left(1 + \frac{\sum \Delta F}{\sum F}\right)p = p + \frac{\sum \Delta F}{\sum F}p \tag{3-81}$$

或

$$p' = p + \Delta p \tag{3-82}$$

其中

$$\Delta p = \frac{\sum \Delta F}{\sum F}p \tag{3-83}$$

Δp 为地基反力增量，将 Δp 按结点分配荷载和结点荷载的比例折算成分配荷载增量，对于任一 i 结点，分配荷载增量为

$$\left.\begin{array}{l} \Delta p_{ix} = \dfrac{P_{ix}}{P}\Delta F_i \Delta p \\[3mm] \Delta p_{iy} = \dfrac{P_{iy}}{P}\Delta F_i \Delta p \end{array}\right\} \tag{3-83}$$

式中　Δp_{ix}、Δp_{iy}——i 结点 x 轴向和 y 轴向的分配荷载增量；

　　　ΔF_i——i 结点基础重叠面积；

　　　其他符号含义同前。

于是，调整后结点荷载在 x、y 两向的分配荷载分别为

$$\left.\begin{array}{l} P'_{ix} = P_{ix} + \Delta P_{ix} \\[2mm] P'_{iy} = P_{iy} + \Delta P_{iy} \end{array}\right\} \tag{3-84}$$

民用建筑如办公楼、教学楼、住宅等，一般都按线荷载计算条形基础，最容易忽略部分基础面积上荷载的重复，即在纵、横墙交接处，纵墙基础面积被横墙所占有，或是横墙基础面积被纵墙所占有，这时就需要考虑基础交叉部位荷载的重叠。

第七节　筏板基础设计

当上部结构荷载很大而地基承载力较低，采用十字交叉条形基础仍不能满足要求时，

可将基础底面扩大为支撑整个建筑物的钢筋混凝土板,即形成筏板基础(或称为筏形基础)。筏板基础分平板式和梁板式两类。筏板基础可以有效地提高基础承载力,增强基础刚性,调整地基不均匀沉降,因而多在高层建筑中采用。

一、构造要求

(1)筏板基础的底面形状和平面尺寸应根据地基土的承载力、上部结构的布置及荷载分布等因素考虑。对于单幢建筑物,在地基土比较均匀的条件下,基底平面形心宜与结构竖向永久荷载重心重合。当不能重合时,在荷载效应准永久组合下偏心距宜符合下式要求

$$e \leqslant 0.1 \frac{W}{A} \tag{3-85}$$

式中　W——与偏心距方向一致的基础底面边缘抵抗矩;

　　　　A——基础底面面积。

如果荷载不对称,宜调整筏板的外伸长度,但伸出长度从轴线算起横向不宜大于1 500 mm,纵向不宜大于1 000 mm,且同时宜将肋梁挑至筏板边缘。无外伸肋梁的筏板,其伸出长度宜适当减小。

(2)筏板基础底板可以采用等厚的或变厚的。其厚度应满足抗冲切、抗剪切的要求。梁板式筏板基础底板厚度不宜小于300 mm,且厚度与板格最小跨度的比值(厚跨比)不宜小于1/20。对12层以上建筑的梁板式筏板基础,其底板厚度与最大双向板格的短边净跨比不应小于1/14,且板厚不应小于400 mm。

平板式筏板厚度应根据抗冲切、抗剪切要求确定,最小板厚不宜小于400 mm。对高层建筑的筏板基础,可采用厚筏板,厚度可取1~3 m。

(3)筏板基础配筋的确定:基础筏板的钢筋配置量除应按计算要求外,纵、横两方向的支座处(指柱、肋梁和墙处的板底钢筋)尚应有1/2~1/3的钢筋通长配置。对墙下筏板,纵向为0.15%,横向为0.10%,跨中钢筋一般通长配置。对墙下筏板或无外伸肋梁的阳角外伸板角底面,应配置5~7根辐射状的附加钢筋(见图3-36),该附加钢筋的直径与板边缘的主筋相同。当挑出尺寸较大时,尚可考虑切除板角,以改善受力状况。

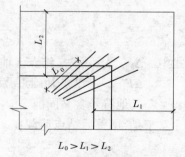

$L_0 > L_1 > L_2$

图3-36　筏板基础角部配筋构造

(4)采用筏板基础的地下室,地下室钢筋混凝土外墙厚度不应小于250 mm,内墙厚度不应小于200 mm,墙的截面设计除满足承载力要求外,尚应考虑变形抗裂及防渗等要求,墙体内应设置双面钢筋,竖向和水平钢筋的直径不应小于12 mm,间距不应大于300 mm。地下室底层柱、剪力墙与梁板式筏板基础的基础梁连接的构造要求,柱、墙的边缘至基础梁边缘的距离不应小于50 mm,如图3-37所示。

①当交叉基础梁的宽度小于柱截面的边长时,交叉基础梁连接处应设置八字角,柱角与八字角之间的净距不宜小于50 mm,见图3-37(a)。

②单向基础梁与柱的连接可按图3-37(b)、(c)采用。

③基础梁与剪力墙的连接可按图3-37(d)采用。

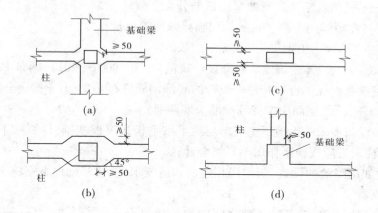

图3-37　地下室底层柱或剪力墙与基础梁连接的构造要求

(5)混凝土强度等级一般不低于C30,对于地下水位以下的地下室筏板基础,应采用防水混凝土,防水混凝土的抗渗等级应根据地下水的最大水头与防渗混凝土厚度的比值,按现行《地下工程防水技术规范》(GB 50108—2008)选用,但不应小于0.6 MPa。必要时宜设架空排水层。墙体内应设置双面钢筋,竖向和水平钢筋的直径不应小于12 mm,间距不应大于300 mm。

与柱下条形基础一样,为满足整体弯曲的要求,除按规定梁板的主筋均应有一定数量通长配置外,其纵向端部第一、二开间的跨中和支座的受力钢筋,宜按计算要求的钢筋面积增加10%～20%。

(6)当地基土比较均匀、上部结构刚度较好,梁板式筏板基础梁的高跨比或平板式筏板基础板的厚跨比不小于1/6,且相邻柱荷载及柱间距的变化不超过20%时,筏板基础可仅考虑局部弯曲作用。筏板基础的内力可按基底反力直线分布进行计算,计算时基底反力应扣除底板自重及其上填土的自重。当不满足上述要求时,筏板基础的内力应按弹性地基梁板方法进行分析计算。

有抗震设防要求时,对无地下室且抗震等级为一、二级的框架结构,基础梁除满足抗震构造要求外,计算时尚应将柱组合的弯矩设计值分别乘以1.5和1.25的增大系数。

(7)按基底反力直线分布计算的梁板式筏板基础,其基础梁的内力可按连续梁分析,边跨跨中弯矩以及第一内支座的弯矩值宜乘以系数1.2。梁板式筏板基础的底板和基础梁的配筋除满足计算要求外,纵、横方向的底部钢筋尚应有1/2～1/3贯通全跨,且其配筋率不应小于20%。顶部钢筋按计算配筋全部连通。

(8)按基底反力直线分布计算的平板式筏板基础,可按柱下板带和跨中板带分别进行内力分析。柱下板带中,柱宽及其两侧各0.5倍板厚且不大于1/4板跨的有效宽度范围内,其钢筋配置量不应小于柱下板带钢筋数量的一半,且应能承受部分不平衡弯矩$\alpha_m M_{unb}$。M_{unb}为作用在冲切临界截面重心上的不平衡弯矩。α_m按下式计算

$$\alpha_m = \frac{3}{3 + 2\sqrt{c_1/c_2}} \tag{3-86}$$

式中　α_m——不平衡弯矩通过弯曲来传递的分配系数；

　　　c_1——与弯矩作用方向一致的冲切临界截面的边长；

　　　c_2——垂直于 c_1 的冲切临界截面的边长。

c_1、c_2 的取值可参见《建筑地基基础设计规范》(GB 50007—2011)附录 P。

平板式筏板基础柱下板带和跨中板带的底部钢筋应有 1/2 ~ 1/3 贯通全跨,且配筋率不应小于 0.15%,顶部钢筋应按计算配筋全部连通。

对有抗震设防要求的无地下室或单层地下室平板式筏板基础,计算柱下板带截面受弯承载力时,柱内力应按地震作用不利组合计算。

(9)其他如沉降缝的设置、与裙房相连的构造要求、筏板基础地下室施工完毕后的处理应满足规范要求。

高层建筑筏板基础与裙房基础之间的构造应符合下列要求:

①当高层建筑与相连的裙房之间设置沉降缝时,高层建筑的基础埋深应大于裙房基础的埋深至少 2 m,当不满足要求时,必须采取有效措施。沉降缝地面以下应用粗砂填实(见图 3-38)。

②当高层建筑与相连的裙房之间不设置沉降缝时,宜在裙房一侧设置后浇带,后浇带的位置宜设在距主楼边柱的第二跨内。后浇带混凝土宜根据实测沉降值,并计算后期沉降差能满足设计要求后方可进行浇筑。

③当高层建筑与相连的裙房之间不允许设置沉降缝

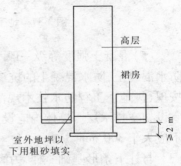

图 3-38　高层建筑与裙房间的沉降缝处理

和后浇带时,应进行地基变形验算,验算时需考虑地基与结构变形的相互影响,并采取相应的有效措施。

筏板基础地下室施工完毕后,应及时进行基坑回填工作。回填基坑时,应先清除基坑中的杂物,并应在相对的两侧或四周同时回填并分层夯实。

二、设计原则

(一)地基承载力验算

基础底面面积根据基础持力层土的地基承载力要求确定。如果将 xOy 坐标原点置于筏板基础底板形心处,则基底反力可按式(3-87)计算

$$p = \frac{\sum F + G}{A} \pm \frac{M_x}{I_x}y \pm \frac{M_y}{I_y}x \tag{3-87}$$

式中　p——筏板基础底板平均基底反力,kN/m^2;

　　　$\sum F$——作用于筏板基础上竖向荷载总和,kN;

　　　G——筏板基础自重,kN;

A——筏板基础底面面积,m^2;

M_x、M_y——竖向荷载对通过筏板基础底面形心的 x 轴和 y 轴的力矩,$kN \cdot m$;

I_x、I_y——筏板基础底面面积对 x、y 轴的惯性矩,m^4;

x、y——计算点的 x 轴和 y 轴的坐标,m。

对于矩形筏板基础,基底反力可按下列偏心受
压公式进行简化计算(见图3-39)

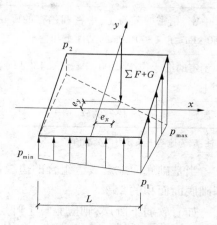

$$\begin{matrix} p_{\max} \\ p_{\min} \end{matrix} = \frac{\sum F + G}{BL}(1 \pm \frac{6e_x}{L} \pm \frac{6e_y}{B}) \quad (3\text{-}88)$$

$$\begin{matrix} p_1 \\ p_2 \end{matrix} = \frac{\sum F + G}{BL}\left(1 \mp \frac{6e_x}{L} \mp \frac{6e_y}{B}\right)$$

式中　$p_{\max}$、$p_{\min}$、p_1、p_2——基底 4 个角的基底压力
值,kPa;

$\sum F$——筏板上的总竖向荷载设计值,kN;

G——基础及其上土的重量,kN;

L、B——筏板底面长与宽,m;

图 3-39　矩形筏板基础

e_x、e_y——上部结构荷载在 x、y 方向对基底形心的偏心距(x、y 轴通过基底形心)

$$e_x = \frac{M_y}{\sum F + G} \quad (3\text{-}89)$$

$$e_y = \frac{M_x}{\sum F + G} \quad (3\text{-}90)$$

M_x、M_y——竖向荷载设计值的合力点对 x、y 轴的力矩,$kN \cdot m$。

基底反力应满足以下要求

$$p \leqslant f \quad (3\text{-}91)$$

$$p_{\max} \leqslant 1.2f \quad (3\text{-}92)$$

式中　f——持力层土的地基承载力设计值,kN/m^2。

对于非抗震设防的高层建筑箱形基础和筏板基础应符合下式要求

$$p_{\min} \geqslant 0 \quad (3\text{-}93)$$

对于抗震设防的建筑,箱形基础和筏板基础的基础底面压力除应符合式(3-91)及式(3-92)的要求外,还应满足下列公式

$$p_E \leqslant f_{SE} \quad (3\text{-}94)$$

$$p_{E,\max} \leqslant 1.2f_{SE} \quad (3\text{-}95)$$

$$f_{SE} = \xi_s f \quad (3\text{-}96)$$

式中　p_E——基础底面地震效应组合的平均压力设计值;

$p_{E,\max}$——基础底面地震效应组合的边缘最大压力设计值;

f_{SE}——调整后的地基土抗震承载力设计值;

ξ_s——地基土抗震承载力调整系数,按表3-7确定。

表 3-7　地基土抗震承载力调整系数 ξ_s

岩土名称和性状	ξ_s
岩石,密实的碎石土,密实的砾、粗砂、中砂,$f_k \geqslant 300$ kPa 的黏性土和粉土	1.5
中密、稍密的碎石土,中密和稍密的砾、粗砂、中砂,密实和中密的细砂、粉砂,150 kPa $\leqslant f_k < 300$ kPa 的黏性土和粉土	1.3
稍密的细砂、粉砂,100 kPa $\leqslant f_k < 150$ kPa 的黏性土和粉土,新近沉积的黏性土和粉土	1.1
淤泥,淤泥质土,松散的砂,填土	1.0

注:f_k 为地基土承载力的标准值。

当基础底面地震效应组合的边缘最小压力出现零应力时,零应力区的面积不应超过基础底面面积的 25%。

如有软弱下卧层,则应验算下卧层强度。

(二)地基变形计算

由于筏板基础埋深较大,随着施工的进展,地基的受力状态和变形十分复杂。在基坑开挖前大多用井点降低地下水位,以便进行基坑开挖和基础施工。因此,应用降水使地基压缩。在基坑开挖阶段,由于卸去土重引起地基回弹变形,根据某些工程的实测,回弹变形不容忽视。当基础施工时,由于逐步加载,使地基产生压缩变形。基础施工完后可停止降水,地基又回弹。最后,在上部结构施工和使用阶段,由于继续加载,地基继续产生压缩变形。

依据《高层建筑箱形与筏形基础技术规范》(JGJ 6—2011),基础的最终沉降可按下式计算

$$s = \sum_{i=1}^{n} \left(\psi' \frac{p_c}{E'_{si}} + \psi_s \frac{p_0}{E_{si}} \right) (z_i \bar{\alpha}_i - z_{i-1} \bar{\alpha}_{i-1}) \tag{3-97}$$

式中　s——最终沉降量;

　　　ψ'——考虑回弹影响的沉降计算经验系数,无经验时取 $\psi' = 1$;

　　　ψ_s——沉降计算经验系数,按地区经验采用,当缺乏地区经验时,可按现行国家标准《建筑地基基础设计规范》(GB 50007—2011)的有关规定采用;

　　　n——地基沉降计算深度范围内所划分的土层数;

　　　p_0——对应于长期效应组合下的基础底面处的附加应力标准值;

　　　p_c——基础底面处地基土的自重应力标准值;

　　　E'_{si}、E_{si}——基础底面以下第 i 层土的回弹再压缩模量和压缩模量;

　　　z_i、z_{i-1}——基础底面至第 i 层、第 $i-1$ 层土底面的距离;

　　　$\bar{\alpha}_i$、$\bar{\alpha}_{i-1}$——基础底面计算点至第 i 层土、第 $i-1$ 层土底面范围内平均附加应力系数,可按有关规范采用。

沉降计算深度可按现行国家标准《建筑地基基础设计规范》(GB 50007—2011)确定。

当采用土的变形模量计算箱形基础和筏板基础的最终沉降量 s 时,可按下式计算

$$s = p_k B \eta \sum_{i=1}^{n} \frac{\delta_i - \delta_{i-1}}{E_{0i}} \tag{3-98}$$

式中　p_k——长期效应组合下的基础底面处的平均压力标准值；

　　　　B——基础底面宽度；

　　　　δ_i、δ_{i-1}——与基础长宽比 L/B 及基础底面至第 i 层土和第 $i-1$ 层土底面的距离深度 z 有关的无因次系数；

　　　　E_{0i}——基础底面下第 i 层土的变形模量，通过试验或按地区经验确定；

　　　　η——修正系数，可按表 3-8 确定。

表 3-8　修正系数 η

$m = \dfrac{2z_n}{b}$	$0 < m \leqslant 0.5$	$0.5 < m \leqslant 1$	$1 < m \leqslant 2$	$2 < m \leqslant 3$	$3 < m \leqslant 5$	$5 < m \leqslant \infty$
η	1.00	0.95	0.90	0.80	0.75	0.70

按式（3-98）进行沉降计算时，沉降计算深度 z_n 应按下式计算

$$z_n = (z_m + \xi B)\beta \tag{3-99}$$

式中　z_m——与基础长宽比有关的经验值，按表 3-9 确定；

　　　　ξ——折减系数，按表 3-9 确定；

　　　　β——调整系数，按表 3-10 确定。

表 3-9　z_m 值和折减系数 ξ

L/b	$\leqslant 1$	2	3	4	$\geqslant 5$
z_m	11.6	12.4	12.5	12.9	13.2
ξ	0.42	0.49	0.53	0.60	1.00

表 3-10　调整系数 β

土类	碎石	砂土	粉土	黏性土	软土
β	0.30	0.50	0.60	0.75	1.00

（三）整体倾斜

在筏板基础设计中整体倾斜问题应引起足够重视，当整体倾斜超过一定数值时，直接影响建筑物的稳定性，使上部结构产生过大的附加应力，严重时还有倾覆的危险。此外，还会影响建筑物的正常使用，如电梯导轨的偏斜将影响电梯的正常运转等。

影响高层建筑物整体倾斜的因素主要有上部结构荷载的偏心、地基土层分布的均匀性、建筑物的高度、地震烈度、相邻建筑物的影响以及施工因素等。在地基均匀的条件下，应尽量使上部结构荷载的重心与基底形心相重合。当有邻近建筑物影响时，应综合考虑重心与形心的位置。

一般情况下，常控制横向整体倾斜。确定横向整体倾斜允许值的主要依据是保证建筑物的稳定性和正常使用，在非地震区，横向整体倾斜计算值 α_T 宜符合下式的要求

$$\alpha_T \leqslant \frac{B}{100 H_g} \tag{3-100}$$

式中　B——筏板基础宽度；

　　　　H_g——建筑物高度，指室外地面至檐口高度。

（四）筏板基础抗冲切验算

平板式筏板基础的板厚应能满足受冲切承载力的要求。计算时应考虑作用在冲切临界截面重心上的不平衡弯矩所产生的附加剪力。距柱边 $h_0/2$ 处冲切临界截面（见图3-40）的最大剪应力 τ_{max} 应按下列公式计算

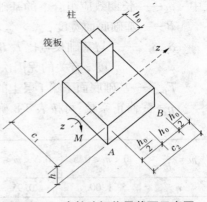

图3-40　内柱冲切临界截面示意图

$$\tau_{max} = \frac{V_s}{u_m h_0} + \frac{MC_{AB}}{I_s} \tag{3-101}$$

$$\tau_{max} \leqslant 0.6f_t \tag{3-102}$$

$$\alpha_s = 1 - \frac{1}{1 + \frac{2}{3}\sqrt{\frac{c_1}{c_2}}} \tag{3-103}$$

式中　V_s——集中反力设计值，对柱取轴力设计值减去筏板冲切破坏锥体内的地基反力设计值，对边柱和角柱，取轴力设计值减去筏板冲切临界截面范围内的地基反力设计值，地基反力值应扣除底板自重；

　　　　u_m——距柱边 $h_0/2$ 处冲切临界截面的周长；

　　　　h_0——筏板的有效高度；

　　　　M——作用在冲切临界截面重心上的不平衡弯矩；

　　　　C_{AB}——沿弯矩作用方向，冲切临界截面重心至冲切临界截面最大剪应力点的距离；

　　　　I_s——冲切临界截面对其重心的极惯性矩；

　　　　f_t——混凝土轴心抗拉强度设计值；

　　　　c_1——与弯矩作用方向一致的冲切临界截面的边长；

　　　　c_2——垂直于 c_1 的冲切临界截面的边长；

　　　　α_s——不平衡弯矩传至冲切临界截面周边的剪应力系数。

当柱荷载较大，等厚度筏板的受冲切承载力不能满足要求时，可在筏板上面增设柱墩或在筏板下局部增加板厚或采用抗冲切箍筋来提高受冲切承载力。

三、筏板基础的内力分析

《高层建筑箱形与筏形基础技术规范》（JGJ 6—2011）规定：当地基土质复杂、上部结构刚度较差，或柱荷载及柱间距变化较大时，筏板基础应按弹性地基梁板方法进行分析，通常采用有限元法计算，目前已有计算软件。

当地基土质均匀时，上部结构刚度较好，且柱荷载及柱间距的变化不超过20%时，筏板基础可仅考虑局部弯曲作用，计算时地基反力可视为均布，可采用简化计算方法。简化算法主要有倒楼盖法和刚性板条法。

（一）倒楼盖法

倒楼盖法进行筏板基础的内力分析时，以基底净反力为倒置梁板荷载。对厚度大于

1/6 墙间距的筏板,可沿纵、横方向取单位长度的板带,按单向或双向连续板计算,肋间底板传至肋梁的荷载按楼盖的计算规定进行划分,挑出板的荷载可直接传给邻近的肋梁,板角荷载可按半经验、半理论的方法换算成为作用于梁端的力矩。这样,肋梁就可以当做承受相应荷载的纵、横两组连续梁进行计算。

对柱下无梁式筏板,可参考无梁楼盖计算方法,分别截取柱下板带与柱间板带进行计算。

(二)刚性板条法

刚性板条法计算基础的内力,可以将筏板基础在 x、y 方向从跨中分成若干条带,如图 3-41(a)所示,取出每一条按独立的条形基础计算基础内力。

值得注意的是,刚性板条法计算时,由于没有考虑条带之间的剪力,因此每一条带柱荷载的总和与基底净反力总和不平衡,因而需要进行调整。

以图 3-41(a)中的 $ABCH$ 板条为例。柱荷载总和为

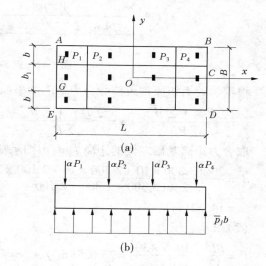

图 3-41 刚性板条法

$$\sum P = P_1 + P_2 + P_3 + P_4$$

(3-104)

基底的净反力平均值为

$$\bar{p_j} = \frac{1}{2}(p_{jA} + p_{jB})$$

(3-105)

式中 p_{jA}、p_{jB}——A 点和 B 点的地基净反力。

如果该板条的宽度为 b,则基底净反力的总和为 $\bar{p_j}BL$,其值不等于柱荷载总和 $\sum P$,两者的平均值为

$$\bar{P} = \frac{1}{2}(\bar{p_j}BL + \sum P)$$

(3-106)

柱荷载和基底净反力都按其平均值 $\bar{P}$ 进行修正,柱荷载的修正系数为

$$\alpha = \frac{\bar{P}}{\sum P}$$

(3-107)

各柱荷载的修正值分别为 αP_1、αP_2、αP_3、αP_4,修正的基底平均净反力可按式(3-108)计算

$$\bar{p_j'} = \frac{\bar{P}}{BL}$$

(3-108)

计算简图如图 3-41(b)所示。

【例 3-4】 某刚性筏板基础,尺寸及荷载分布如图 3-42 所示,板厚 0.8 m。试求基底反力(假设反力按线性分布)。

解:(1)求筏板上荷载合力作用重心位置。

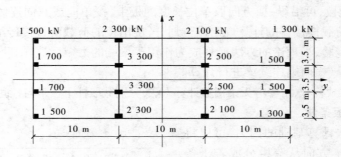

图 3-42　例 3-4 示意图

根据等效力矩原理求荷载合力重心的坐标

$$x = \frac{\sum P_i x_i + \sum M_{xi}}{\sum P_i}, \quad y = \frac{\sum P_i y_i + \sum M_{yi}}{\sum P_i}$$

取合力距离基础左侧的距离为 d，由图示荷载关于 x 轴对称分布可知：$y=0$。

$$d = \frac{2 \times (3\,300 \times 10 + 2\,300 \times 10 + 2\,100 \times 20 + 2\,500 \times 20 + 1\,300 \times 30 + 1\,500 \times 30)}{2 \times (3\,300 + 2\,300 + 2\,100 + 2\,500 + 1\,300 + 1\,500 + 1\,500 + 1\,700)}$$

$$= 14.32\,(\text{m})$$

（2）求基底压力。

$$I_y = \frac{BL^3}{12} = \frac{10.5 \times 30^3}{12} = 23\,625\,(\text{m}^4), \quad e = \frac{24}{2} - 14.32 = -2.32\,(\text{m})$$

$$p = \frac{\sum p}{F} \pm \frac{\sum pe}{I_y}x = \frac{32\,400}{30 \times 10.5} \pm \frac{32\,400 \times 2.32}{23\,625}x = 102.86 \pm 3.18x\,(\text{kN/m}^2)$$

$$p_{\max} = 102.86 + 3.18 \times 47.70 = 150.56\,(\text{kN/m}^2)$$

$$p_{\min} = 102.86 - 3.18 \times 15 = 55.16\,(\text{kN/m}^2)$$

据此可绘出基底压力分布如图 3-43 所示。

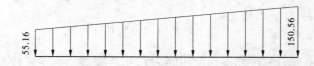

图 3-43　例 3-4 计算结果图

（3）基底反力求出后，其余计算步骤按划分的板带，取板带内平均基底反力用倒楼盖法计算，这里从略。

第八节　箱形基础设计

一、构造要求

（1）箱形基础的平面尺寸应根据地基强度、上部结构的布局和荷载分布等条件确定。在均匀地基条件下，箱形基础的基底平面形心宜与上部结构竖向荷载重心相重合，当偏心较大时,可使箱形基础底板四周伸出不等长的短悬臂,以调整底面形心位置,在永久荷载与楼(屋)面活荷载长期效应组合下,偏心距 e 宜符合下式要求

$$e \leqslant 0.1 \frac{W}{A} \tag{3-109}$$

式中　W——与偏心距方向一致的基础底面边缘抵抗矩,m^3;

　　　A——基础底面面积,m^2。

根据设计经验,也可控制偏心距不大于偏心方向基础边长的 1/60。

(2)箱形基础的高度(底板底面到顶面的外包尺寸)应满足结构强度、结构刚度和使用要求,一般取建筑物高度的 1/8 ~ 1/12,也不宜小于箱形基础长度的 1/8。

(3)箱形基础的顶、底板厚度应按跨度、荷载、反力大小确定,并应进行斜截面抗剪强度和冲切验算。顶板厚度不宜小于 200 mm,底板厚度不宜小于 300 mm。

(4)箱形基础的墙体是保证箱形基础整体刚度和纵、横方向抗剪强度的重要构件。外墙沿建筑物四周布置,内墙一般沿上部结构柱网和剪力墙纵、横均匀布置。墙体要有足够的密度,要求平均每平方米基础面积上墙体长度不得小于 400 mm 或墙体水平截面面积不得小于基础面积的 1/10,其中纵墙配置不得小于墙体配置量的 3/5,且有不少于三道纵墙贯通全长。墙体的厚度应根据实际受力情况确定,外墙厚度不宜小于 250 mm,内墙厚度不宜小于 200 mm。

(5)箱形基础的墙体应尽量不开洞或少开洞,并应避免开偏洞和边洞、高度大于 2 m 的高洞、宽度大于 1.2 m 的宽洞。一个柱距内不宜开洞两个以上,也不宜在内力最大的端面上开洞。两相邻洞口最小净间距不宜小于 1 m,否则洞间墙体应按柱子计算,并采取构造措施。开口系数 γ 应符合下式要求

$$\gamma = 开口面积 / 墙面积 \leqslant 0.4 \tag{3-110}$$

(6)顶、底板及内外墙的钢筋应按计算确定,墙体一般采用双面配筋,横、竖向钢筋不宜小于 Φ10@ 200,除上部为剪力墙外,内、外墙的墙顶宜配置两根不小于 Φ20 的钢筋。顶、底板钢筋不宜小于 Φ14@ 200。

(7)在底层柱与箱形基础交接处,应验算墙体的局部承压强度,当承压强度不能满足时,应增加墙体的承压面积,且墙边与柱边或柱角与八字角之间的净距不宜小于 50 mm。

(8)底层现浇柱主筋伸入箱形基础的深度,对三面或四面与箱形基础墙相连的内柱,除四角钢筋直通基底外,其余钢筋伸入顶板底面以下的长度不小于其直径的 40 倍。外柱与剪力墙相连的柱及其他内柱的主筋应直通到基础底板的底面。

(9)箱形基础在相距 40 mm 左右处应设置一道施工缝,并应设在柱距三等分的中间范围内。施工缝构造要求如图 3-44 所示。

(10)箱形基础的混凝土强度等级不应低于 C20,并应采用密实混凝土刚性防水。

(11)当高层建筑的地下室采用箱形基础,且地下室四周回填土为分层夯实时,上部结构的嵌固部位可按下列原则确定:

①单层地下室为箱形基础,上部结构为框架、剪力墙或框剪结构时,上部结构的嵌固部位可取箱形基础的顶部(见图 3-44(a))。

②采用箱形基础的多层地下室,对于上部结构为框架、剪力墙或框剪结构的多层地下

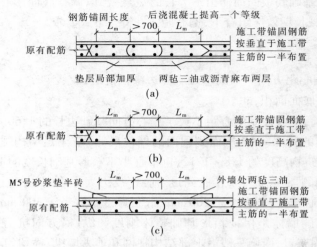

图 3-44 施工缝构造要求

室,当地下室的层间侧移刚度大于等于上部结构层间侧移刚度的 1.5 倍时,地下一层结构顶部可作为上部结构的嵌固部位(见图 3-44(b)),否则认为上部结构嵌固在箱形基础的顶部。上部结构为框架或框剪结构,其地下室墙的间距尚应符合表 3-11 的要求。

表 3-11 地下室墙的间距

非抗震设计	抗震设防烈度		
	6 度,7 度	8 度	9 度
≤4B 且≤60 m	≤4B 且≤50 m	≤3B 且≤50 m	≤2B 且≤30 m

注:B 为地下一层结构顶板宽度。

③对于上部结构为框筒或筒中筒结构的地下室,当地下一层结构顶板整体性较好,平面刚度较大且无大洞口,地下室的外墙能承受上部结构通过地下一层顶板传来的水平力或地震作用时,地下一层结构顶部可作为上部结构的嵌固部位(见图 3-45(b))。

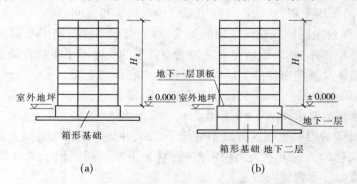

图 3-45 采用箱形基础时上部结构的嵌固部位

(12)当考虑上部结构嵌固在箱形基础的顶板上或地下一层结构顶部时,箱形基础或地下一层结构顶板除满足正截面受弯承载力和斜截面受剪承载力要求外,其厚度应不小

于 200 mm。对框筒或筒中筒结构,箱形基础或地下一层结构顶板与外墙连接处的截面,尚应符合下列条件:

非抗震设计　　　　　　　　　　　$V_f \leq 0.125 f_c b_f t_f$　　　　　　　　　　　(3-111)

抗震设计　　　　　　　　　　　$V_{E,f} \leq \dfrac{1}{\gamma_{RE}} (0.1 f_c b_f t_f)$　　　　　　　(3-112)

式中　f_c——混凝土轴心受压强度设计值;

　　　b_f——沿水平力或地震力方向与外墙连接的箱形基础或地下一层结构顶板的宽度;

　　　t_f——箱形基础或地下一层结构顶板的厚度;

　　　V_f——上部结构传来的计算截面处的水平剪力设计值;

　　　$V_{E,f}$——地震效应组合时,上部结构传来的计算截面处的水平地震剪力设计值;

　　　γ_{RE}——承载力抗震调整系数,取 0.85。

二、箱形基础设计原则

对于天然地基上的箱形基础,箱形基础设计包括地基承载力验算、地基变形计算、整体倾斜验算等,验算方法与筏板基础相同。

具体应用时,应注意由于箱形基础埋深较大,通常置于地下水位以下,此时计算基底平均附加压力时应扣除水浮力。当箱形基础埋置于地下水位以下时,要重视施工阶段中的抗浮稳定性。箱形基础施工中一般采用井点降水法,使地下水位维持在基底以下以利施工。在箱形基础封完底让地下水位回升前,上部结构应有足够的重量,保证抗浮稳定系数不小于 1.2,否则应另拟抗浮措施。此外,底板及外墙要采取可靠的防渗措施。

在强震、强台风地区,当建筑物比较软弱、建筑物高耸、偏心较大、埋深较浅时,有必要作水平抗滑稳定性和整体倾覆稳定性验算,其验算方法可参考有关文献。

三、基底反力

在箱形基础的设计中,基底反力的确定是甚为重要的,因为其分布规律和大小不仅影响箱形基础内力的数值,还可能改变内力的正负号,因此基底反力的分布成为箱形基础计算分析中的关键问题。影响基底反力的因素很多,主要有土的性质、上部结构和基础的刚度、荷载的分布和大小、基础的埋深、基底尺寸和形状以及相邻基础的影响等。要精确地确定箱形基础的基底反力是一个非常复杂和困难的问题,过去曾将箱形基础看做是置于文克勒地基或弹性半空间地基上的空心梁或板,按弹性地基上的梁理论计算,其结果与实际差别较大,至今尚没有一个可靠而又实用的计算方法。

我国 20 世纪 70 年代曾在北京、上海等地对数幢高层建筑进行基底反力的测量工作。实测结果表明,对软土地区,纵向基底反力一般呈马鞍形(见图 3-46(a)),反力最大值离基础端部为基础长边的 1/8 ~ 1/9,最大值为平均值的 1.06 ~ 1.34 倍;对第四纪黏性土地区,纵向基底反力分布曲线一般呈抛物线形(见图 3-46(b)),反力最大值为平均值的 1.25 ~ 1.37 倍。

在大量实测资料整理统计的基础上,提出了高层建筑箱形基础基底反力实用计算法,

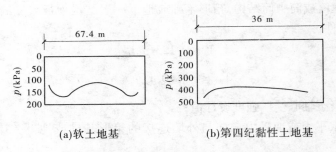

(a)软土地基   (b)第四纪黏性土地基

图 3-46　箱形基础基底反力实测分布曲线

并列入《高层建筑箱形与筏形基础技术规范》(JGJ 6—2011)中。

　　当地基压缩层深度范围内的土层在竖向和水平方向较均匀且上部结构为平立面布置较规则的剪力墙、框架、框架-剪力墙体系时,箱形基础的顶、底板可仅按局部弯曲计算;对不符合上述要求的箱形基础,应同时考虑局部弯曲及整体弯曲的作用。

　　具体方法如下:

　　将基础底面划分成数个区格,某 i 区格的基底反力按下式确定

$$p_i = \frac{\sum P}{BL}\alpha_i \qquad\qquad (3\text{-}113)$$

式中　$\sum P$——上部结构竖向荷载加箱形基础重量,kN;

　　　　B、L——箱形基础的宽度和长度,m;

　　　　α_i——相应于每个区格的基底反力系数,例如表 3-12 和表 3-13,其余系数表见有
　　　　　　　关规范。

　　表 3-12 ~ 表 3-15 的使用方法:将基础底面(包括底板悬挑部分)划分为若干区格,每个区格基底反力 = $\dfrac{上部结构竖向荷载加箱形基础自重和挑出部分台阶上的土重}{基底面板}$ × 该区格的反力系数。

　　表 3-14 和表 3-15 适用于上部结构与荷载比较匀称的框架结构,地基土比较均匀、底板悬挑部分不超出 0.8 m,不考虑相邻建筑物的影响以及满足各项构造要求的单幢建筑物的箱形基础。当纵、横方向荷载不很匀称时,应分别求出由于荷载偏心产生的纵、横向力矩引起的不均匀基底反力,将该不均匀反力与由反力系数表计算的反力进行叠加,力矩引起的基底不均匀反力按直线变化计算。

表 3-12　黏性土地基基底反力系数(L/B = 2 ~ 3)

1.265	1.115	1.075	1.061	1.061	1.075	1.115	1.265
1.073	0.904	0.865	0.853	0.853	0.865	0.904	1.073
1.046	0.875	0.835	0.822	0.822	0.835	0.875	1.046
1.073	0.904	0.865	0.853	0.853	0.865	0.904	1.073
1.265	1.115	1.075	1.061	1.061	1.075	1.115	1.265

表3-13　黏性土地基基底反力系数(L/B = 4 ~ 5)

1.229	1.042	1.014	1.003	1.003	1.014	1.042	1.229
1.096	0.929	0.904	0.895	0.895	0.904	0.929	1.096
1.081	0.918	0.893	0.884	0.884	0.893	0.918	1.081
1.096	0.929	0.904	0.895	0.895	0.904	0.929	1.096
1.229	1.042	1.014	1.003	1.003	1.014	1.042	1.229

表3-14　黏性土地基基底反力系数(L/B = 6 ~ 8)

1.214	1.053	1.013	1.008	1.008	1.013	1.053	1.214
1.083	0.939	0.903	0.899	0.899	0.903	0.939	1.083
1.069	0.927	0.982	0.888	0.888	0.892	0.927	1.069
1.083	0.939	0.903	0.899	0.899	0.903	0.939	1.083
1.214	1.053	1.013	1.008	1.008	1.013	1.053	1.214

表3-15　软土地区基底反力系数

0.906	0.966	0.814	0.738	0.738	0.814	0.966	0.906
1.124	1.197	1.009	0.914	0.914	1.009	1.197	1.124
1.235	1.134	1.109	1.006	1.006	1.109	1.314	1.235
1.124	1.197	1.009	0.914	0.914	1.009	1.197	1.124
0.906	0.966	0.811	0.738	0.738	0.811	0.966	0.906

　　计算分析表明,由基底反力系数计算箱形基础整体弯矩的结果比较符合实际,例如北京某高层建筑用文克勒地基、弹性半空间地基和基底反力系数法计算纵向整体弯矩。计算结果表明,按文克勒地基计算的跨中弯矩出现最大负弯矩,按弹性半空间地基计算的结果在跨中弯矩出现最大正弯矩,而用实测基底反力系数法计算的结果则介于两者之间,并与实测比较接近。

　　对于不符合地基反力系数法使用条件的情况,例如刚度不对称或变刚度结构(如框剪体系)、地基土层分布不均匀等,应采用其他有效的方法,如考虑地基与基础共同作用的方法计算。

四、箱形基础的内力分析

　　箱形基础内力的计算方法通常有以下两种:

　　(1)第一种方法。把箱形基础当做绝对刚性板,不考虑上部结构的共同工作。地基反力按《高层建筑箱形与筏形基础技术规范》(JGJ 6—2011)附录 C 的反力系数分区表或其他有效方法确定。计算箱基内力时,尤其是顶板和底板的内力应是整体受弯与局部受弯两种作用的合理叠加。整体弯曲计算参见《高层建筑箱形与筏形基础技术规范》(JGJ 6—2011)有关规定。当上部结构为框架体系时,一般按这种方法进行计算。

　　(2)第二种方法。把上部结构看成绝对刚性体系,不考虑箱形基础整体受弯作用,只按局部弯曲来计算底板内力。当上部结构为现浇剪力墙体系时,一般按这种方法计算,整体弯曲则由构造要求来满足。

箱形基础的内力计算是个比较复杂的问题。从整体来看,箱形基础承受着上部结构荷载和地基反力的作用,在基础内产生整体弯曲应力,一方面,可以将箱形基础当做一空心厚板,用静定分析法计算任一截面的弯矩和剪力,弯矩使顶、底板轴向受压或受拉,剪力由横墙或纵墙承受。另一方面,顶、底板还分别由于顶板荷载和地基反力的作用产生局部弯曲应力,可以将顶、底板按周边固定的连续板计算内力。合理的分析方法应该考虑上部结构、基础和土的共同作用,根据共同作用的理论研究和实测资料,上部结构刚度对基础内力有较大影响。由于上部结构参与共同作用,分担了整个体系的整体弯曲应力,基础内力将随上部结构刚度的增加而减小,但这种共同作用分析方法距实际应用还有一定距离,故目前工程上应是考虑上部结构刚度的影响(采用上部结构等效刚度),按不同结构体系采用不同的分析方法。

(一)上部结构为现浇剪力墙体系时

由于上部结构的刚度相当大,以致箱形基础的整体弯曲小到可以不予考虑,箱形基础的顶、底板内力仅按局部弯曲计算,即顶板按实际荷载、底板按均布基底反力作用的周边固定双向连续板分析。考虑到整体弯曲可能的影响,钢筋配置量除符合计算要求外,纵、横方向支座钢筋尚应分别有 0.15% 、0.10% 配筋率连通配置,跨中钢筋按实际配筋率全部连通。

(二)当上部结构为框架体系时

由于上部结构刚度较小,箱形基础的整体弯曲就比较明显,箱形基础的内力应同时考虑整体弯曲和局部弯曲的作用。在计算整体弯曲产生的弯矩时,将上部结构的刚度折算成等效抗弯刚度,然后将整体弯曲产生的弯矩按基础刚度的比例分配到基础。基底反力可参照基底反力系数法或其他有效方法确定。由局部弯曲产生的弯矩应乘以折减系数 0.8,并叠加到整体弯曲的弯矩中去。具体方法如下:

(1)上部结构的总折算刚度。依据《高层建筑箱形与筏形基础技术规范》(JGJ 6—2011),上部结构的总折算刚度计算公式如下

$$E_B I_B = \sum_{i=1}^{n} \left[E_b I_{bi} \left(1 + \frac{K_{ui} + K_{li}}{2K_{bi} + K_{ui} + K_{li}} m^2 \right) \right] + E_w I_w \tag{3-114}$$

式中　　$E_B I_B$——上部结构的总折算刚度;

E_b——梁、柱的混凝土弹性模量;

I_{bi}——第 i 层梁的截面惯性矩;

K_{ui}、K_{li}、K_{bi}——第 i 层上柱、下柱和梁的线刚度;

n——建筑物层数,不大于 8 层时,n 取实际楼层数,否则,n 取 8;

m——建筑物在弯曲方向的节间数,$m = L/l$;

E_w、I_w——在弯曲方向与箱形基础相连的连续钢筋混凝土墙的弹性模量。

式(3-114)中的符号示意如图 3-47 所示。

上柱、下柱和梁的线刚度分别按下列各式计算

$$K_{ui} = \frac{I_{ui}}{h_{ui}} \qquad (3-115)$$

$$K_{li} = \frac{I_{li}}{h_{li}} \qquad (3-116)$$

$$K_{bi} = \frac{I_{bi}}{h_{bi}} \qquad (3-117)$$

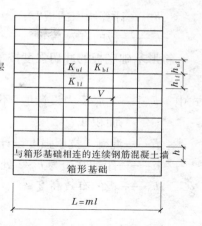

图 3-47 式(3-114)中符号示意

式中 I_{ui}、I_{li}、I_{bi}——第 i 层上柱、下柱和梁的截面惯性矩;

h_{ui}、h_{li}——第 i 层上柱、下柱的高度;

h_{bi}——第 i 层梁的高度;

l——上部结构弯曲方向的柱距。

式(3-114)适用于等柱距的框架结构,对柱距相差不超过 20% 的框架结构也适用。

(2)箱形基础的整体弯曲弯矩。从整个体系来看,上部结构和基础是共同作用的,因此箱形基础所承担的弯矩 M_g 可以将整体弯曲产生的弯矩 M 按基础刚度占总刚度的比例分配,即

$$M_g = M \frac{E_g I_g}{E_g I_g + E_B I_B} \qquad (3-118)$$

式中 M_g——箱形基础承担的整体弯曲弯矩;

M——由整体弯曲产生的弯矩,可按静定梁分析或采用其他有效方法计算;

E_g——箱形基础的混凝土弹性模量;

I_g——箱形基础横截面的惯性矩,按工字形截面计算,上、下翼缘宽度分别为箱形基础顶、底板全宽,腹板厚度为箱形基础在弯曲方向的墙体厚度总和;

$E_B I_B$——上部结构的总折算刚度,按式(3-114)计算。

(3)局部弯曲弯矩。顶部按实际承受的荷载,底板按扣除底板自重后的基底反力作为局部弯曲计算的荷载,并将顶、底板视为周边的双向连续板,计算局部弯曲弯矩。顶、底板的总弯矩为局部弯曲弯矩乘以折减系数 0.8 后与整体弯曲弯矩叠加。在箱形基础顶、底配筋时,应综合考虑承受整体弯曲的钢筋与局部弯曲的钢筋配置部位,以充分发挥各截面钢筋的作用。

五、基础强度计算

(一)顶板与底板

箱形基础顶、底板厚度除根据与跨度大小按正截面抗弯强度确定外,其斜截面抗剪强度还应符合下式要求

$$V_s = 0.07 f_c b h_0 \qquad (3-119)$$

式中 V_s——板所承受的剪力减去刚性角范围内的荷载(刚性角为 45°),为板面荷载或板底反力与图 3-48 中阴影部分面积的乘积;

f_c——混凝土轴心抗压强度设计值;

h——计算所取的板宽；

h_0——板的有效高度。

箱形基础底板的冲切强度按下式计算

$$F_l \leqslant 0.6f_t\mu_m h_0 \tag{3-120}$$

式中　F_l——基底反力设计值（不包括底板自重引起的反力）乘以图 3-49 所示阴影部分面积 A_l；

　　　f_t——混凝土抗压强度设计值；

　　　μ_m——距荷载边为 $h_0/2$ 处的周长，见图 3-49；

　　　h_0——板的有效高度。

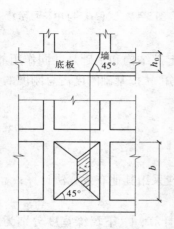

图 3-48　V_s 计算方法的示意

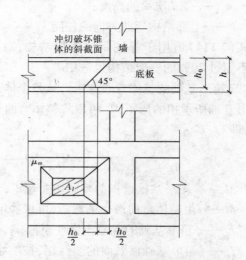

图 3-49　底板冲切强度计算的截面位置

（二）内墙与外墙

箱形基础的内墙与外墙，除与剪力墙连接外，其墙身截面应按下式验算

$$V \leqslant 0.25f_c A \tag{3-121}$$

式中　V——墙身截面所承受的剪力；

　　　f_c——混凝土轴心抗压强度设计值；

　　　A——墙身竖向有效截面面积。

对于承受水平荷载的内墙与外墙，尚需进行受弯计算，此时将墙身视为顶、底固定的多跨连续板，作用于外墙的水平荷载包括土压力、水压力和由于地面均布荷载引起的侧压力，土压力一般按静止土压力计算，计算方法参阅有关文献。

（三）洞口

1. 洞口过梁正截面抗弯承载力计算

墙身开洞时，计算洞口处上、下过梁的纵向钢筋，应同时考虑整体弯曲和局部弯曲的作用，过梁截面的上、下钢筋，均按下列公式求得的弯矩配置：

上梁
$$M_1 = \mu V_b \frac{l}{2} + \frac{q_1 l^2}{12} \tag{3-122}$$

下梁
$$M_2 = (1 - \mu)V_b \frac{l}{2} + \frac{q_2 l^2}{12} \qquad (3\text{-}123)$$

式中　M_1、M_2——上、下过梁的弯矩设计值；

　　　　V_b——洞口中点处的剪力设计值；

　　　　q_1、q_2——作用在上、下过梁上的均布荷载设计值；

　　　　l——洞口的净宽；

　　　　μ——剪力的分配系数，按下式计算

$$\mu = \frac{1}{2}\left(\frac{b_1 h_1}{b_1 h_1 + b_2 h_2} + \frac{b_1 h_1^3}{b_1 h_1^3 + b_2 h_2^3} \right) \qquad (3\text{-}124)$$

式中　h_1、h_2——上、下过梁截面高度。

　　2. 洞口过梁截面抗剪强度验算

　　洞口上、下过梁的截面抗剪强度，应分别符合以下公式的要求

$$V_1 \leqslant 0.25 f_c A_1 \qquad (3\text{-}125)$$
$$V_2 \leqslant 0.25 f_c A_2 \qquad (3\text{-}126)$$

其中
$$V_1 = \mu V_b + \frac{q_1 l}{2} \qquad (3\text{-}127)$$

$$V_2 = (1 - \mu)V_b + \frac{q_2 l}{2} \qquad (3\text{-}128)$$

式中　A_1、A_2——上、下过梁的计算截面面积，按图 3-50(a)、(b)中的阴影部分面积计算，
　　　　　　　　取其中较大值；

　　　　其余符号含义同前。

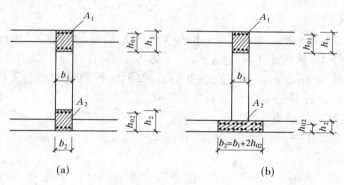

图 3-50　洞口上、下过梁的有效截面面积

　　洞口上、下过梁的截面抗剪强度除按式(3-125)和式(3-126)验算外，还应进行斜截面抗剪强度验算。

　　3. 洞口加强钢筋

　　箱形基础墙体洞口周围应设置加强钢筋，钢筋面积宜按以下近似公式验算

$$M_1 \leqslant f_y h_1 (A_{s1} + 1.4 A_{s2}) \qquad (3\text{-}129)$$
$$M_2 \leqslant f_y h_2 (A_{s1} + 1.4 A_{s2}) \qquad (3\text{-}130)$$

式中　M_1、M_2——按式(3-122)、式(3-123)计算的弯矩；

　　　　h_1、h_2——上、下过梁截面高度；

A_{s1}——洞口每侧附加竖向钢筋总面积；

A_{s2}——洞角附加斜钢筋总面积；

f_y——钢筋抗拉强度设计值。

洞口加强钢筋除应满足式（3-129）和式（3-130）外，每侧附加钢筋总面积应不小于洞口宽度内被切断钢筋面积的一半，且不小于 2 Φ 16，此钢筋应从洞口边缘处外延长 40d。洞口每个角各加 2 Φ 12 斜筋，长度不小于 1.0 m。

第九节　补偿性基础设计简介

一、基本概念

补偿性基础的概念明确，优点很多，理论依据也很简单，在 20 世纪 50 年代就已普遍应用，效果也很好。

（一）补偿性基础

箱形基础的埋深一般比较大，基础底面处的土自重应力和水压力在很大程度上补偿了由于建筑物自重和荷载产生的基底压力。

基底净压力的计算公式为

$$p_0 = p - \gamma_0 d$$

式中　p_0——基底净压力；

　　　p——上部荷载在基底处产生的压力；

　　　γ_0——挖除土的重度；

　　　d——基底埋深。

当 d 足够大，使得 $\gamma_0 d = p$ 时，$p_0 = 0$，即如果箱形基础有足够埋深，使得基底土自重应力等于基底接触压力，从理论上讲，基底附加压力等于零，在地基中就不会产生附加应力，因而也就不会产生地基沉降，亦不存在地基承载力问题，按照这种概念进行地基基础设计的称为补偿性设计。设计的基础称为补偿性基础或浮基础。

（二）补偿性基础的缺点

（1）一般的实体基础，不论埋得多深，开挖基坑移去的土重始终不能与补偿基础及其上土的重量相等。

（2）任何建筑物总有一个施工过程，在建筑物重量产生的基底压力与原有土体的自重应力之间，不可能直接及时替换。在这一过程中，地基内的应力状态将产生一系列的变化，也就相应带来了各种需要加以研究的土的变形和强度问题。

（三）设计时应掌握的资料

（1）详细的方案比较。

（2）充分掌握地基土的各种力学性质。

（3）具备比较完整的工程地质勘察资料。

【例 3-5】　某地基上使用箱形基础（见图 3-51），试评价该基础的补偿程度。该地基土的参数如下：$\gamma = 19$ kN/m³、$\gamma_{sat} = 21$ kN/m³、$E_s = 5$ MPa，地下水位于地表以下 3 m，箱形基础埋深为 8 m，基底面积为 $A = 150$ m²，自重为 5 600 kN，建筑荷载为 18 700 kN。

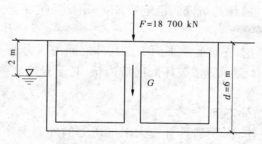

图 3-51　例 3-5 示意图

解：基底压力为

$$p = \frac{F + G - G'}{A} = \frac{18\ 700 + 5\ 600 - 5 \times 150 \times 10}{150} = 112(\text{kPa}) \quad (G' \text{为基础所受浮力})$$

开挖前基底处的自重应力为

$$\sigma_c = \gamma_0 d = \gamma_0 \times 3 + \gamma' \times 5 = 19 \times 3 + (21 - 10) \times 5 = 112(\text{kPa})$$

基底处附加应力为

$$p_0 = p - \sigma_c = 112 - 112 = 0(\text{kPa})$$

该箱形基础为全补偿基础。

二、补偿性设计中应考虑的因素

(一)地基土体的压缩特性

(1)判明地基土体是正常固结还是超固结的,它们的曲线形式有明显的差别(见图 3-52)。

(2)基底的实际压力取值:

①正常固结 $p - \sigma_w \leqslant \sigma_c$;②超固结 $p - \sigma_w \leqslant \sigma_c + \dfrac{1}{k}(p_c - \sigma_c)$ 。

(3)补偿性基础的三种类型(见图 3-53):①全补偿;②超补偿;③欠补偿。

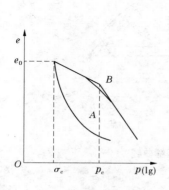

图 3-52　正常固结和超固结软土压缩曲线

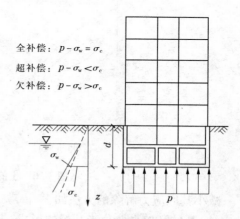

全补偿：$p - \sigma_w = \sigma_c$

超补偿：$p - \sigma_w < \sigma_c$

欠补偿：$p - \sigma_w > \sigma_c$

图 3-53　补偿性基础示意图

(二)坑底土体的剪切破坏

补偿性基础的埋深一般都相当大,在强度很低的软土中开挖深基坑,除必须设置坑壁围护系统(如打设围护桩)维持坑壁的稳定外,还必须排除坑底土体剪切破坏向坑内挤出的可能性。

随着基坑的向下开挖,在坑底水平面上,内、外之间的压力差不断增大。开挖到一定深度时,基坑底下的土体会因剪切破坏而向坑内挤出,于是坑底隆起,坑外地面下沉(见图3-54)。

(三)侧向压缩和坑外下沉

(1)坑底以上的土体,因受到具有较大水平压力的外侧土体的挤压,便产生水平压缩,于是板桩内移,并伴随出现坑外地面下沉。

(2)人工降低地下水位,会增大坑外土体的竖向和水平向自重应力,造成更大的坑外下沉和板桩内移(见图3-55)。

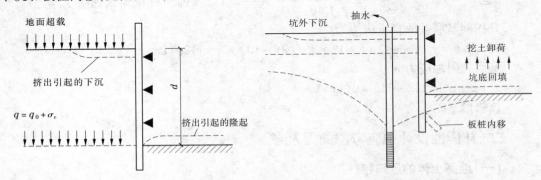

图3-54　坑底土体的破坏隆起　　　　图3-55　板桩内移和坑外土体下沉

(四)坑底回弹和再压缩变形

基坑的开挖(卸荷),解除了坑底以下土中的一部分自重应力,于是坑底土体回弹。当修筑基础和上部结构时,基坑转入加荷阶段,土体再压缩(见图3-56)。

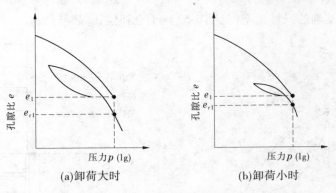

图3-56　土的卸荷与再压缩曲线

减小基底应力解除的方法如下:

(1)基坑开挖采取分步开挖的形式。

(2)坑内降低地下水位,促使地基土有效重力增加,坑外土体固结沉降。

(3)基础逐步施工,使荷载逐步被置换。

补偿性基础是一种值得推广的基础形式，无论从经济、技术与环保的角度来看，都是一种具有优势的基础方案。尤其是目前，在机械开挖的能力大幅度提高的情况下，补偿性基础可多出 50～60 kPa 的承载能力，使天然地基上的浅基础方案可以实现。至于它的缺点，随着人们节能要求的提高而消失了，也随着人们对它的理解而解决了，因此它是值得青睐的一种基础形式。补偿性基础不仅大量应用在高层建筑中，在多层建筑和挡水建筑物的基础中也有所应用，取得了不错的应用效果。

思考题

3-1　柱下条形基础的内力计算方法有哪些？各自的适用条件是什么？

3-2　文克勒地基梁中如何划分无限长梁、半无限长梁和刚性梁？各种梁的内力如何计算？

3-3　如何计算筏板基础的内力？什么情况下可以采用倒梁法计算？

习　题

3-1　如图 3-57 所示的十字交叉梁基础，结点集中荷载 $P_1 = 1\,500$ kN，$P_2 = 2\,200$ kN，$P_3 = 2\,400$ kN，$P_4 = 3\,000$ kN，地基基床系数 $k = 6\,000$ kN/m³，$E_C I_x = 7.60 \times 10^5$ kN·m²，$E_C I_y = 3.60 \times 10^5$ kN·m²。试将结点荷载在两个方向进行分配。

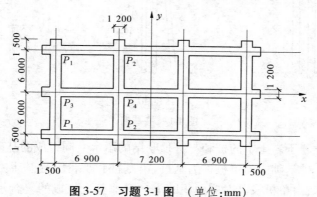

图 3-57　习题 3-1 图　（单位：mm）

第四章　桩基础

第一节　概　述

当建筑场地的浅层土不能满足建筑物对地基承载力和变形的要求,而又不适宜采取地基处理措施时,就要考虑以下部坚实土层或岩层作为持力层或采用超长摩擦桩的桩基础方案。

桩基础(见图4-1)以其较大的承载力和抵御复杂荷载的特性,几乎可应用于各种工程地质条件和各种类型的工程。在某些情况下,采用桩基可减少工作量和材料的消耗。所以,它是基础中应用最广泛的基础类型。

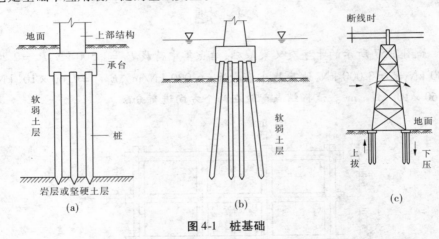

图 4-1　桩基础

桩基础是由设置于岩土中的桩和与桩顶联结的承台共同组成的基础或由桩与柱直接联结的单桩基础。桩基础中的单桩称为基桩,由基桩和承台下地基土共同承担荷载的桩基础称为复合桩基;由单桩及其对应面积的承台下地基土组成的复合承载基桩称为复合基桩;软土地基天然地基承载力基本满足要求的情况下,为减小沉降采用疏布摩擦型桩的复合桩基称为减沉复合疏桩基础。

桩基可由单根桩构成,如一柱一桩的形式,但多数是由多根桩组成的群桩,其作用是将上部结构荷载通过软弱地层传递到深部较坚硬的压缩性小的土层或岩层上。桩基具有承载力高,沉降量小且能承受垂直荷载、水平荷载、上拔力及由机器产生的振动力等特点。

对下列情况可以考虑选用桩基础:

(1)地基的上层土质太差而下层土质较好。

(2)不允许地基有过大沉降和不均匀沉降的高层建筑物或其他重要建筑物。

(3)地面堆载过大的单层工业厂房及其仓库、料仓等。

（4）除有较大的垂直荷载外，还有水平荷载及偏心荷载。如烟囱、输电塔等高耸结构物。

（5）解决因地基沉降对邻近建筑物产生相互影响时。

（6）对精密或大型的设备基础，需要减小基础振幅，减弱基础振动对结构的影响，或应控制基础沉降和沉降速率。

（7）地下水位较高，采取其他深基础形式施工排水有困难的场合。

（8）位于水中的建筑物，如桥梁、码头、海上风力发电站基础等。

（9）软弱地基或某些特殊土上的各种永久性建筑物，或用桩基作为地震区结构抗震措施等。

第二节 桩的类型

桩的类型随着桩的材料、构造形式和施工技术的发展而名目繁多。按现行规范《建筑桩基技术规范》（JGJ 94—2008）（简称《桩基规范》）可作如下分类。

一、桩的分类

（一）按桩身材料分类

根据桩身材料，可分为木桩、混凝土桩、钢桩和组合材料桩等。

1. 木桩

（1）优点：木桩自重小，具有一定的弹性和韧性，便于加工、运输和施工。

（2）缺点：①木桩在淡水下是耐久的，但在干湿交替的环境中极易腐烂，所以一般要打入地下水位以下 0.5 m；②由于木桩的承载能力很小，以及木材的供应问题，现在只在木材产地和某些应急工程中使用。

2. 混凝土桩

混凝土桩是目前应用最广泛的桩，具有制作方便、桩身强度高、耐腐蚀性能好、价格较低等优点。它可分为预制混凝土桩和灌注混凝土桩两大类。

1）预制混凝土桩

预制混凝土桩多为钢筋混凝土桩，是靠沉桩设备打入或压入地基土中。按其横截面可分为预制方桩、预制管桩、预制空心方桩、预制薄壁管桩、预制 X 型桩等。

预制方桩是采用普通浇捣工艺制作的桩。常用断面有正方形、圆孔正方形和等边三角形，如图 4-2 所示。实心方桩断面尺寸一般为 200～600 mm。现场预制桩的长度一般为 25～30 m 以内。工厂预制桩受到运输条件限制，桩长一般不超过 15 m。受施工条件限制，一般情况下都采取分节预制拼接成整根桩。接桩的方法有钢板焊接、法兰接及硫磺胶泥锚接法三种（见图 4-3）。硫磺胶泥是一种热塑冷硬的材料，硫磺胶泥锚接法较钢板焊接法具有节省钢材和提高工效的优点，但是必须严格遵守施工工艺和操作规定，对选材、熬制和锚筋锚孔等应严格控制，否则质量不易保证。

管桩采用离心旋转法在工厂预制，强度高、轻便、便于运输，利用其空间还可射水沉桩，直径一般为 300 mm 和 600 mm，管壁厚 70～125 mm，每节长度 6～15 m 不等。为了沉

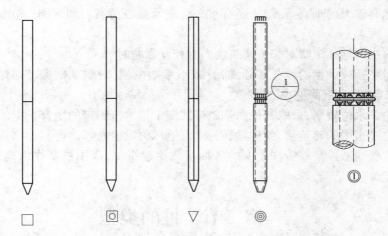

(a)预制方桩　(b)预制空心方桩　(c)预制三角桩　(d)预制管桩

图 4-2　预制钢筋混凝土桩的主要类型

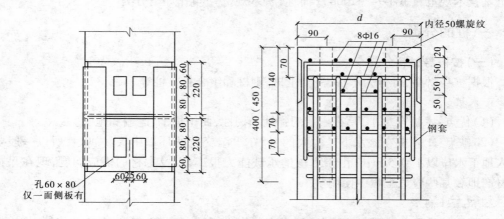

图 4-3　钢板焊接头和硫磺胶泥锚接法接头

桩方便,下节桩的底端可设置桩尖,也可是开口的。在制桩过程中使桩中的主筋部分或全部由预应力张拉钢筋组成,可起到降低桩体重量、减少钢筋用量和桩身裂缝、提高强度、增加耐冲击性和穿透能力的作用,这种类型的桩被称为预应力混凝土桩。管桩通常都是预应力桩。接桩采用法兰盘和螺栓连接或直接焊接。

2)灌注混凝土桩

灌注混凝土桩是直接在所设计桩位处开孔,然后在孔内加放钢筋笼(也有省去钢筋的)再浇灌混凝土而成。与钢筋混凝土预制桩比较,灌注混凝土桩一般只根据使用期间可能出现的内力配置钢筋,用钢量较省。当持力层顶面起伏不平时,桩长可在施工过程中根据要求在某一范围内取定。灌注桩的横截面呈圆形,可以做成大直径桩、分支桩或桩底后压浆扩底桩等,提高灌注桩的承载力。保证灌注桩承载力的关键在于施工时桩身的成形和混凝土质量。

灌注桩有许多种类型,大体可归纳为(振动、静压、内夯)沉管灌注桩、钻(冲、磨、挖)

孔灌注桩和长螺旋钻孔压灌桩三大类。

（1）沉管灌注桩。

国内的沉管灌注桩基本上属于排土性质,如图4-4所示。它采用锤击、静压、振动、振动冲击或内夯成孔。

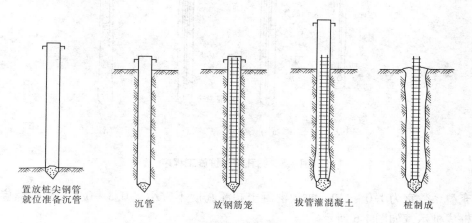

图4-4　沉管灌注桩施工程序示意图

施工时,在放样后先放置预制混凝土桩尖,再套上钢管沉入地基,也有钢管本身带有活瓣桩尖而不用预制混凝土桩尖。钢管沉入地基后在管内放入钢筋笼并浇筑混凝土。为了保证桩身质量,应当严格按照操作规程施工。这种桩往往由于施工不当很容易产生缩径、桩身错位、断桩和局部夹土等质量事故。为了增加桩身截面面积和消除缩径现象,可对沉管灌注桩进行复打。所谓复打,就是在浇灌混凝土并拔出钢管后,立即在原位重新放置预制桩尖(或闭合管端活瓣)再次沉管,并再浇灌混凝土。复打后的桩,其截面面积增大,承载力提高,但其造价也相应增加。

（2）钻（冲、磨、挖）孔灌注桩。

各种钻孔桩在施工时都要把桩孔位置处的土排出地面,然后清除孔底残渣,安放钢筋笼,最后浇灌混凝土,如图4-5所示。

直径为600~1 800 mm 的钻孔桩,常用回转机具开孔,桩长10~90 m,目前国内的钻（冲）孔灌注桩在钻进时不下钢套筒,而是利用泥浆保护孔壁以防塌孔,清孔(排走孔底沉渣)后,在水下浇灌混凝土。其施工程序见图4-5。常用桩径为800 mm、1 000 mm、1 200 mm、1 500 mm、1 800 mm等。大直径(1 500~3 500 mm)钻孔桩一般用钢套筒护壁,所用钻机具有回旋钻进、冲击、磨头磨碎岩石和扩大桩底等多种功能,钻进速度快,深度可达120 m,能克服流砂、消除孤石等障碍物,并能进入微风化硬质岩石。其最大优点在于能进入岩层,刚度大,因它的承载力高而桩身变形很小。

（3）长螺旋钻孔压灌桩。

长螺旋钻孔压灌桩是用长螺旋钻机成孔,然后用混凝土输送泵灌注混凝土的一种桩型长螺旋钻钻至设计标高后,应先泵入混凝土并停顿10~20 s,再缓慢提升钻杆。提钻速度应根据土层情况确定,且应与混凝土泵送量相匹配,保证管内有一定高度的混凝土。混凝土压灌结束后,应立即将钢筋笼插至设计深度。钢筋笼插设宜采用专用插筋器。压灌

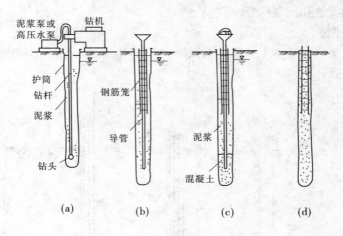

图 4-5　钻孔灌注桩施工程序

桩的充盈系数宜为 1.0 ~ 1.2。桩顶混凝土超灌高度不宜小于 0.3 ~ 0.5 m。长螺旋钻孔压灌桩成桩示意如图 4-6 所示。

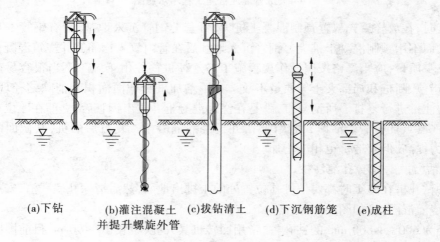

(a)下钻　　(b)灌注混凝土　(c)拔钻清土　(d)下沉钢筋笼　(e)成柱
　　　　　　　并提升螺旋外管

图 4-6　长螺旋钻孔压灌桩成桩示意

3. 钢桩与钢板桩

钢桩由钢板和型钢组成,常见的有各种规格的钢管桩、钢板桩和型钢桩(I 型和 H 型)等。由于钢桩桩身材料强度高,所以搬运和堆放方便且不易损坏,截桩容易,且桩身表面积大而截面面积小,在沉桩时贯透能力强而挤土影响小,在饱和软黏土地区,为减少对邻近建筑物的影响,多采用此类钢桩。I 型钢和 H 型钢也可用做支承桩。钢管桩由各种直径和壁厚的无缝钢管制成。由于此类钢桩价格昂贵,耐腐蚀性能差(当地下有腐蚀性液体或气体时),故应用受到一定的限制。

4. 组合材料桩

组合材料桩是指一根桩由两种以上材料组成的桩,例如较早采用的水下桩基,就是在地面以下用木桩而水中部分用混凝土桩。这种组合材料桩在 20 世纪 30 年代上海曾用过,现在很少使用;当灌注桩的桩端持力层为松散砂、粉土、亚黏土层时,为提高桩的端承力,可在成孔之后,于孔底打入一段钢筋混凝土预制桩或木桩(限地下水位以下),随后浇筑混凝土,形成组合桩,如图 4-7 所示。

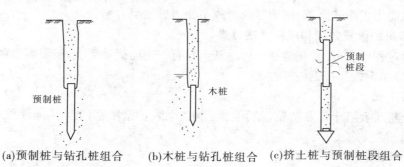

(a)预制桩与钻孔桩组合　　(b)木桩与钻孔桩组合　(c)挤土桩与预制桩段组合

图 4-7　组合桩

(二)按桩的使用功能分类

桩在基础中,可能主要承受轴向垂直荷载,或主要承受拉拔荷载,或主要承受横向水平荷载,或承受竖向、水平向均较大的荷载。因此,按使用功能可分为竖向抗压桩、竖向抗拔桩、水平受荷桩和复合受荷桩。

1. 竖向抗压桩

竖向抗压桩,简称抗压桩。一般工业与民用建筑物的桩基,在正常工作条件下(不考虑地震作用),主要承受上部结构的垂直荷载。根据桩的荷载传递机制,抗压桩又可分为摩擦型桩和端承型桩。

2. 竖向抗拔桩

竖向抗拔桩,简称抗拔桩。主要抵抗作用在桩上的拉拔荷载,如板桩墙后的锚桩。拉拔荷载主要靠桩侧摩阻力承受。

3. 水平受荷桩

水平受荷桩是指主要承受水平荷载的桩,如在基坑开挖前打入土体中的支护桩、港口码头工程用的板桩等。桩身要承受弯矩的作用,其整体稳定靠桩侧土的被动土压力,或水平支撑和拉锚来平衡。

4. 复合受荷桩

复合受荷桩是指承受竖向和水平向荷载均较大的桩,如高耸塔形建筑物的桩基,既要承受上部结构传来的垂直荷载,又要承受水平向的风荷载。

(三)按承载性状分类

1. 摩擦型桩

1)摩擦桩

在承载能力极限状态下,桩顶竖向荷载由桩侧阻力承受,桩端阻力小到可忽略不计。

2)端承摩擦桩

在承载能力极限状态下,桩顶竖向荷载主要由桩侧阻力承受。

2. 端承型桩

1) 端承桩

在承载能力极限状态下,桩顶竖向荷载由桩端阻力承受,桩侧阻力小到可忽略不计。

2) 摩擦端承桩

在承载能力极限状态下,桩顶竖向荷载主要由桩端阻力承受。

(四) 按桩的设置效应和成桩方法分类

在成桩过程中,桩设置在地基中对地基土具有一定的扰动影响,按影响程度划分为非挤土桩、部分挤土桩和挤土桩三类。

1. 非挤土桩

非挤土桩主要有干作业法钻(挖)孔灌注桩、泥浆护壁法钻(挖)孔灌注桩、套管护壁法钻(挖)孔灌注桩。

2. 部分挤土桩

部分挤土桩主要有长螺旋压灌灌注桩、冲孔灌注桩、钻孔挤扩灌注桩、劲芯搅拌桩、预钻孔打入(静压)预制桩、打入(静压)式敞口钢管桩、敞口预应力混凝土空心桩和 H 型钢桩。

3. 挤土桩

挤土桩主要有沉管灌注桩、沉管夯(挤)扩灌注桩、打入(静压)预制桩、闭口预应力混凝土空心桩和闭口钢管桩。

(五) 按桩径的大小分类

由于桩的工程性状随桩的几何尺寸及成桩方法不同而有所变化,按桩径大小可分为小直径桩、中等直径桩和大直径桩。

(1) 小直径桩。$d \leqslant 250$ mm,多数用于托换复合地基工程中。

(2) 中等直径桩。250 mm $< d < 800$ mm,这类桩长期以来在工业与民用建筑中大量使用。

(3) 大直径桩。$d \geqslant 800$ mm,通常用于桩端持力层较好或桩长很大的情况,由于其单桩竖向和水平向承载力较大,可用于一柱一桩。目前,最大直径达 8 m,国内采用的最大直径达 5 m。

二、常用桩的适用条件

桩的类型虽然很多,但常用的桩一般只有少数几种,以混凝土桩为主。

(一) 钢筋混凝土预制桩

钢筋混凝土预制桩制作方便,桩身质量易于保证,材料强度高,耐腐蚀性强,桩的单位面积承载力较高。但钢筋混凝土预制桩是挤土桩,沉桩则有明显的挤土效应,不易穿透较厚的坚硬地层,截桩困难,桩的截面有限。

预应力钢筋混凝土桩,虽可节省钢材,提高强度,增加穿透能力,但制作工艺复杂,需专门设备生产,需要高强度预应力钢筋。

综合上述特点,钢筋混凝土预制桩适用于:

(1) 对噪声污染、挤土和震动影响没有严格限制的地区。

（2）穿透的中间层较弱或没有坚硬的地层，且持力层埋深和变化不大的地区。

（3）地下水位较高或水下工程。

（4）大面积打桩工程。

（二）混凝土灌注桩

各类灌注桩有如下共同的优点：

（1）施工过程无大的噪声和震动（沉管灌注桩除外）。

（2）桩身钢筋可根据荷载大小与性质及荷载沿深度的传递，以及土层的变化配置。与预制桩相比用钢量小，造价低40%～70%；工序简便，场地更小些、工期较短，不需配置起吊、加预应力筋设备。

（3）根据成孔机械的能力，可穿过各种软硬夹层，将桩端置于坚实土层和嵌入基岩，还可做成大直径和大深度的桩，没有接头，具有很大的单桩承载能力。

（4）根据土层分布情况任意变化桩长，一般不受地质条件限制，适用于各种地层。可根据同一建筑物的荷载分布与土层情况采用不同桩径，对于承受侧向荷载的桩，可设计成有利于提高横向承载力的异型桩，还可设计成变断面桩，以承受不同弯矩的作用。

灌注桩的缺点主要是：桩的质量不易控制和保证；检测工作麻烦；桩身强度比预制桩低，采用泥浆护壁时废漏浆处理麻烦。

我国常用灌注桩的适用范围见表4-1。

表4-1　我国常用灌注桩的适用范围

成孔方法		适用范围
泥浆护壁成孔	旋挖（φ600～φ3 000）冲抓、冲击φ800以上回转钻进	碎石土、砂土、粉土、黏性土及风化岩，当进入中等风化和微风化岩层时冲击成孔的速度比回转钻快，深度可达120 m以上
	潜水钻 φ600,φ800,φ1 200,φ1 600	黏性土、淤泥、淤泥质土及砂土，深度可达80 m
干作业成孔	螺旋钻 φ400～φ1 000	地下水位以上的黏性土、粉土、砂土及人工填土，深度在15 m内
	钻孔扩底，底部直径可达φ2 200	地下水位以上的坚硬、硬塑的黏性土及中密以上的砂土
	机动洛阳铲（人工）	地下水位以上的黏性土、粉土、黄土及人工填土
沉管成孔	锤击 φ340～φ800	硬塑性土、粉土及砂土，φ600以上的可达强风化岩，深度可达20～30 m
	振动 φ400～φ500	可塑黏性土、中细砂，深度可达20 m
爆扩成孔，底部直径可达φ800		地下水位以上的黏性土、黄土、碎石土及风化岩

（三）钢桩

工程上常用的钢桩有钢板桩、型钢桩和钢管桩三大类。

钢桩材料强度很高，置入土层能力强，沉桩挤土影响最小，桩长接截方便。但价格昂贵,耐腐蚀性差,锤击沉桩时噪声很大。钢桩适用于:严格限制沉桩挤土影响的地区、地下无腐蚀性液体或气体的地区、持力层起伏较大的地区、桩基投资较大的工程。桩型与工艺选择应根据建筑结构类型、荷载性质、桩的使用功能、穿越土层、桩端持力层土类、地下水位、施工设备、施工环境、施工经验、制桩材料供应条件等,选择经济合理、安全适用的桩型和成桩工艺。

第三节　桩与土的相互作用

桩的承载力和沉降机制取决于桩与土之间相互作用的应力应变性状,这是一个十分复杂的课题。由于岩土条件的复杂多变,即使在现代试验测试手段和计算技术高度发展的情况下,许多问题仍未获得较为满意的解答。

一、桩土间的静力平衡

单桩的承载力一般都取决于土对桩的阻力。土对桩的阻力,由桩侧摩阻力 Q_s 和桩端阻力 Q_p 两部分组成。根据静力平衡条件,桩上作用荷载 Q 与桩侧摩阻力 Q_s 及桩端阻力 Q_p 之间的关系为

$$Q = Q_s + Q_p \tag{4-1}$$

对于端承型桩,桩端阻力起主要支承作用,桩侧摩阻力可略去不计。对摩擦型桩则两种阻力都起作用,而摩阻力起主要支承作用。所以,摩擦型桩也宜将桩端置于密实土层中,以发挥其端阻力的作用并减少桩的沉降。

二、桩土间的荷载传递

当竖向荷载施加于桩顶,桩身受到压缩而产生相对于土的向下位移,桩侧表面便受到土的向上作用的摩阻力,桩受的荷载通过桩侧摩阻力传递到桩周土层中去,致使桩身荷载和桩身压缩变形随深度递减。在桩土相对位移等于零处,其摩阻力尚未开始发挥作用而等于零。随着荷载的增加桩身压缩量和位移量增大,荷载向桩土体系的下部传递,桩身下部的摩阻力逐步调动起来,桩底土层也受到压缩而产生桩端阻力。

当桩身摩阻力全部发挥出来达到极限后,若再继续增加荷载,其荷载增量将全部由桩端阻力承担。当桩端持力层产生大量压缩和塑性挤出时,桩端阻力也达到极限,此时桩所承受的荷载就是桩的极限承载力。

荷载在桩间土的传递机制为:桩身截面位移 $s(z)$ 和桩身截面荷载 $Q(z)$ 随深度递减,桩侧摩阻力 $q_s(z)$ 自上而下逐步发挥作用。桩侧摩阻力 $q_s(z)$ 的发挥值与桩土相对位移量有关。所以, $q_s(z)$ 是截面位移 $s(z)$ 的函数,在桩的任意深度 z 处取一微分体,如图 4-8 所示,由平衡条件可得

$$q_s(z)u\mathrm{d}z + Q(z) + \mathrm{d}Q(z) = Q(z) \tag{4-2}$$

由此可得

$$q_s(z) = -\frac{1}{u}\frac{\mathrm{d}Q(z)}{\mathrm{d}z} \tag{4-3}$$

式中　　u——桩身截面周长,m;

　　　　$Q(z)$——桩身轴力,kN。

微分桩段的压缩变形 $ds(z)$ 与轴力 $Q(z)$ 之间存在简单关系

$$Q(z) = -AE_p\frac{ds(z)}{dz} \tag{4-4}$$

式中　　A——桩身截面面积;

　　　　E_p——弹性模量。

故得

$$q_s(z) = \frac{AE_p}{u}\frac{d^2s(z)}{dz^2} \tag{4-5}$$

这就是桩的荷载传递的基本微分方程,可用以进行荷载传递的分析和计算。若沿桩身某些截面设置测应力或位移的元件(传感器)进行实测,测得桩身钢筋的应力、应变或桩身的位移曲线,再利用式(4-4)式(4-5)即可求得桩身摩阻力曲线或桩身轴力曲线,如图4-8(b)、(d)所示。

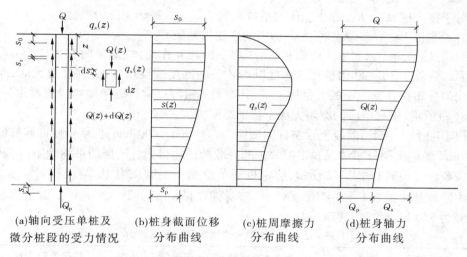

(a)轴向受压单桩及　　(b)桩身截面位移　　(c)桩周摩擦力　　(d)桩身轴力
微分桩段的受力情况　　　分布曲线　　　　　分布曲线　　　　分布曲线

图 4-8　荷载传递分析

三、桩侧摩阻力分布

桩周表面摩阻力,实质上就是土沿着桩身的极限抗剪强度或土与桩的黏着力问题。桩在极限荷载作用下,对于较软的土,由于剪切破坏一般都发生在邻近桩表面的土内,极限摩阻力即为桩周围土的抗剪强度。对于较硬的土,剪切面可能发生在桩与土的接触面上,这时极限摩阻力要略小于土的抗剪强度。土受剪时,剪应变随剪应力的增大而发展,故桩身摩阻力的发挥,主要取决于桩土间的相对位移(极限位移)。

未发生剪切破坏之前,桩侧摩阻力 q_s 与截面位移 s 成正比,即

$$q_s = C_s s \tag{4-6}$$

式中,C_s 为剪切变形系数,kN/m^2。其值不仅与桩材料有关,而且受到桩侧土压力大小影响,并随加载速度以及各种其他因素而变。如图4-9中曲线 OCD 表示了上述关系。实际应用时可简化为折线 OAB。OAB 表示摩阻力未到极限值的情况。

根据试验资料,当桩侧与土之间的相对位移量为 4 ~ 6 mm(对黏性土)或 6 ~ 10 mm(对砂土)时,摩阻力达到其极限值。这时桩土间的极限摩阻力 q_u 可用类似于土的抗剪强度的库仑公式表达

$$q_u = \sigma_x \tan\varphi_a + c_a \tag{4-7}$$

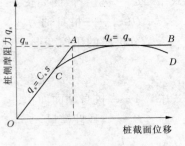

图 4-9 $q_s \sim s$ 曲线的简化

式中　σ_x——垂直于桩侧面的法向应力(土压力),kPa;

　　　c_a——桩身侧面与土之间的黏聚力,kPa;

　　　φ_a——桩身侧面与土之间的内摩擦角,(°)。

由于桩的设置效应,挤土桩的桩侧土压力 σ_x 大于部分挤土桩的桩侧土压力和非挤土桩的桩侧土压力;表面粗糙的灌注桩的 φ_a 大于表面光滑的预制桩。桩侧面的法向应力与桩侧土的竖向有效应力 σ_v' 有下列关系

$$\sigma_x = K_s \sigma_v' \tag{4-8}$$

式中　K_s——桩侧土的侧压力系数。

对于挤土桩:$K_s > K_0$(静止土压力系数),且 $K_s < K_p$(被动土压力系数);

对于非挤土桩:$K_a < K_s < K_0$(K_a 为主动土压力系数)。

根据试验,对于密实砂土中的桩,由于桩土的相互作用,桩侧竖向有效应力 σ_v',只在由地面起到等于 10 ~ 20 倍桩径的深度以内才是随深度线性增加的,深度更大时,摩阻力接近均匀分布。在黏土中的大量排土桩,其摩阻力沿深度常接近于抛物线的规律分布,如图 4-8(c)所示,桩身中段的摩阻力比下段的摩阻力大。

【例 4-1】 一钢筋混凝土预制桩的截面为 400 mm × 400 mm,自承台底面起算的长度为 12 m。场地土层分布情况和根据邻桩的静载荷试验得到各土层的平均摩阻力(相应于轴向荷载设计值时)如表 4-2 所示,假定桩端单位面积上的压力 Q_p 与位移 s_p 成正比,对密实中砂取基床系数 $k_s = 4 \times 10^4$ kN/m³,桩身弹性模量 $E_p = 29$ kN/mm²。试估算桩顶轴向荷载为 550 kN 时的桩顶沉降量。

表 4-2　场地土层分布情况及桩侧摩阻力

土层编号	土层类别	土层厚度 L_i(m)	桩侧摩阻力 q_s(kPa)
①	粉土	3.0	25
②	黏土	7.0	20
③	中砂	2.0	35

解:桩周长 $u = 4 \times 0.4 = 1.6$(m)

桩身轴力计算如表 4-3 所示。

桩身横截面面积 A_p 为

$$A_p = 400 \times 400 = 160\ 000(\text{mm}^2)$$

按材料力学计算构件轴心受压变形的公式($\Delta l = \dfrac{Q_p}{AE}$)计算桩身弹性压缩量 $\sum s_i$

$$\sum_{i=1}^{3} s_i = \sum_{i=1}^{3} \frac{Q_i l_i}{A_p E_p}$$

$$= \frac{1}{160\,000 \times 29} \times (490 \times 3\,000 + 318 \times 7\,000 + 150 \times 2\,000)$$

$$= 0.86(\text{mm})$$

表4-3　桩身轴力计算

土层编号	各层桩摩擦阻力 $uq_s l_i$(kN)	各土层层底处桩的轴力(kN)	各土层桩身平均轴力 Q_s(kN)
①	$1.6 \times 3.0 \times 25 = 120$	$550 - 120 = 430$	$(550 + 430)/2 = 490$
②	$1.6 \times 7.0 \times 20 = 224$	$430 - 224 = 206$	$(430 + 206)/2 = 318$
③	$1.6 \times 2.0 \times 35 = 112$	$206 - 112 = 94$	$(206 + 94)/2 = 150$

按题给假定:桩端单位面积上的压力 $Q_p/A_p = k_s s_p$,而 $k_s = 4 \times 10^4$ kN/m^3 $= 4 \times 10^{-5}$ kN/mm^3。

$$s_p = \frac{Q_p}{A_p k_s} = \frac{94}{160\,000 \times 4 \times 10^{-5}} = 14.69(\text{mm})$$

由上面的简化计算可估计桩顶沉降量为

$$s_0 = \sum s_i + s_p = 0.86 + 14.69 = 15.55(\text{mm})$$

上面例题是在一些假设条件下所进行的简化计算。应当指出,单桩的轴向荷载传递是比较复杂的。桩的截面位移 $s(z)$(以及桩端位移 s_p,桩顶沉降 $s = s_0$)与桩侧摩擦阻力 $q_s(z)$ 之间的关系,$q_s(z)$ 的实际分布图形(见图4-10)和极限值以及桩土之间有无发生相对滑移等问题都影响着桩的工作性状,即影响着桩的荷载传递和桩顶的沉降量。

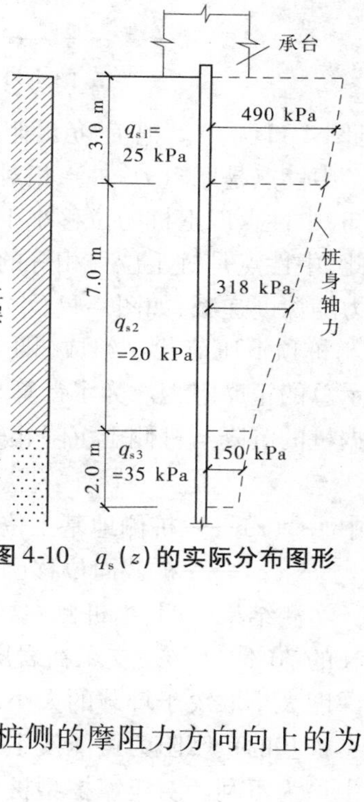

图4-10　$q_s(z)$ 的实际分布图形

四、桩侧负摩阻力

(一)负摩阻力的发生条件和特征

1. 正摩阻力

桩土之间存在相对位移,正常情况下,桩顶受压下沉,桩侧的摩阻力方向向上的为正摩阻力。

2. 负摩阻力

如果土层相对桩侧向下位移,即桩沉降量小于地基土沉降时桩侧向下的摩阻力为负摩阻力(见图4-11)。

产生负摩阻力的情况有多种,例如桩周围未固结的软土或新填土在自重作用下产生固结引起土层下沉;大面积堆载使桩周土压密下沉;建筑场地大量抽取地下水引起上部软弱土层下沉;自重湿陷性黄土浸水后产生湿陷;在饱和软土中打桩时引起超孔隙水压力,土体大量上涌使已设置的邻桩抬升等。负摩阻力对桩起下拉作用,相当于在桩顶荷载之外又附加了分布桩侧表面的下拉荷载。负摩阻力不是在整个桩身都存在,桩体的下部地基土下沉量往往没有桩基的下沉量大,也就是说,在这段桩身上仍为向上作用的正摩阻力

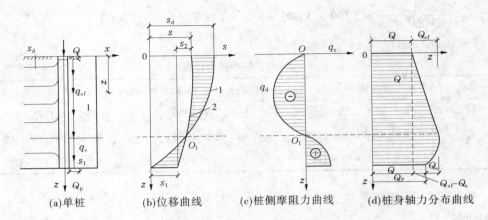

(a)单桩　　(b)位移曲线　　(c)桩侧摩阻力曲线　　(d)桩身轴力分布曲线

1—土层竖向位移曲线；2—桩的截面位移曲线

图 4-11　单桩在产生负摩阻力时的荷载传递

（见图 4-11（c））。把正、负摩阻力变换处的位置称为中性点（图 4-11 中点 O_1）。

中性点是摩阻力、桩土相对位移和轴向压力沿桩身变化的特征点。由中性点的定义可知，中性点以上桩的位移小于桩侧土的位移，中性点以下桩的位移大于桩侧土的位移。因此，中性点是桩土位移相等的断面。中性点以上轴向压力随深度增加，中性点以下轴向压力随深度递减，如图 4-11（d）所示。在中性点处桩身轴力达最大值，它由下拉最大荷载 Q_{sf} 与桩顶下压荷载 Q 组成（即为 $Q + Q_{sf}$）。桩端总阻力 Q_p 则等于 $Q + (Q_{sf} - Q_s)$，这里 Q_s 表示总的正摩阻力。为了计算负摩阻力的值，有必要找到中性点的位移。中性点一般可根据桩的沉降与桩侧土沉降相等的条件确定。

$$s_s(z) = s_d(z) \tag{4-9}$$

式中　$s_d(z)$——桩侧地基土位移函数；

$\quad\quad s_s(z)$——桩截面位移函数。

实测结果表明，当桩侧主要为产生固结的土层时，中性点的位置到桩顶的距离大多为桩长的 70%～80%；支承在岩层上的桩，中性点接近岩层顶面，当有地面堆载时，中性点的深度大小取决于堆载的大小，堆载越大，则中性点越深。

桩基的负摩阻力可能发生在施工过程、使用前或使用过程中，其中发生在桩基使用过程中最为不利。对于摩擦型桩，负摩阻力会引起附加下沉，当建筑物的部分基础或同一基础中部分桩发生负摩阻力，将出现不均匀沉降，会引起上部结构损坏。对于端承型桩，负摩擦阻力会导致桩身荷载加大，以使桩身破坏或桩端持力层破坏。

负摩阻力的产生和发展要经历一时间过程。这一过程的长短取决于桩侧土固结完成的时间长短和桩身沉降完成的时间长短，这就是负摩阻力时间效应。一般说，当桩自身沉降完成时间先于桩侧土固结完成时间，则负摩阻力达峰值后稳定不变；当桩自身沉降时间大于桩侧土固结完成所需时间，则负摩阻力达峰值后也会有所降低。

（二）单桩负摩阻力计算

负摩阻力的大小受桩侧土和桩底土层强度、变形性质、应力历史，地面堆载强度、面积、历时，地下水的降低幅度、面积、历时，桩的类型、尺寸、设置方法，外界条件（堆载、降水、浸水等)变化与桩设置时间先后关系等因素的影响。因此,计算负摩阻力的值是个复杂的问题,已有的一些有关摩阻力的计算方法或将问题进行简化,或带有一定经验性。例如:

(1)对软土或中等强度黏土,取负摩阻力 q_{sf}(单位负摩阻力)等于不排水抗剪强度 c_u,即

$$q_{sf} = c_u \tag{4-10}$$

(2)由于地面填土或堆载所引起的负摩阻力,当填土高度(或堆载的折算高度)$H < 2$ m 时,不考虑桩侧软土及其上方各土层的摩阻力和负摩阻力;当 2 m $\leqslant H \leqslant 5$ m 时,考虑软土及其上方各土层的负摩阻力,各土层取 $q_{sf} = 0.4 q_u l$(q_u 为极限摩阻力);当 $H > 5$ m 时,取 $q_{sf} = q_u$。

(3)根据产生负摩阻力的土层中各点的竖向有效覆盖压力 σ_v',按下式计算

$$q_{sf} = \sigma_v' K_0 \tan\varphi' = \beta \sigma_v' \tag{4-11}$$

式中 K_0——土的静止侧压力系数;

φ'——土的有效内摩擦角;

β——与土质、桩型或成桩工艺有关的系数,由试验确定,一般为 $0.2 \sim 0.35$。

根据兰州等地湿陷性黄土的一些试验,预制桩:$q_{sf} = 29.4$ kPa,$\beta = 0.42$;钻孔灌注桩:$q_{sf} = 12 \sim 13$ kPa,$\beta = 0.22$。

桩侧总负摩阻力(下拉荷载)为

$$Q_{sf} = u \sum q_{sfi} l_i \tag{4-12}$$

式中 $q_{sfi} l_i$——第 i 层土的负摩阻力平均值和土层厚度。

国外有的学者认为:当桩穿过 15 m 以上可压缩土层而且地面下沉超过 20 mm/年时,或者是端承桩,应计算下拉荷载 Q_{sf} 并按下式验算单桩承载力 Q_{uk}(Q_{uk} 的确定见本章第四节),下式中安全系数 K 可取 $1.5 \sim 1.8$。

$$Q + Q_{sf} \leqslant Q_{uk}/K \tag{4-13}$$

在桩基设计中,可以采取某些措施,例如,在预制桩表面涂上一层沥青油,或者对钢桩再加一层厚度 3 mm 的塑料薄膜(兼作防锈蚀用),来消除或降低负摩阻力的影响。也可采用钻孔打入法工艺进行施工,这样可减小打桩区的土体位移,降低超静孔隙水压力,减少对邻近桩的影响,达到减小负摩阻力的作用。

五、桩端阻力的极限平衡

作用在桩上的荷载是由摩擦力和桩尖阻力共同承受的,如图 4-12 所示。在加载初期,摩阻力 Q_s 的增长比较快,桩尖阻力 Q_p 的作用较小。随着荷载的不断增加,摩阻力逐渐增大到极限值 Q_{sk} 后就不再增大了,Q_s 曲线趋向于水平,而桩顶继续增加的荷载完全靠 Q_p 的增大来承担,直到桩尖下土达到极限平衡,桩被破坏。此外,由图 4-12 中还可看出,不同 Q 值下,Q_s/Q_p 并不是一个常数。

桩达到破坏荷载时,桩发生剧烈的或不停滞的下沉,此时桩尖下土发生大量塑性变形,土中形成局部剪切破坏区,桩尖下土体被压缩。但由于桩的入土深度与其断面尺寸相比是很大的,根据临界深度的理论,当桩的入土深度超过临界深度后,桩尖阻力将保持为

常数。这是与浅基础破坏时不同的地方。

　　桩尖阻力即桩尖下土体的极限承载力,采用深基础的极限荷载理论来确定时,在极限状态下,桩尖下土体滑动面的形状,有各种不同的假定,较常用的为太沙基及梅耶霍夫的图式,如图 4-13 所示。利用土体的极限平衡理论可以得到确定桩尖承载力的理论计算公式。但各种理论公式的假定条件,还缺乏足够的试验验证,因此在使用上常受到限制。充分发挥桩端极限承载力所需要的桩端沉降量则大得多,它不仅与土类有关,同时还与桩径 d 有关。这个极限沉降值,一般黏性土约为 $0.25d$,硬黏土约为 $0.1d$,砂土为 $0.08 \sim 0.1d$。

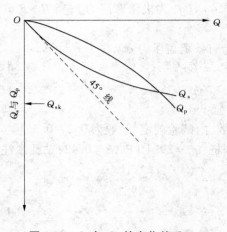

图 4-12　Q_s 与 Q_p 的变化关系

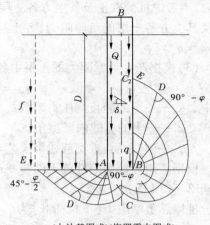

(太沙基图式)(梅耶霍夫图式)

图 4-13　太沙基与梅耶霍夫的极限
平衡图式的比较

第四节　桩承载力的确定

一、概述

　　桩基础应满足稳定性和沉降等基本要求。根据岩土工程中的一般规定,桩基应考虑承载能力极限状态和正常使用极限状态这两类主要的极限状态。承载能力极限状态:桩基达到最大承载能力、整体失稳或发生不适于继续承载的变形;正常使用极限状态:桩基达到建筑物正常使用所规定的变形限值或达到耐久性要求的某项限值。设计时应避免出现下列情况:①单桩或群桩周围土的剪切破坏,桩基础丧失整体稳定性;②桩身结构破坏;③因桩基的沉降和不均匀沉降导致结构物破坏以及影响结构物的使用。由此要求对桩基的承载能力和沉降问题进行研究。桩基规范强制性条款规定桩基应根据具体条件分别进行下列承载能力计算和稳定性验算:

　　(1)应根据桩基的使用功能和受力特征分别进行桩基的竖向承载力计算和水平承载力计算。

　　(2)应对桩身和承台结构承载力进行计算;对于桩侧土不排水抗剪强度小于 10 kPa,且长径比大于 50 的桩应进行桩身压屈验算;对于混凝土预制桩应按吊装、运输和锤击作用进行桩身承载力验算;对于钢管桩应进行局部压屈验算。

（3）当桩端平面以下存在软弱下卧层时,应进行软弱下卧层承载力验算。

（4）对位于坡地、岸边的桩基应进行整体稳定性验算。

（5）对于抗浮、抗拔桩基,应进行基桩和群桩的抗拔承载力计算。

（6）对于抗震设防区的桩基应进行抗震承载力验算。

下列建筑桩基应进行沉降计算:

（1）设计等级为甲级的非嵌岩桩和非深厚坚硬持力层的建筑桩基。

（2）设计等级为乙级的体型复杂、荷载分布显著不均匀或桩端平面以下存在软弱土层的建筑桩基。

（3）软土地基多层建筑减沉复合疏桩基础。

减沉复合疏桩基础是指软土地基天然地基承载力基本满足要求的情况下,为减小沉降采用疏布摩擦型桩的复合桩基。

本节着重探讨桩基承载力问题,有关桩基沉降问题将在下节讨论。

桩基承载力包括单桩承载力和群桩承载力。单桩承载力是极限承载力的标准值与承载力的特征值。

单桩极限承载力通常是指桩周围土不出现整体剪切破坏和桩身结构破坏时的最大荷载;《建筑桩基技术规范》（JGJ 94—2008）规定:单桩竖向极限承载力标准值是指单桩在竖向荷载作用下到达破坏状态前或出现不适于继续承载的变形时所对应的最大荷载,它取决于土对桩的支承阻力和桩身承载力。单桩承载力特征值是指代入安全系数后设计采用的承载力。《建筑桩基技术规范》（JGJ 94—2008）规定:单桩竖向承载力特征值是指单桩竖向极限承载力标准值除以安全系数后的承载力值。

桩的承载力由地基土对桩的支承力和桩身结构承载能力来决定。桩身结构承载力是指由桩身结构制桩材料应力所控制的承载力,通常考虑桩的起吊、运输引起的应力和沉桩时的锤击应力及在承载阶段长期荷载作用、材料强度等条件来确定。在设计时必须两者兼顾,即分别按这两个因素求出并取其中的较小值。

对于群桩,由于承台的存在,承台—桩—桩间土共同作用,其工作性能和承载力较为复杂,目前有关群桩承载力理论还不够完善,有待进一步研究。

桩所承受荷载的作用方式大致可归为两类:水平方向荷载、竖直方向荷载,因此桩的承载力可分为竖向承载力和横向承载力。

影响桩基承载力的因素很多,主要有以下几个方面:

（1）桩身所穿过土层的强度、变形性质和应力历史。

桩基的竖向承载力受桩身所穿越的全部土层的影响,而横向承载力主要受靠近地面土层的影响。若桩侧土岩处于欠固结状态,在后期固结中产生的可压缩变形可能对桩身产生负摩阻力。

（2）桩端持力层的强度和变形性质。

桩端持力层对竖向承载力的影响程度,随桩的长度与桩径比（L/d）的增大而减小,随桩土模量比的增大而增大。

（3）桩身与桩底的几何形状。

桩身的比表面积(侧面积与体积之比)愈大,桩侧摩阻力所提供承载力就愈高。因此,为提高桩的竖向承载力,可将桩身截面做成各种形状,如目前工程上应用的树枝桩。另外,为提高桩端总阻力,常将桩端做成扩大头,即工程上用钻孔扩底灌注桩。

(4)桩身材料强度。

当桩端持力层的承载力很高时,桩体材料的强度可能制约桩的竖向承载力,因而合适的混凝土强度等级和配筋对于充分发挥桩端持力层的承载性能以及提高竖向承载力十分重要。对于受水平方向荷载的桩,其承载力在很大程度上受桩体材料强度制约。

(5)群桩的几何参数。

桩的排距、桩距、桩的长径比、桩长与承台宽度之比等几何参数对群桩承载力影响较大。

(6)成桩工艺。

成桩工艺对桩侧摩阻力和桩端阻力都有一定影响。非饱和土特别是粉土、砂土中的打入式桩,其侧摩阻力和桩端阻力将因沉桩挤土效应而提高;采用泥浆护壁成孔的灌注桩,泥浆稠度过大往往形成桩侧表面的"泥膏"降低桩侧摩阻力,孔底过厚沉淤会导致桩端阻力减小。

目前,确定桩基承载力的方法很多,大致可分为直接法和间接法。直接法是对实际试桩进行现场测试来确定承载力;间接法是通过一些力学原理计算或经验方法等手段,给出承载力,这种方法较前者得到的结果的可靠性差些,通常用它在桩基工程设计阶段估算承载力。

二、单桩竖向承载力

《建筑桩基技术规范》(JGJ 94—2008)规定:单桩竖向极限承载力是指单桩在竖向荷载作用下到达破坏状态前或出现不适于继续承载的变形时,所对应的最大荷载。它取决于土对桩的支承阻力和桩身材料强度,一般由土对桩的支承阻力控制,对于端承型桩、超长桩和桩身质量有缺陷的桩,可由桩身材料强度控制。

因此,在确定单桩竖向承载力的最终值时,要根据具体情况,对比两种强度值,取其中较小者。

《建筑桩基技术规范》(JGJ 94—2008)规定,桩基竖向承载力计算应符合下列要求:

(1)荷载效应标准组合。

轴心竖向力作用下

$$N_k \leq R$$

偏心竖向力作用下,除满足上式外,尚应满足下式的要求

$$N_{kmax} \leq 1.2R$$

(2)地震作用效应和荷载效应标准组合。

轴心竖向力作用下

$$N_{Ek} \leq 1.25R \tag{4-14}$$

偏心竖向力作用下,除满足式(4-14)外,尚应满足下式的要求

$$N_{Ekmax} \leq 1.5R \tag{4-15}$$

式中　N_k——荷载效应标准组合轴心竖向力作用下,基桩或复合基桩的平均竖向力;

N_{kmax}——荷载效应标准组合偏心竖向力作用下,桩顶最大竖向力;

N_{Ek}——地震作用效应和荷载效应标准组合下,基桩或复合基桩的平均竖向力;

N_{Ekmax}——地震作用效应和荷载效应标准组合下,基桩或复合基桩的最大竖向力;

R——基桩或复合基桩竖向承载力特征值。

(一)单桩竖向抗压承载力

1. 单桩竖向抗压承载力的基本概念

桩在竖向抗压荷载作用下,地基土对桩的极限支承力即为单桩竖向抗压极限承载力,可按下列经验公式表示

$$Q_{uk} = Q_{sk} + Q_{pk}$$

式中 Q_{uk}——单桩竖向抗压极限承载力标准值,kN;

Q_{sk}——单桩桩身侧面总极限摩阻力标准值,kN;

Q_{pk}——单桩桩端极限阻力标准值,kN。

单桩竖向抗压承载力特征值 R_a 为

$$R_a = \frac{1}{K}Q_{uk}$$

式中 K——安全系数,取 $K = 2$。

2. 按桩身结构确定承载力

单桩竖向承载力设计值 R_a 为

$$R_a = \varphi(f_c A + f_y' A_s')$$

式中 φ——纵向弯曲系数,当为低承台时可取 $\varphi = 1$;

f_c——混凝土轴心抗压强度设计值,kPa;

f_y'——纵向钢筋抗压强度设计值,kPa;

A——桩身横截面面积,m^2;

A_s'——全部纵向钢筋的截面面积,m^2。

考虑承台效应的复合基桩竖向承载力特征值可按下列公式确定:

不考虑地震作用时 $\qquad R = R_a + \eta_c f_{ak} A_c$ $\qquad\qquad$ (4-16)

考虑地震作用时 $\qquad R = R_a + \dfrac{\zeta_a}{1.25}\eta_c f_{ak} A_c$ $\qquad\qquad$ (4-17)

$$A_c = (A - nA_{ps})/n \qquad\qquad (4-18)$$

式中 η_c——承台效应系数,可按表4-4取值;

f_{ak}——承台下1/2承台宽度且不超过5 m深度范围内各层土的地基承载力(特征值按厚度加权的平均值;

A_c——计算基桩所对应的承台底净面积;

A_{ps}——桩身截面面积;

A——承台计算域面积,对于柱下独立桩基,A 为承台总面积,对于桩筏基础,A 为柱、墙筏板的1/2跨距和悬臂边2.5倍筏板厚度所围成的面积,桩集中布置于单片墙下的桩筏基础,取墙两边各1/2跨距围成的面积,按条形基础计算 η_c;

ζ_a——地基抗震承载力调整系数,应按现行国家标准《建筑抗震设计规范》(GB 50011—2010)采用。

当承台底为可液化土、湿陷性土、高灵敏度软土、欠固结土、新填土时,沉桩引起超孔隙水压力和土体隆起时,不考虑承台效应,取 $\eta_c = 0$。

表 4-4　承台效应系数 η_c

B_c/l	s_a/d				
	3	4	5	6	>6
≤0.4	0.06~0.08	0.14~0.17	0.22~0.26	0.32~0.38	
0.4~0.8	0.08~0.10	0.17~0.20	0.26~0.30	0.38~0.44	0.50~0.80
>0.8	0.10~0.12	0.20~0.22	0.30~0.34	0.44~0.50	
单排桩条形承台	0.15~0.18	0.25~0.30	0.38~0.45	0.50~0.60	

注:1. 表中 s_a/d 为桩中心距与桩径之比;B_c/l 为承台宽度与桩长之比。当计算基桩为非正方形排列时,$s_a = \sqrt{A/n}$,A 为承台计算域面积,n 为总桩数。

2. 对于桩布置于墙下的箱、筏承台,η_c 可按单排桩条形基础取值。

3. 对于单排桩条形承台,当承台宽度小于 $1.5d$ 时,η_c 按非条形承台取值。

4. 对于采用后注浆灌注桩的承台,η_c 宜取低值。

5. 对于饱和黏性土中的挤土桩基、软土地基上的桩基承台,η_c 宜取低值的 0.8 倍。

3. 单桩竖向抗压承载力的试验确定方法

1)单桩竖向静载荷试验

单桩竖向静载荷试验是在工程现场对足尺桩进行的。桩的类型、尺寸、入土深度、施工方法、地质条件都最大限度地接近实际情况。因此,单桩竖向静载荷试验被公认是最可靠的方法。

该方法的原理是在现场对桩施加竖向静荷载并量测桩顶沉降,根据量测结果确定桩的竖向抗压承载力。这一方法所获得的承载力兼顾了地基土对桩的支承力作用以及桩身材料结构强度。试验方法具体如下:

静载荷试验是先在准备施工的地点打试桩,在试桩顶上分级施加静荷载,直到土对桩的阻力被破坏,从而求得桩的极限承载力。试桩数量一般不少于桩总数的 1%,且不少于 3 根。由于打桩对土体的扰动,所以试桩必须待桩周土体的强度恢复后方可开始。间隔天数应视地质条件及沉桩方法而定。预制桩在砂土中打入 10 d 后才能进行试验,黏性土中一般不得少于 15 d,对饱和软黏土不得少于 25 d。灌注桩应在桩身混凝土达到设计强度后才能进行。

(1)加荷装置。

加荷利用液压千斤顶、横梁、载重承台。图 4-14 为利用液压千斤顶和锚桩法的加荷装置示意图(液压千斤顶最好设有稳压装置)。千斤顶借助锚桩的反力对试桩加荷。试验时可根据需要布置 4~6 根锚桩,锚桩深度应不小于试桩深度。为了减少锚桩对试桩的影响,锚桩与试桩的间距应大于 $3d$(d 为桩径),且不小于 1 m。观测装置与试桩、锚桩间的距离可参照表 4-5 的规定,以免影响观测结果的精度。

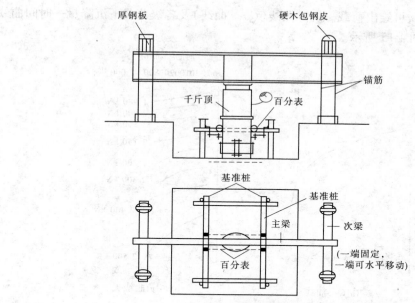

图 4-14　竖向静载荷试验装置

表 4-5　观察装置与试桩、锚桩间的距离　　　　　　（单位:m）

锚桩数目	观察装置与试桩、锚桩间的最小净距	
	与试桩	与锚桩
4	2.4	1.6
6	1.7	1.0

（2）试验方法。

试桩时应尽可能体现桩的实际工作情况,采用慢速分级连续加荷方式。

每级荷载为单桩承载力设计值的 1/10 ~ 1/15。测读桩沉降量的间隔时间每级加载后,隔 5 min、10 min、15 min 各测读一次,以后每隔 15 min 测读一次,累计 1 h 后每隔半小时测读一次。

（3）稳定标准。

在每级荷载作用下,桩的沉降量在每小时内小于 0.1 mm。卸载时,每级卸载值为加载值的两倍。卸载每隔 15 min 测读一次,测读两次后,隔半小时再读一次,即可卸下一级荷载。全部卸载后,隔 3 ~ 4 h 再测读一次。

（4）试桩的终止加载条件。

试桩过程中,桩的破坏状态的出现有时明显,有时不十分明显。所以,要规定一个相对的标准。当出现下列情况之一时,即可终止加载:

①某级荷载作用下,桩的沉降量为前一级荷载作用下沉降量的 5 倍。

②某级荷载作用下,桩的沉降量大于前一级荷载下沉量的 2 倍,且 24 h 后未达到相对稳定。

③已达到锚桩最大抗拔力或压重平台的最大重量。

根据试验结果,可绘出荷载—沉降曲线($Q \sim s$ 曲线)及各级荷载下沉降量—时间曲线($s \sim \lg t$ 曲线),如图 4-15 所示。

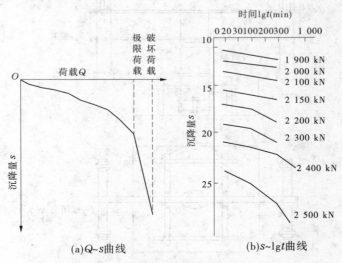

(a)$Q \sim s$曲线　　　　　　(b)$s \sim \lg t$曲线

图 4-15　竖向抗压静载荷试验结果

(5)单桩极限承载力的确定。

根据荷载—沉降($Q \sim s$)曲线,按下列条件确定极限承载力。

①当陡降段明显,取相应于陡降段起点的荷载值。

②根据沉降量确定极限承载力:对于缓变型 $Q \sim s$ 曲线一般可取 $s = 40 \sim 60$ mm 对应的荷载,对于大直径桩可取 $s = (0.03 \sim 0.06) D$(D 为桩端直径,大桩径取低值,小桩径取高值)所对应的荷载值,对于细长桩($L/d > 80$)可取 $s = 60 \sim 80$ mm 对应的荷载。

③根据沉降随时间的变化特征确定极限承载力:取 $s \sim \lg t$ 曲线尾部出现明显向下弯曲的前一级荷载值。

(6)单桩承载力标准值 Q_{uk} 的确定。

单桩竖向极限承载力标准值应根据试桩位置、实际地质条件、施工情况等综合确定。当各试桩条件基本相同时,单桩竖向极限承载力标准值可按下列步骤与方法确定:

首先,计算 n 根试桩实测极限承载力平均值 Q_{um}。

$$Q_{um} = \frac{1}{n} \sum_{i=1}^{n} Q_{ui} \tag{4-19}$$

式中　Q_{ui}——第 i 根正常条件试桩的极限承载力实测值。

其次,计算每根试桩的极限承载力实测值与平均值之比

$$\alpha_i = \frac{Q_{ui}}{Q_{um}} \tag{4-20}$$

下标 i 根据 Q_{ui} 值由小到大的顺序确定。

再次,计算 α_i 的标准差 S_n

$$S_n = \sqrt{\sum_{i=1}^{n} (\alpha_i - 1)^2 / (n - 1)} \tag{4-21}$$

最后,确定单桩竖向极限承载力标准值 Q_{uk}。

当 $S_n \leqslant 0.15$ 时,$Q_{uk} = Q_{um}$;当 $S_n > 0.15$ 时,$Q_{uk} = \lambda Q_{um}$,λ 为折减系数。

当试桩数 $n = 2$ 时,λ 按表4-6确定。

表4-6 折减系数 λ ($n=2$)

$\alpha_2 - \alpha_1$	0.21	0.24	0.27	0.30	0.33	0.36	0.39	0.42	0.45	0.48	0.51
λ	1.00	0.99	0.97	0.96	0.94	0.93	0.91	0.90	0.88	0.87	0.85

当试桩数 $n = 3$ 时,λ 按表4-7确定。

表4-7 折减系数 λ ($n=3$)

α_2	$\alpha_3 - \alpha_1$							
	0.30	0.33	0.36	0.39	0.42	0.45	0.48	0.51
0.84							0.93	0.92
0.92	0.90	0.98	0.98	0.97	0.96	0.95	0.94	0.93
1.00	1.00	0.99	0.98	0.97	0.96	0.95	0.93	0.92
1.08	0.98	0.97	0.95	0.94	0.93	0.91	0.90	0.88
1.16							0.86	0.84

当试桩数 $n \geqslant 4$ 时按下式计算

$$A_0 + A_1\lambda + A_2\lambda^2 + A_3\lambda^3 + A_4\lambda^4 = 0 \qquad (4\text{-}22)$$

其中

$$A_0 = \sum_{i=1}^{n-m} \alpha_i^2 + \frac{1}{m}\left(\sum_{i=1}^{n-m} \alpha_i\right)^2$$

$$A_1 = -\frac{2n}{m}\sum_{i=1}^{n-m} \alpha_i$$

$$A_2 = 0.127 - 1.127n + \frac{n^2}{m}$$

$$A_3 = 0.147 \times (n-1)$$

$$A_4 = -0.042 \times (n-1)$$

取 $m = 1, 2, \cdots$ 满足式(4-22)的 λ 值即为所求。

2)静力触探法

(1)单桥探头。

当根据单桥探头静力触探资料确定混凝土预制桩单桩竖向极限承载力标准值时,如无当地经验可按下式计算

$$Q_{uk} = Q_{sk} + Q_{pk} = u\sum q_{sik}l_i + \alpha p_{sk}A_p \qquad (4\text{-}23)$$

当 $p_{sk1} \leqslant p_{sk2}$ 时

$$p_{sk} = \frac{1}{2}(p_{sk1} + \beta p_{sk2}) \qquad (4\text{-}24)$$

当 $p_{sk1} > p_{sk2}$ 时

$$p_{sk} = p_{sk2} \qquad (4-25)$$

式中　Q_{sk}、Q_{pk}——总极限侧阻力标准植和总极限端阻力标准值；

　　　　u——桩身周长；

　　　　q_{sik}——用静力触探比贯入阻力值估算的桩周第 i 层土的极限侧阻力（见图 4-16）；

　　　　l_i——桩周第 i 层土的厚度；

　　　　α——桩端阻力修正系数，可按表 4-8 取值；

　　　　p_{sk}——桩端附近的静力触探比贯入阻力标准值（平均值）；

　　　　A_p——桩端面积；

　　　　p_{sk1}——桩端全截面以上 8 倍桩径范围内的比贯入阻力平均值；

　　　　p_{sk2}——桩端全截面以下 4 倍桩径范围内的比贯入阻力平均值，如桩端持力层为密实的砂土层，其比贯入阻力平均值 p_s 超过 20 MPa 时，则需乘以表 4-9 中系数 C 予以折减后，再计算 p_{sk2} 及 p_{sk1} 值；

　　　　β——折减系数，按表 4-10 选用。

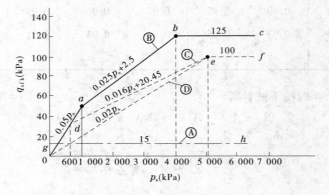

图 4-16　$q_{sik} \sim p_s$ 曲线

注：1. q_{sik} 值应结合土工试验资料，依据土的类别、埋藏深度、排列次序，按图 4-16 折线取值；图 4-16 中，直线Ⓐ（线段 gh）适用于地表下 6 m 范围内的土层；折线Ⓑ（$0abc$）适用于粉土及砂土土层以上（或无粉土及砂土土层地区）的黏性土、折线Ⓒ（$0def$）适用于粉土及砂土层下的黏性土；折线Ⓓ（$0ef$）适用于粉土、粉砂、细砂及中砂。

2. p_{sk} 为桩端穿过的中密—密实砂土、粉土的比贯入阻力平均值；p_s 为砂土、粉土的下卧软土层的比贯入阻力平均值。

3. 采用的单桥探头，圆锥底面面积为 15 cm²，底部带 7 cm 高滑套，锥角 60°。

4. 当桩端穿过粉土、粉砂、细砂及中砂层底面时，折线Ⓓ估算的 q_{sik} 值需乘以表 4-11 中系数 η_s 值。

表 4-8　桩端阻力修正系数 α 值

桩长	$l < 15$ m	15 m$\leqslant l \leqslant$30 m	30 m$< l \leqslant$60 m
α	0.75	0.75 ~ 0.90	0.90

注：桩长 15 m$\leqslant l \leqslant$30 m，α 值按 l 值直线内插；l 为桩长（不包括桩尖高度）。

表 4-9　系数 C

p_s（MPa）	20 ~ 30	35	>40
系数 C	5/6	2/3	1/2

表 4-10　折减系数 β

p_{sk2}/p_{sk1}	≤5	7.5	12.5	≥15
β	1	5/6	2/3	1/2

注：可内插取值。

（2）双桥探头。

当根据双桥探头静力触探资料确定混凝土预制桩单桩竖向极限承载力标准值时，对于黏性土、粉土和砂土，如无当地经验可按下式计算

$$Q_{uk} = Q_{sk} + Q_{pk} = u \sum l_i \beta_i f_{si} + \alpha q_c A_p \tag{4-26}$$

式中　f_{si}——第 i 层土的探头平均侧阻力，kPa；

q_c——桩端平面上、下探头阻力，取桩端平面以上 $4d$（d 为桩的直径或边长）范围内按土层厚度的探头阻力加权平均值，kPa，然后和桩端平面以下 $1d$ 范围内的探头阻力进行平均；

α——桩端阻力修正系数，对于黏性土、粉土取 2/3，饱和砂土取 1/2；

β_i——第 i 层土桩侧阻力综合修正系数，黏性土、粉土 $\beta_i = 10.04(f_{si})^{-0.55}$，砂土 $\beta_i = 5.05(f_{si})^{-0.45}$。

说明：双桥探头的圆锥底面面积为 15 cm^2，锥角60°，摩擦套筒高 21.85 cm，侧面积 300 cm^2。

表 4-11　系数 η_s 值

p_{sk}/p_{sl}	≤5	7.5	≥10
η_s	1.00	0.50	0.33

（3）标贯试验。

利用标贯试验测得的标贯击数 $N_{63.5}$ 大小可以预估极限桩端阻力标准值 q_{pk} 和极限桩侧摩阻力标准值 q_{sk}，这种方法在日本、美国、加拿大等用得较多。

《高层建筑岩土工程勘察规程》（JGJ 72—2004）规定：采用标贯试验成果可按下式估算预制桩、预应力管桩和沉管灌注桩单桩竖向极限承载力

$$Q_u = \beta_s u \sum q_{sis} l_i + q_{ps} A_p \tag{4-27}$$

式中　q_{sis}——第 i 层土的极限侧阻力，kPa，可按表 4-12 采用；

q_{ps}——桩端土极限端阻力,kPa,可按表 4-13 采用;

β_s——桩侧阻力修正系数,当 10 m≤h≤30 m 时取 1.0,当 h>30 m 时取 1.1~
1.2,其中 h 为土层埋深。

表 4-12　极限侧阻力 q_{sis}　　　　　　　　　　（单位:kPa）

土的类别	土(岩)层平均标贯实测击数(击)	极限侧阻力 q_{sis}
淤泥	<1~3	10~16
淤泥质土	3~5	18~26
黏性土	5~10	20~30
	10~15	30~50
	15~30	50~80
	30~50	80~100
粉土	5~10	20~40
	10~15	40~60
	15~30	60~80
	30~50	80~100
粉细砂	5~10	20~40
	10~15	40~60
	15~30	60~90
	30~50	90~110
中砂	10~15	40~60
	15~30	60~90
	30~50	90~110
粗砂	15~30	70~90
	30~50	90~120
砾砂(含卵石)	>30	110~140
全风化岩	40~70	100~160
强风化软质岩	>70	160~200
强风化硬质岩	>70	200~240

注:表中数据对无经验的地区应先用试桩资料进行验证。

表 4-13　极限端阻力 q_{ps}　　　　　　　　　　　（单位:kPa）

桩入土深度(m)	标贯实测击数(击)					
	70	50	40	30	20	10
15	9 000	8 200	7 800	6 000	4 000	1 800
20		8 600	8 200	6 600	4 400	2 000
25	11 000	9 000	8 600	7 000	4 800	2 200
30		9 400	9 000	7 400	5 000	2 400
>30		10 000	9 400	7 800	6 000	2 600

注:1. 表中数据可以内插。

2. 表中数据对无经验的地区应先用试桩资料进行验证。

（4）旁压试验法。确定 q_{pk} 和 q_{sk} 的方法在法国应用较广泛。近年来,我国也较重视旁压仪的应用。根据旁压仪测得土体的净极限压力 p,可按下式计算 q_{pk} 和 q_{sk}

$$q_{pk} = K_p p \tag{4-28}$$

$$q_{sk} = \frac{1}{20} p \tag{4-29}$$

式中　K_p——承载力系数,对于打入桩 $K_p = 0.25$,对于钻孔桩 $K_p = 0.5$;

　　　p——试验测得土体的净极限压力,kPa。

（5）动测法。指桩的动力测试法,是通过测定桩对所施加的动力作用的响应来分析桩的承载力和工作性状的一类方法的总称。它是在桩顶作用一瞬态竖向荷载或简谐振动力（统称为动荷载）,使桩产生显著的加速度和土阻尼效应。加速度引起的惯性对桩的应力和变形有明显影响。根据作用在桩上的能量大小,可将桩基动态检测分为高应变法和低应变法。低应变法是检测桩身结构完整性的好方法,对于断桩、缩径、扩径、夹泥等,低应变法都能较准确测定。高应变法是作用于桩上能量较大,应力水平接近或达到工程桩的实际水平,能使桩土间产生相对塑性位移,高应变法可以确定单桩的承载力,与其他用试验方法确定承载力的方法相比,动测法具有检测速度快、直接、仪器设备较轻便、费用低等突出优点,近十余年在国内外得到广泛应用和迅速发展,是一种非常有前途的方法。

3）按规范的经验公式确定

当根据土的物理性质指标与承载力参数之间的经验关系确定单桩竖向极限承载力标准值时,宜按下式估算

$$Q_{uk} = Q_{sk} + Q_{pk} = u \sum q_{sik} l_i + q_{pk} A_p \tag{4-30}$$

式中　q_{sik}——桩侧第 i 层土的极限侧阻力标准值,当无当地经验时,可按表 4-14 取值;

　　　q_{pk}——极限端阻力标准值,当无当地经验时,可按表 4-15 取值。

表 4-14　桩的极限侧阻力标准值 q_{sik}　　　　　　　　　　　（单位:kPa）

土的名称	土的状态		混凝土预制桩	泥浆护壁钻（冲）孔桩	干作业钻孔桩
填土			22 ~ 30	20 ~ 28	20 ~ 28
淤泥			14 ~ 20	12 ~ 18	12 ~ 18
淤泥质土			22 ~ 30	20 ~ 28	20 ~ 28
黏性土	流塑	$I_L > 1$	24 ~ 40	21 ~ 38	21 ~ 38
	软塑	$0.75 < I_L \leqslant 1$	40 ~ 55	38 ~ 53	38 ~ 53
	可塑	$0.50 < I_L \leqslant 0.75$	55 ~ 70	53 ~ 68	53 ~ 66
	硬可塑	$0.25 < I_L \leqslant 0.50$	70 ~ 86	68 ~ 84	66 ~ 82
	硬塑	$0 < I_L \leqslant 0.25$	86 ~ 98	84 ~ 96	82 ~ 94
	坚硬	$I_L \leqslant 0$	98 ~ 105	96 ~ 102	94 ~ 104
红黏土	$0.7 < \alpha_w \leqslant 1$		13 ~ 32	12 ~ 30	12 ~ 30
	$0.5 < \alpha_w \leqslant 0.7$		32 ~ 74	30 ~ 70	30 ~ 70
粉土	稍密	$e > 0.9$	26 ~ 46	24 ~ 42	24 ~ 42
	中密	$0.75 < e \leqslant 0.9$	46 ~ 66	42 ~ 62	42 ~ 62
	密实	$e \leqslant 0.75$	66 ~ 88	62 ~ 82	62 ~ 82
粉细砂	稍密	$10 < N \leqslant 15$	24 ~ 48	22 ~ 46	22 ~ 46
	中密	$15 < N \leqslant 30$	48 ~ 66	46 ~ 64	46 ~ 64
	密实	$N < 30$	66 ~ 88	64 ~ 86	64 ~ 86
中砂	中密	$15 < N_{63.5} \leqslant 30$	54 ~ 74	53 ~ 72	53 ~ 72
	密实	$N_{63.5} > 30$	74 ~ 95	72 ~ 94	72 ~ 94
粗砂	中密	$15 < N_{63.5} \leqslant 30$	74 ~ 95	74 ~ 95	76 ~ 98
	密实	$N_{63.5} > 30$	95 ~ 116	95 ~ 116	98 ~ 120
砾砂	稍密	$5 < N_{63.5} \leqslant 15$	70 ~ 110	50 ~ 90	60 ~ 100
	中密（密实）	$N_{63.5} > 15$	116 ~ 138	116 ~ 130	112 ~ 130
圆砾、角砾	中密、密实	$N_{63.5} > 10$	160 ~ 200	135 ~ 150	135 ~ 150
碎石、卵石	中密、密实	$N_{63.5} > 10$	200 ~ 300	140 ~ 170	150 ~ 170
全风化软质岩		$30 < N_{63.5} \leqslant 50$	100 ~ 120	80 ~ 100	80 ~ 100
全风化硬质岩		$30 < N_{63.5} \leqslant 50$	140 ~ 160	120 ~ 140	120 ~ 150
强风化软质岩		$N_{63.5} > 10$	160 ~ 240	140 ~ 200	140 ~ 220
强风化硬质岩		$N_{63.5} > 10$	220 ~ 300	160 ~ 240	160 ~ 260

注:1. 对于尚未完成自重固结的填土和以生活垃圾为主的杂填土,不计算其侧阻力。

2. α_w 为含水比, $\alpha_w = \omega/\omega_L$, ω 为土的天然含水量, ω_L 为土的液限。

3. N 为标贯击数, $N_{63.5}$ 为重型圆锥动力触探击数。

4. 全风化、强风化软质岩和全风化、强风化硬质岩是指其母岩分别为 $f_{rk} \leqslant 15$ MPa $f_{rk} > 30$ MPa 的岩石。

表 4-15　桩的极限端阻力标准值 q_{pk}

（单位：kPa）

土名称	土的状态	混凝土预制桩桩长 l(m)				泥浆护壁钻(冲)孔桩桩长 l(m)				干作业钻孔桩桩长 l(m)		
		l≤9	9<l≤16	16<l≤30	l>30	5≤l<10	10≤l<15	15≤l<30	l≥30	5≤l<10	10≤l<15	l≥15
黏性土	软塑 $0.75<I_L≤1$	210~850	650~1 400	1 200~1 800	1 300~1 900	150~250	250~300	300~450	300~450	200~400	400~700	700~950
	可塑 $0.50<I_L≤0.75$	850~1 700	1 400~2 200	1 900~2 800	2 300~3 600	350~450	450~600	600~750	750~800	500~700	800~1 100	1 000~1 600
	硬可塑 $0.25<I_L≤0.50$	1 500~2 300	2 300~3 300	2 700~3 600	3 600~4 400	800~900	900~1 000	1 000~1 200	1 200~1 400	850~1 100	1 500~1 700	1 700~1 900
	硬塑 $0<I_L≤0.25$	2 500~3 800	3 800~5 500	5 500~6 000	6 000~6 800	1 100~1 200	1 200~1 400	1 400~1 800	1 600~1 800	1 600~1 800	2 200~2 400	2 600~2 800
粉土	中密 $0.75≤e<0.9$	950~1 700	1 400~2 100	1 900~2 700	2 500~3 400	300~500	500~650	650~750	750~850	800~1 200	1 200~1 400	1 400~1 600
	密实 $e<0.75$	1 500~2 600	2 100~3 000	2 700~3 600	3 600~4 400	650~900	750~950	900~1 100	1 100~1 200	1 200~1 700	1 400~1 900	1 600~2 100
粉砂	稍密 $10<N≤15$	1 000~1 600	1 500~2 300	1 900~2 700	2 100~3 000	350~500	450~600	600~700	650~750	500~950	1 300~1 600	1 500~1 700
	中密、密实 $N>15$	1 400~2 200	2 100~3 000	3 000~4 500	3 800~5 500	600~750	750~900	900~1 100	1 100~1 200	900~1 000	1 700~1 900	1 700~1 900
细砂	$N>15$	2 500~4 000	3 600~5 000	4 400~6 000	5 300~7 000	650~850	900~1 200	1 200~1 500	1 500~1 800	1 200~1 600	2 000~2 400	2 400~2 700
中砂	中密、密实 $N>15$	4 000~6 000	5 500~7 000	6 500~8 000	7 500~9 000	850~1 050	1 100~1 500	1 500~1 900	1 900~2 100	1 800~2 400	2 800~3 800	3 600~4 400
粗砂	中密、密实 $N>15$	5 700~7 500	7 500~8 500	8 500~10 000	9 500~11 000	1 500~1 800	2 100~2 400	2 400~2 600	2 600~2 800	2 900~3 600	4 000~4 600	4 600~5 200
砾砂	$N>15$	6 000~9 500		9 000~10 500		1 400~2 000		2 000~3 200		3 500~5 000		
角砾、圆砾	中密、密实 $N_{63.5}>10$	7 000~10 000		9 500~11 500		1 800~2 200		2 200~3 600		4 000~5 500		
碎石、卵石	中密、密实 $N_{63.5}>10$	8 000~11 000		10 500~13 000		2 000~3 000		3 000~4 000		4 500~6 500		
全风化软质岩	$30<N≤50$	4 000~6 000				1 000~1 600				1 200~2 000		
全风化硬质岩	$30<N≤50$	5 000~8 000				1 200~2 000				1 400~2 400		
强风化软质岩	$N_{63.5}>10$	6 000~9 000				1 400~2 200				1 600~2 600		
强风化硬质岩	$N_{63.5}>10$	7 000~11 000				1 800~2 800				2 000~3 000		

注：1. 砂土和碎石类土中桩的极限端阻力取值，宜综合考虑土的密实度，桩端进入持力层的深径比 h_b/d，土愈密实，h_b/d 愈大，取值愈高。

2. 预制桩的岩石极限端阻力指桩端支承于中、微风化基岩表面或进入强风化岩、软质岩一定深度条件下极限端阻力。

3. 全风化、强风化软质岩和全风化、强风化硬质岩指其母岩分别为 f_{rk}≤15 MPa、f_{rk}>30 MPa 的岩石。

　　根据土的物理指标与承载力参数之间的经验关系,确定大直径桩单桩极限承载力标准值时,可按下式计算

$$Q_{uk} = Q_{sk} + Q_{pk} = u \sum \psi_{si} q_{sik} l_i + \psi_p q_{pk} A_p \tag{4-31}$$

式中　q_{sik}——桩侧第 i 层土极限侧阻力标准值,当无当地经验值时,可按表 4-14 取值,对于扩底桩变截面以上 $2d$ 长度范围不计侧阻力;

　　　　q_{pk}——桩径为 800 mm 的极限端阻力标准值,对于干作业挖孔桩(清底干净)可采用深层载荷板试验确定,当不能进行深层载荷板试验时,可按表 4-16 取值;

　　　　ψ_{si}、ψ_p——大直径桩侧阻、端阻尺寸效应系数,按表 4-17 取值。

　　　　u——桩身周长,当人工挖孔桩桩周护壁为振捣密实的混凝土时,桩身周长可按护壁外直径计算。

表 4-16　干作业挖孔桩(清底干净,$D = 800$ mm)极限端阻力标准值 q_{pk}　(单位:kPa)

土名称		状态		
黏性土		$0.25 < I_L \leqslant 0.75$	$0 < I_L \leqslant 0.25$	$I_L \leqslant 0$
		800 ~ 1 800	1 800 ~ 2 400	2 400 ~ 3 000
粉土			$0.75 \leqslant e \leqslant 0.9$	$e < 0.75$
			1 000 ~ 1 500	1 500 ~ 2 000
砂土碎石类土		稍密	中密	密实
	粉砂	500 ~ 700	800 ~ 1 100	1 200 ~ 2 000
	细砂	700 ~ 1 100	1 200 ~ 1 800	2 000 ~ 2 500
	中砂	1 000 ~ 2 000	2 200 ~ 3 200	3 500 ~ 5 000
	粗砂	1 200 ~ 2 200	2 500 ~ 3 500	4 000 ~ 5 500
	砾砂	1 400 ~ 2 400	2 600 ~ 4 000	5 000 ~ 7 000
	圆砾、角砾	1 600 ~ 3 000	3 200 ~ 5 000	6 000 ~ 9 000
	卵石、碎石	2 000 ~ 3 000	3 300 ~ 5 000	7 000 ~ 11 000

　　注:1. 当桩进入持力层的深度 h_b 分别为 $h_b \leqslant D$、$D < h_b \leqslant 4D$、$h_b > 4D$ 时,q_{sk} 可相应取低、中、高值。

　　　2. 砂土密实度可根据标贯击数判定,$N \leqslant 10$ 为松散,$10 < N \leqslant 15$ 为稍密,$15 < N \leqslant 30$ 为中密,$N > 30$ 为密实。

　　　3. 当桩的长径比 $l/d \leqslant 8$ 时,q_{sk} 宜取较低值。

　　　4. 当对沉降要求不严时,q_{sk} 可取高值。

表 4-17　大直径桩侧阻尺寸效应系数 ψ_{si}、端阻尺寸效应系数 ψ_p

土类型	黏性土、粉土	砂土、碎石类土
ψ_{si}	$(0.8/d)^{1/5}$	$(0.8/d)^{1/3}$
ψ_p	$(0.8/D)^{1/4}$	$(0.8/D)^{1/3}$

当根据土的物理性质指标与承载力参数之间的经验关系确定钢管桩单桩竖向极限承载力标准值时,可按下列公式计算

$$Q_{uk} = Q_{sk} + Q_{pk} = u \sum q_{sik} l_i + \lambda_p q_{pk} A_p \qquad (4\text{-}32)$$

当 $h_b/d < 5$ 时
$$\lambda_p = 0.16 h_b/d \qquad (4\text{-}33)$$

当 $h_b/d \geqslant 5$ 时
$$\lambda_p = 0.8 \qquad (4\text{-}34)$$

式中 q_{sik}、q_{pk}——按表4-14、表4-15取与混凝土预制桩相同值;

λ_p——桩端土塞效应系数,对于闭口钢管管桩 $\lambda_p = 1$,对于敞口钢管桩按式(4-33)、式(4-34)取值;

h_b——桩端进入持力层深度;

d——钢管桩外径。

对于带隔板的半敞口钢管桩,应以等效直径 d_e 代替 d 确定 λ_p;$d_e = d/\sqrt{n}$,其中 n 为桩端隔板分割数(见图4-17)。

$$n = 2 \qquad\qquad n = 4 \qquad\qquad n = 9$$

图4-17 隔板分割

当根据土的物理性质指标与承载力参数之间的经验关系确定敞口预应力混凝土空心桩单桩竖向极限承载力标准值时,可按下列公式计算

$$Q_{uk} = Q_{sk} + Q_{pk} = u \sum q_{sik} l_i + q_{pk}(A_j + \lambda_p A_{pl}) \qquad (4\text{-}35)$$

当 $h_b/d < 5$ 时

$$\lambda_p = 0.16 h_b/d \qquad (4\text{-}36)$$

当 $h_b/d \geqslant 5$ 时

$$\lambda_p = 0.8 \qquad (4\text{-}37)$$

式中 q_{sik}、q_{pk}——按表4-14、表4-15取与混凝土预制桩相同值;

A_j——空心桩桩端净面积,管桩:$A_j = \dfrac{\pi}{4}(d^2 - d_1^2)$,空心方桩:$A_j = b^2 - \dfrac{\pi}{4}d_1^2$;

A_{pl}——空心桩敞口面积,$A_{pl} = \dfrac{\pi}{4}d_1^2$;

λ_p——桩端土塞效应系数;

d、b——空心桩外径、边长;

d_1——空心桩内径。

桩端置于完整、较完整基岩上的嵌岩桩单桩竖向极限承载力,由桩周土总极限侧阻力和嵌岩段总极限阻力组成。当根据岩石单轴抗压强度确定单桩竖向极限承载力标准值时,可按下列公式计算

$$Q_{uk} = Q_{sk} + Q_{rk} \qquad (4\text{-}38)$$

$$Q_{sk} = u \sum q_{sik} l_i \qquad (4\text{-}39)$$

$$Q_{rk} = \zeta_r f_{rk} A_p \qquad (4\text{-}40)$$

式中　Q_{sk}、Q_{rk}——土的总极限侧阻力、嵌岩段总极限阻力;

　　　　q_{sik}——桩周第 i 层土的极限侧阻力,无当地经验时,可根据成桩工艺按表 4-14 取值;

　　　　f_{rk}——岩石饱和单轴抗压强度标准值,黏土岩取天然湿度单轴抗压强度标准值;

　　　　ζ_r——嵌岩段侧阻和端阻综合系数,与嵌岩深径比 h_r/d、岩石软硬程度与成桩工艺有关,可按表 4-18 采用,表中数值适用于泥浆护壁成桩,对于干作业成桩(清底干净)和泥浆护壁成桩后注浆,ζ_r 应取表列数值的 1.2 倍。

表 4-18　嵌岩段侧阻和端阻综合系数 ζ_r

嵌岩深径比 h_r/d	0	0.5	1.0	2.0	3.0	4.0	5.0	6.0	7.0	8.0
极软岩、软岩	0.60	0.80	0.95	1.18	1.35	1.48	1.57	1.63	1.66	1.70
较硬岩、坚硬岩	0.45	0.65	0.81	0.90	1.00	1.04				

注:1. 极软岩、软岩指 $f_{rk} \leq 15$ MPa 的岩石,软硬岩、坚硬岩指 $f_{rk} > 30$ MPa 的岩石,介于二者之间可内插取值。

　　2. h_r 为桩身嵌岩深度,当岩面倾斜时,以坡下方嵌岩深度为准;当 h_r/d 为非表列值时,ζ_r 可内插取值。

后注浆灌注桩的单桩极限承载力应通过静载荷试验确定。在符合《建筑桩基技术规范》(JGJ 94—2008)第 6.7 节后注浆技术实施规定的条件下,其后注浆单桩极限承载力标准值可按下式估算

$$Q_{uk} = Q_{sk} + Q_{gsk} + Q_{gpk}$$
$$= u \sum q_{sjk} l_j + u \sum \beta_{si} q_{sik} l_{gi} + \beta_p q_{pk} A_p \qquad (4\text{-}41)$$

式中　Q_{sk}——后注浆非竖向增强段的总极限侧阻力标准值;

　　　　Q_{gsk}——后注浆竖向增强段的总极限侧阻力标准值;

　　　　Q_{gpk}——后注浆总极限端阻力标准值;

　　　　u——桩身周长;

　　　　l_j——后注浆非竖向增强段第 j 层土厚度;

　　　　l_{gi}——后注浆竖向增强段内第 i 层土厚度,对于泥浆护壁成孔灌注桩,当为单一桩端后注浆时,竖向增强段为桩端以上 12 m,当为桩端、桩侧复式注浆时,竖向增强段为桩端以上 12 m 及各桩侧注浆断面以上 12 m,重叠部分应扣除,对于干作业灌注桩,竖向增强段为桩端以上、桩侧注浆断面上下各 6 m;

　　　　q_{sik}、q_{sjk}、q_{pk}——后注浆竖向增强段第 i 土层初始极限侧阻力标准值、非竖向增强段第 j 土层初始极限侧阻力标准值、初始极限端阻力标准值,根据《建筑桩基技术规范》(JGJ 94—2008)第 5.3.5 条确定;

　　　　β_{si}、β_p——后注浆侧阻力、端阻力增强系数,无当地经验时,可按表 4-19 取值。对于桩径大于 800 mm 的桩,应按表 4-17 进行侧阻尺寸和端阻尺寸效应修正。

表 4-19　后注浆侧阻力增强系数 β_{si}、端阻力增强系数 β_p

土层名称	淤泥 淤泥质土	黏性土 粉土	粉砂 细砂	中砂	粗砂 砾砂	砾石 卵石	全风化岩 强风化岩
β_{si}	1.2 ~ 1.3	1.4 ~ 1.8	1.6 ~ 2.0	1.7 ~ 2.1	2.0 ~ 2.5	2.4 ~ 3.0	1.4 ~ 1.8
β_p		2.2 ~ 2.5	2.4 ~ 2.8	2.6 ~ 3.0	3.0 ~ 3.5	3.2 ~ 4.0	2.0 ~ 2.4

注：干作业钻、挖孔桩，β_p 按表列值乘以小于 1.0 的折减系数。当桩端持力层为黏性土或粉土时，折减系数取 0.6；当桩端持力层为砂土或碎石土时，折减系数取 0.8。

后注浆钢导管注浆后可替代等截面、等强度的纵向主筋。

对于桩身周围有液化土层的低承台桩基，当承台底面上、下分别有厚度不小于 1.5 m、1.0 m 的非液化土或非软弱土层时，可将液化土层极限侧阻力乘以土层液化折减系数计算单桩极限承载力标准值。土层液化折减系数 ψ_l 可按表 4-20 确定。

表 4-20　土层液化折减系数 ψ_l

$\lambda_N = \dfrac{N}{N_{cr}}$	自地面算起的液化土层 深度 d_L(m)	ψ_l
$\lambda_N \leqslant 0.6$	$d_L \leqslant 10$	0
	$10 < d_L \leqslant 20$	1/3
$0.6 < \lambda_N \leqslant 0.8$	$d_L \leqslant 10$	1/3
	$10 < d_L \leqslant 20$	2/3
$0.8 < \lambda_N \leqslant 1.0$	$d_L \leqslant 10$	2/3
	$10 < d_L \leqslant 20$	1.0

注：1. N 为饱和土标贯击数实测值，N_{cr} 为液化判别标贯击数临界值，λ_N 为土层液化指数。

　　2. 对于挤土桩，当桩距小于 4 d，且桩的排数不少于 5 排、总桩数不少于 25 根时，土层液化折减系数可取 2/3 ~ 1，桩间土标贯击数达到 N_{cr} 时，取 $\psi_l = 1$。

当承台底非液化土层厚度小于 1 m 时，土层液化折减系数按表 4-20 中 λ_N 降低一档取值。

4. 关于考虑负摩阻力验算桩基承载力和沉降问题

负摩阻力对于桩基承载力和沉降的影响随桩侧摩阻力与桩端阻力分担荷载比、建筑物各桩基周围土层沉降的均匀性、建筑物对不均匀沉降的敏感程度而异。因此，对于考虑负摩阻力验算承载力和沉降也应有所区别。

《建筑桩基技术规范》(JGJ 94—2008)规定：符合下列条件之一的桩基，当桩周土层产生的沉降超过基桩的沉降时，在计算基桩承载力时应计入桩侧负摩阻力。

(1)桩穿越较厚松散填土、自重湿陷性黄土、欠固结土、液化土层进入相对较硬土层时。

(2)桩周存在软弱土层，邻近桩侧地面承受局部较大的长期荷载，或地面大面积堆载(包括填土)时。

（3）由于降低地下水位，使桩周土有效应力增大，并产生显著压缩沉降时。

桩周土沉降可能引起桩侧负摩阻力时，应根据工程具体情况考虑负摩阻力对桩基承载力和沉降的影响；当缺乏可参照的工程经验时，可按下列规定验算：

（1）摩擦型桩基。

当出现负摩阻力对基桩施加下拉荷载时，由于持力层压缩性较大，随之引起沉降。桩基沉降一出现，土对桩的相对位移便减小，负摩阻力便降低，直至转化为零。因此，一般情况下对于摩擦型桩基，可近似视中性点（理论中性点）以上侧阻力为零计算基桩承载力。

对于摩擦型基桩，可取桩身计算中性点以上侧阻力为零，并可按下式验算基桩承载力

$$N_k \leqslant R_a \tag{4-42}$$

（2）端承型桩基。

由于基桩桩端持力层较坚硬，受负摩阻力引起下拉荷载后不致产生沉降或沉降量较小，此时负摩阻力将长期作用于桩身中性点以上侧表面。因此，应计算中性点以上负摩阻力形成的下拉荷载 Q_{sf}，并以下拉荷载作为外荷载的一部分验算其承载力。

对于端承型基桩，除应满足式（4-42）要求外，尚应考虑负摩阻力引起基桩的下拉荷载 Q_g^n，并可按下式验算基桩承载力

$$N_k + Q_g^n \leqslant R_a \tag{4-43}$$

当土层不均匀或建筑物对不均匀沉降较敏感时，尚应将负摩阻力引起的下拉荷载计入附加荷载验算桩基沉降。基桩的竖向承载力特征值 R_a 只计中性点以下部分侧阻值及端阻值。

桩侧负摩阻力及其引起的下拉荷载，当无实测资料时可按下列规定计算。

单桩第 i 层土负摩阻力标准值，可按下列公式计算

$$q_{si}^n = \xi_{ni} \sigma_i' \tag{4-44}$$

当填土、自重湿陷性黄土湿陷、欠固结土层产生固结和地下水位降低时：$\sigma_i' = \sigma_{\gamma i}'$

当地面分布大面积荷载时：$\sigma_i' = p + \sigma_{\gamma i}'$

$$\sigma_{\gamma i}' = \sum_{m=1}^{i-1} \gamma_m \Delta z_m + \frac{1}{2} \gamma_i \Delta z_i \tag{4-45}$$

式中　q_{si}^n——第 i 层土桩侧负摩阻力标准值，当按式（4-44）计算值大于正摩阻力标准值时，取正摩阻力标准值进行设计；

　　　ξ_{ni}——桩周第 i 层土负摩阻力系数，可按表 4-21 取值；

　　　$\sigma_{\gamma i}'$——由土自重引起的桩周第 i 层土平均竖向有效应力，桩群外围桩自地面算起，桩群内部桩自承台底算起；

　　　σ_i'——桩周第 i 层土平均竖向有效应力；

　　　γ_i、γ_m——第 i 计算土层和其上第 m 土层的重度，地下水位以下取浮重度；

　　　Δz_i、Δz_m——第 i 层土、第 m 层土的厚度；

　　　p——地面均布荷载。

表 4-21　负摩阻力系数 ξ_n

土类	ξ_n
饱和软土	0.15 ~ 0.25
黏性土、粉土	0.25 ~ 0.40
砂土	0.35 ~ 0.50
自重湿陷性黄土	0.20 ~ 0.35

注：1. 在同一类土中，对于挤土桩，取表中较大值，对于非挤土桩，取表中较小值。
　　2. 填土按其组成取表中同类土的较大值。

中性点深度 l_n 应按桩周土层沉降与桩沉降相等的条件计算确定，也可参照表 4-22 确定。

表 4-22　中性点深度 l_n

持力层性质	黏性土、粉土	中密以上砂	砾石、卵石	基岩
中性点深度比 l_n/l_0	0.5 ~ 0.6	0.7 ~ 0.8	0.9	1.0

注：1. l_n/l_0 为自桩顶算起的中性点深度和桩周软弱土层下限深度。
　　2. 桩穿过自重湿陷性黄土层时，l_n 可按表列值增大 10%（持力层为基岩除外）。
　　3. 当桩周土层固结与桩基固结沉降同时完成时，取 $l_n = 0$。
　　4. 当桩周土层计算沉降量小于 20 mm 时，l_n 应按表列值乘以折减系数 0.4 ~ 0.8。

综上所述，负摩阻力作用必然加大桩基沉降。当建筑物各桩基周围土层的沉降均匀，且建筑物对不均匀沉降不敏感时，负摩阻力引起的沉降不致危害建筑物的正常使用，因此可不验算沉降。但对于各桩基周围受到不均匀堆载，不均匀降水或土层自身不均时，将出现不均匀沉降，各桩基因负摩阻力产生的下拉荷载和沉降也会是不均匀的，因此需考虑负摩阻力验算桩基沉降。

（二）单桩竖向抗拔承载力

桩基除能承受竖向压性荷载外，还可承受与其方向相反的竖向上拔荷载作用。如高压输电线路塔、电视塔等高耸构筑物，另外，像地下室、深水泵房等地下结构要承受浮托力的作用也相当于深基础承受了竖向向上荷载的作用。

桩的竖向抗拔承载力由桩侧抗拔阻力、桩的自重以及桩底部在受到上拔荷载作用时形成的真空吸引力三部分组成，但真空吸引力在总抗拔承载力中的比例偏小，并且往往在受荷后期可能会消失。桩的抗拔承载力的大小会受到桩的类型、施工方法、桩的长度、地基土类别、土层形成历史、桩的受载历史、荷载组合特性等因素的影响，是一个很复杂的问题。

《建筑桩基技术规范》（JGJ 94—2008）建议用单桩竖向抗拔静载荷试验确定单桩竖向抗拔极限承载力，具体做法与单桩竖向抗压静载荷试验相似。

1. 单桩竖向抗拔静载荷试验

单桩竖向抗拔静载荷试验采用接近于竖向抗拔桩的实际工作条件的试验方法来确定单桩抗拔极限承载力。从成桩到开始试验的间歇时间与抗压静载荷试验要求一致。

1）试验加载装置

一般采用油压千斤顶加载,千斤顶的加载反力装置可根据现场情况确定,应尽量利用工程桩为支座反力,抗拔试桩与支座桩的最小间距同静载荷抗压试验。

2）试验加载方式

一般采用慢速维持荷载法(逐级加载,每级荷载达到相对稳定后加下一级荷载,直到试桩破坏,然后逐级卸载到零)。当考虑结合实际工程桩的荷载特征时,也可采用多循环加、卸载法(每级荷载达到相对稳定后卸载到零)。

3）变形相对稳定标准

每一小时内的变形值不超过 0.1 mm,并连续出现两次(由 1.5 h 内连续三次观测值计算),认为已达到相对稳定,可加下一级荷载。

4）终止加载条件

试验过程中出现下列情况之一者,即可终止加载:

(1)桩顶荷载为桩受拉钢筋总极限承载力的 0.9 倍。

(2)某级荷载作用下,桩顶变形量为前一级荷载作用下的 5 倍。

(3)累计上拔量超过 100 mm。

根据试验结果,绘制荷载—变形($U \sim \Delta$)曲线图和变形—时间($\Delta \sim \lg t$)曲线图。

5）单桩竖向抗拔极限承载力的确定

(1)对于陡变形试验荷载—变形($U \sim \Delta$)曲线,取陡升起始点荷载为极限荷载。

(2)对于缓变形试验荷载—变形($U \sim \Delta$)曲线,根据上拔量和变形—时间($\Delta \sim \lg t$)曲线变化综合判定,即取变形—时间($\Delta \sim \lg t$)曲线尾部显著弯曲的前一级荷载为极限荷载。

2. 规范规定

我国铁路、公路桥涵设计规范均规定仅容许桩在组合作用时承受拉力,并按下列静力公式确定其抗拔承载力

$$U_k = 0.3 u l q_s + W$$

在抗拔容许承载力中考虑桩重的问题。

按抗拔荷载试验时:抗拔容许承载力 = 桩重 + $\dfrac{极限抗拔承载力 - 桩重}{安全系数}$

按静力公式计算时:抗拔容许承载力 = 桩重 + $\dfrac{极限抗拔承载力}{安全系数}$

三、群桩的竖向承载力

由两根以上桩和承台共同组成的深基础称为群桩基础。其中每根单桩被称为基桩。当承台底面位于地面以下时称为低承台桩基;当承台底面位于地面以上时称为高承台桩基。工业与民用建筑中都使用前者,桥梁和港口工程中使用后者。传统的桩基设计方法中,荷载全部由桩承担,承台下天然地基不分担荷载。实践证明,群桩基础的工作机制并不像单桩那样简单,群桩承载力并不一定与组成群桩的若干单桩承载力总和相等。这是因为在荷载作用下,群桩中承台底面土、桩间土、桩端以下土都可能参与工作,形成承台、桩、土相互影响的共同作用体系,使得群桩工作性能趋于复杂。

（一）群桩的工作机制

1. 概述

1）端承型桩

由端承型桩组成的群桩,各桩桩顶的荷载,大部分或全部由桩身直接传递到桩端,桩的承载力主要是桩端土的支承力。承台底面土的反力较小,承台分担荷载可忽略不计。由此可认为群桩承载力等于各单桩承载力之和,也就是每根基桩的工作性状与独立单桩相近(见图4-18(a))。

这时群桩的极限承载力与每根基桩的承载力总和之比 η 等于1。η 被称为群桩效率系数。它的物理意义是用来评价群桩中单桩的承载力是否充分发挥作用。

$$\eta = \frac{群桩的极限承载力}{nQ_{uk}} \approx 1$$

2）摩擦型桩

由摩擦型桩组成的群桩桩距不大时,在竖向荷载的作用下,桩顶荷载主要是通过桩侧摩阻力传递到桩周和桩端下土层中。由于摩擦阻力的扩散作用,群桩中各桩传布的应力互相重叠。承台底面土反力也传布到承台以下一定范围内的土层中,从而使桩侧阻力受到干扰(见图4-18(b))。

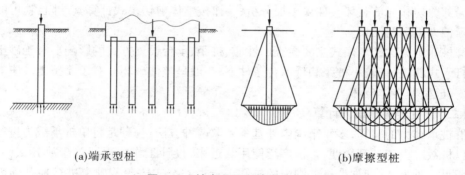

(a)端承型桩　　　　　　　　　　　(b)摩擦型桩

图4-18　桩尖平面上的应力分布

3）群桩效应

群桩中任一根桩的工作性状明显不同于孤立单桩,群桩承载力将不等于各基桩承载力之和,其群桩效率系数可能大于1,也可能小于1,这就是常说的群桩效应。

2. 桩、土、承台共同作用的基本性状

由上述分析可知,组成群桩的桩、土、承台并不是在任何情况下都要参与群桩的工作,也就是说,桩、土、承台组成共同的工作体系是有条件的。当出现下列情况之一时,则桩、土、承台组成共同的工作体系不存在:

(1)地基土不发生因自重固结、湿陷、震陷等原因产生与承台脱空的现象。

(2)桩基础并非是端承型桩。

(3)桩端有一定量的刺入变形。

(4)建筑物有较大的容许沉降量。

一旦承台参与了群桩基础的工作,将会改善桩基的工作性能和荷载、沉降特性,与桩、

土一起分担荷载的作用,承台所能分担荷载比例与所受荷载的大小、桩距、桩长、桩数、地基土性质及时间等因素有关。一般情况下,承台分担比随荷载的增大而增大,随桩距的增加而增大,随桩长的增加而减小,随地基土强度的增加而增大,随时间的增长而减小。现场测试揭示,桩群中的桩顶荷载分布总是角桩最大,边桩次之,内部桩最小,随着桩距的增大,桩顶反力分布状况可得到改善。另外,上部结构对基础的平均沉降没有影响,但可有效地减小基础的差异沉降,同时能影响桩顶荷载和基础内力的重分布。

3. 群桩破坏模式

分析群桩的破坏模式应考虑两个方面:群桩侧阻力的破坏和群桩端阻力的破坏。对于群桩侧阻力的破坏,一般分为桩土整体破坏(块体破坏)和非整体破坏(各桩的单独破坏)。整体破坏是指桩土形成整体,如同实体基础那样工作,桩侧阻力的破坏面发生于桩群外围。非整体破坏是指各桩的桩土之间产生相对位移(剪切),侧阻力的破坏面发生于各桩的侧面。

关于桩端阻力的破坏,可分为整体剪切、局部剪切和冲剪三种模式。由于桩的埋深较大和土体压缩性的影响,一般桩端地基土呈局部剪切和冲剪破坏,只有密实土层中的短桩或密实土层上覆盖超软土层的小桩距群桩才可能产生整体剪切破坏。对于侧阻呈整体破坏的群桩,尽管桩土形成整体如同实体基础,但桩端地基土既可能出现整体剪切,也可能出现局部剪切和冲剪破坏。如果不加分析,一律按整体剪切模式计算其端阻,就可能得出比实际偏大很多的结果。

群桩侧阻力的破坏模式主要受土的性质、桩距、承台设置方式的影响。对于砂土和粉土中打入式群桩,在较小桩距和低承台条件下,一般呈整体破坏。对于无挤土效应的钻孔群桩,一般呈非整体破坏。

(二)群桩竖向承载力计算

群桩承载力的验算,多年来国内外基本采取两种方法:一种是将单桩承载力进行折减后乘以桩数。由于计算简便,曾被广泛使用。近来,设计工作中逐渐趋于放弃该种方法,而采用另一种方法,即把群桩外围内的桩和土看做一个实体源基础来进行地基强度和变形验算。我国地基基础规范推荐这种做法。但具体计算方法尚不统一,现将常用方法介绍如下。

1. 由单桩极限承载力计算群桩极限承载力

由单桩极限承载力计算群桩极限承载力的计算公式如下

$$P_{u} = \eta n Q_{uk} \tag{4-46}$$

式中　P_{u}——群桩极限承载力;

　　　Q_{uk}——单桩极限承载力;

　　　n——桩数;

　　　η——效率系数。

式(4-46)是目前粗略计算群桩承载力的一种方法,往往不能全面反映群桩、承台、土的相互作用,计算结果一般偏低,在计算过程中往往取 $\eta = 1.0$。

2. 考虑承台、桩、土相互作用计算群桩极限承载力

(1)根据单桩极限侧阻力、极限端阻力计算群桩极限承载力

$$P_{u} = \eta_{s}nQ_{sk} + \eta_{p}nQ_{pk} + Q_{ck} \tag{4-47}$$

式中　Q_{sk}、Q_{pk}——单桩的总极限侧阻力和总极限端阻力；

η_{s}、η_{p}——群桩的侧阻效率系数与端阻效率系数；

Q_{ck}——承台分担荷载的总极限标准值；

n——群桩中的桩数。

（2）根据单桩极限承载力计算群桩极限承载力

$$P_{u} = \eta_{Q}nQ_{uk} + Q_{ck} \tag{4-48}$$

式中　Q_{uk}——单桩极限承载力；

η_{Q}——效率系数，$\eta_{Q} = G_{Q}C_{Q}$，G_{Q} 为群桩承载力的桩土相互作用系数，G_{Q} 可查表 4-23 求得。

表 4-23　群桩作用系数 G_{Q}

S_{a}/d	2	3	4	5	6
G_{Q}	0.9	1.1	1.05	1.02	1.0

注：S_{a} 为桩间距；d 为桩径；G_{Q} 为群体承载力承台作用系数，一般取 0.9，对于高承台群桩 G_{Q} 取 1.0。

3.群桩的整体强度及计算方法

群桩的整体强度是指桩基础作为一个整体（桩、桩间土和承台）破坏时的强度。

（1）把桩基础作为一个整体，也就是作为一个假想的实体深埋基础来分析，Terzaghi 和 Peck 早在 1948 年《工程实用土力学》中，假定群桩与桩间土的作用类似于刚性的整体基础那样，把荷载传递给桩端以下的土；群桩的整体破坏和实体深埋基础一样，它的极限承载力等于桩尖平面处以群桩外包尺寸决定的面积上的极限承载力与桩群周边上的极限抗剪力之和，如图 4-19（a）所示。

（2）将桩基础作为深埋实体基础来分析的另一类假定是考虑从桩台底面处桩群四边向下 1/4 土层的内摩擦角（$\varphi/4$）扩散至桩尖平面处，并求出扩大了的面积上地基承载力，如图 4-19（b）所示。与这两种模式对应的计算公式为

$$K(N + P + G) \leqslant 2L(a + b)\tau_{u} + p_{u}ab \tag{4-49}$$

$$K(N + P + G) \leqslant p_{u}a'b' \tag{4-50}$$

式中　N——桩基础上作用的上部结构荷重，kN；

P——桩台及桩台上覆土重量，kN；

G——桩及桩间土的总重量，kN；

K——安全系数，一般大于 2.0；

τ_{u}——桩身穿过土层的平均单位不排水抗剪强度，kPa；

p_{u}——桩尖处土层的平均单位极限承载力，kPa；

a、b——桩群外围的长度和宽度，m；

a'、b'——考虑 $\varphi/4$ 扩散角后在桩端平面上的实体基础底面尺寸，m；

L——自承台底面算起的桩有效长度，m。

（3）当为下列情况时，且把桩基础作为一个整体验算其承载力是否满足要求：

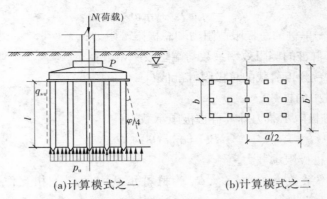

(a)计算模式之一　　　　　　(b)计算模式之二

图 4-19　实体桩基础计算简图

①对于承载力中以桩身表面摩阻力占主要地位的群桩,群桩外围周长小于群桩桩数中各单桩周长之和时;

②对于桩身位于软土层中而桩尖处又无较好的持力层且桩间距较小、桩的数量又多的短桩基础,必须验算桩基的整体强度。

4. 桩基持力层下卧层强度验算

当桩基的持力层下存在软弱下卧层,特别是当桩基的平面尺寸较大,桩基持力层的厚度相对较薄时,必须验算并控制下卧层顶面的压力小于或等于软弱下卧层土的强度,此时桩基可作为实体深埋基础来考虑。作用于桩基上的荷载,假设全部传到持力层顶面并作用在以桩群外包尺寸决定的面积上。

《建筑桩基技术规范》(JGJ 94—2008)5.4.1 对于桩距 $S_a \leqslant 6d$ 的群桩基础,按下列公式验算

$$\sigma_z + \gamma_m z \leqslant f_{az} \tag{4-51}$$

$$\sigma_z = \frac{F_k + G_k - 3/2(A_0 + B_0)\sum q_{sik}l_i}{(A_0 + 2t\tan\theta)(B_0 + 2t\tan\theta)} \tag{4-52}$$

式中　σ_z——作用于软弱下卧层顶面的附加应力;

γ_m——软弱层顶面以上各土层重度(地下水位以下取浮重度)的厚度加权平均值;

t——硬持力层厚度;

f_{az}——软弱下卧层经深度 z 修正的地基承载力特征值;

A_0、B_0——桩群外缘矩形面积的长、短边长;

q_{sik}——桩周第 i 层土的极限侧阻力标准值,无当地经验时,可根据成桩工艺按表 4-14 取值;

θ——桩端硬持力层压力扩散角,按表 4-24 取值。

对于桩间距 $S_a > 6d$ 且硬持力层厚度 $t < (S_a - D_0)\cot\theta/2$ 的群桩基础(见图 4-20(b)),以及单桩基础,按式(4-51)验算软弱下卧层的承载力时,其 σ_z 按下式确定

$$\sigma_z = \frac{4(\gamma_0 N - u\sum q_{nk}l_i)}{\pi(D_0 + 2t\tan\theta)^2} \tag{4-53}$$

式中　N——桩顶轴向压力设计值;

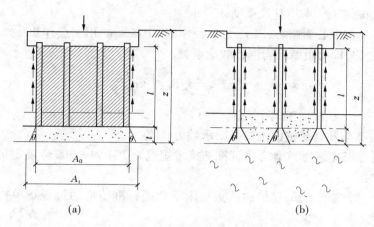

(a)　　　　　　　　　　　　　　　　　　(b)

图 4-20　软弱下卧层承载力验算

D_0——桩顶等效直径,圆形桩端:$D_0 = D$,方形桩:$D_0 = 1.13b$(b 为桩的边长),按
表 4-24 确定 θ 时,$B_0 = D_0$。

表 4-24　桩端硬持力层压力扩散角 θ

E_{s1}/E_{s2}	$t = 0.25B_0$	$t \geqslant 0.50B_0$
1	4°	12°
3	6°	23°
5	10°	25°
10	20°	30°

注:1. E_{s1}、E_{s2} 为硬持力层、软弱下卧层的压缩模量。
　　2. $t < 0.25B_0$ 时,取 $\theta = 0°$,必要时,宜通过试验确定,当 $0.25B_0 < t < 0.50B_0$ 时,可内插取值。

5. 关于负摩阻群桩效应的考虑

对于单桩基础,其下拉荷载即为桩侧负摩阻力的总和。但对于桩间距较小的群桩,其基桩的摩阻力因群桩效应而降低。这是由于桩侧负摩阻力是由桩侧土体沉降而引起的,若群桩中各桩表面单位面积所分担的土体重量小于单桩的负摩阻力极限值,将导致基桩的负摩阻力降低,即显示群桩效应。计算群桩中基桩的下拉荷载时,应乘以群桩效应系数 $\eta_n(\eta_n < 1)$。

《建筑桩基技术规范》(JGJ 94—2008)推荐按等效圆法计算其群桩效应,即独立单桩单位长度的负摩阻力由相应长度范围内半径 r_e 形成的土体重量与它等效,得

$$\pi d q_s^n = \left(\pi r_e^2 - \frac{\pi d^2}{4}\right)\gamma_m'$$

$$r_e = \sqrt{\frac{d q_s^n}{\gamma_m'} + \frac{d^2}{4}}$$

式中　r_e——等效圆半径,m;

　　　　d——桩身直径,m;

　　　　q_s^n——单桩平均极限负摩阻力标准值,kPa;

γ'_m——桩侧土体平均有效重度,kN/m^3。

以群桩各基桩中心为圆心,以 r_e 为半径作圆,由各圆的相交点作矩形。矩形面积 A_r 与圆面积 A_e 之比,即为负摩阻力群桩效应系数。

$$\eta_n = \frac{A_r}{A_e} = \frac{S_{ax}S_{ay}}{xr_e^2} = S_{ax}S_{ay}\Big/\Big[\pi d\Big(\frac{q_s^n}{\gamma'_m} + \frac{d}{4}\Big)\Big]$$

式中　S_{ax}、S_{ay}——纵、横向桩的中心距。

(三)群桩基础及其基桩的抗拔极限承载力验算

对于不同等级建筑物类型,《建筑桩基技术规范》(JGJ 94—2008)规定抗拔极限承载力的计算方法如下:

(1)对于一级建筑桩基,基桩的抗拔极限承载力标准值应通过现场单桩抗拔静载荷试验确定。

(2)对于二、三级建筑桩基,当无当地经验时群桩基础及基桩的抗拔极限承载力标准值可按下列规定计算:

①单桩或群桩呈非整体破坏时,基桩的抗拔极限承载力标准值可按下式计算

$$U_k = \sum \lambda_i q_{sik} u_i l_i \tag{4-54}$$

式中　U_k——基桩的抗拔极限承载力标准值;

u_i——破坏表面周长,对于等直径桩取 $u = \pi d$,对于扩底桩按表4-25取值;

q_{sik}——桩侧表面第 i 层土的抗压极限侧阻力标准值;

λ_i——抗拔系数,按表4-26取值;

l_i——桩长。

表 4-25　破坏表面周长 u_i

自桩底起算的长度	$\leqslant 5d$	$> 5d$
u_i	πD	πd

注:D 表示桩端扩底设计直径;d 表示桩身设计直径。

表 4-26　抗拔系数 λ_i

土类	λ_i 值
砂土	0.50 ~ 0.70
黏性土、粉土	0.70 ~ 0.80

注:桩长 l 与桩径 d 之比小于20时,λ 值取小值。

②群桩呈整体破坏时,基桩的抗拔极限承载力标准值按下式计算

$$U_{gk} = \frac{1}{n}u_i \sum \lambda_i q_{sik} l_i$$

式中　u_i——桩群外围周长。

四、桩的水平承载力

桩的水平承载力,是指与桩轴方向垂直的承载力。工业与民用建筑中的桩基础,一般

以承受垂直荷载为主,但在风荷载及地震荷载等作用下,当桩基础上作用有较大的水平荷载时,必须对桩的水平承载力进行验算。

作用在桩基上的水平荷载包括:长期作用的水平荷载(如地下室外墙上的土和水的侧压力以及拱的推力等),反复作用的水平荷载(如风荷载和机械振动荷载等)以及地震水平荷载等。

对于以承受水平荷载为主的桩基,如高桩码头往往要布置斜桩,以抵抗水平力。但在工业与民用建筑工程中除有很大的水平推力作用于基础上的大跨度拱式结构物外,很少采用斜桩,其原因首先是水平荷载往往不大,采用竖直桩已足以抵抗水平力;其次是受到施工条件的限制而难以实现。

(一)桩在水平荷载作用下的工作原理

桩在水平荷载作用下,类似于一竖直的弹性地基梁,桩产生弯曲变形。由于土的弹塑性,土的抗力问题比较复杂。目前,仍按弹性地基的假定进行分析。由水平荷载引起的桩身变位通常有三种形式,如图 4-21 所示。

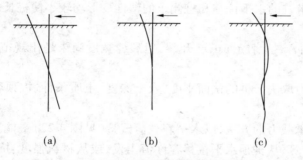

(a)　　　　　　　(b)　　　　　　　(c)

图 4-21　桩在水平荷载作用下的变位

(1)地基松软、桩身短,桩的抗弯刚度大,桩身如同刚体转动似的绕桩轴某点而转动,如图 4-21(a)所示。

(2)地基密实、桩身长,桩的抗弯刚度大,桩身上部产生弯曲变形,桩嵌固于地基中某一深度处,如图 4-21(b)所示。

(3)一般情况下,桩产生如同弹性地基梁似的变形,如图 4-21(c)所示。

桩的水平荷载的试验表明,桩入土部分的弯矩、横向变位和地基反力随深度很快衰减。桩头嵌固于承台的桩,其抗弯刚度大于桩头自由的桩。桩的折断处大致与水平位移零点的位置相重合。

(二)影响桩水平承载力的因素

单桩水平容许承载力取决于桩的截面刚度、入土深度、土质条件、桩顶容许水平位移和桩顶嵌固情况。

(1)桩的截面尺寸和地基土强度越大,桩的水平承载力越高。

(2)桩的容许水平承载力由桩的容许水平位移控制。

(3)桩头嵌固条件对桩的水平承载力影响也很大,桩头嵌固于承台中的桩,其抗弯刚度大于桩头自由的桩,提高了桩抵抗横向弯曲的能力。

(4)桩的入土深度对水平承载力也有影响。当桩的入土深度增大时,承载力提高。

但当达到某一深度后,继续增加入土深度,承载力将不起变化。

（5）桩距对桩的水平承载力也有影响。当桩距较小（小于 $3d$）时,桩的水平承载力较小;当桩距大于 $(6\sim8)d$ 时,桩的水平承载力较大。

桩抵抗水平荷载作用所需的入土深度,称为有效长度。在水平荷载作用下,有效长度以下部分,桩没有显著的水平变位。桩的入土深度小于有效长度时,则不能充分发挥地基的水平抗力,荷载达到一定值后,桩就会倾倒而被拔出。而当桩的入土深度大于有效长度时,桩嵌固于土中某一深度处,地基的水平抗力得到充分发挥,桩不致倾倒或被拔出,而是产生弯曲变形。

（三）单桩水平承载力的确定

1. 定义

单桩的水平承载力是指对应于桩和桩侧土某一个工作状态时的水平承载力,相应于这种工作状态包括以下两个具体内容:

（1）桩侧土不致因桩在水平荷载作用下桩的水平位移过大而产生很大的塑性变形,亦即此工作状态要求桩的水平位移和桩侧土的塑性变形均较小使桩长范围的大部分土仍处于弹性变形阶段。

（2）对于桩身而言,桩身断面虽已开裂,但裂缝宽度尚未超出规范规定容许值,并在卸载后裂缝即闭合。

单桩水平承载力取决于桩的截面刚度、入土深度、土质条件、桩顶容许水平位移和桩顶嵌固情况等因素。

确定单桩水平承载力的方法,以水平静载荷试验（见图 4-22）最能反映实际情况。此外,也可根据理论计算,从桩顶水平位移容许值出发,或从材料强度、抗裂度验算出发,有可能时还可参考当地经验,加以确定。

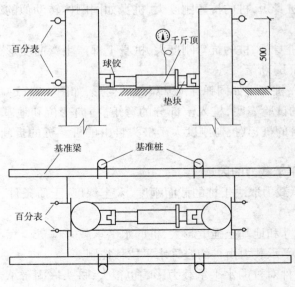

图 4-22　水平静载荷试验装置

2. 水平静载荷试验

桩的水平静载荷试验是在现场条件下进行的,影响桩的承载力的各种因素都能得到比较真实的反映,因此得到的承载力值和地基土水平抗力系数最符合实际情况。如果预先已在桩身埋设测试元件,则试验资料还能反映出加荷过程中桩身截面的内力和位移。

1)试验装置

进行单桩水平桩静载荷试验时,常采用一台水平放置的千斤顶同时对两根桩进行加荷(见图4-23)。为了不影响桩顶的转动,在朝向千斤顶的桩侧应对中放置半球形支座。量测桩位移的百分表,应放置在桩的另一侧(外侧),并应对称布置。支承百分表的基准桩,应离开试验桩一定距离,以免影响试验结果。

2)加荷方法

对于承受反复作用的水平荷载的桩基,其单桩试验宜采用多循环加卸载方式,每级荷载的增量应取预估水平极限承载力的1/10 ~ 1/15。根据桩径大小并适当考虑土层软硬,对于直径300 ~ 1 000 mm 的桩,每级荷载增量可取2.5 ~ 20 kN。每级荷载施加后,恒载4 min 测读水平位移,然后卸载至零,停2 min 测读残余水平位移,至此完成一个加、卸载循环,如此循环5 次便完成一级荷载的试验观测。

3)终止加荷的条件

当出现下列情况之一时,即可终止试验:

(1)桩身已断裂。

(2)桩侧地表出现明显裂缝或隆起。

(3)桩顶水平位移超过30 ~ 40 mm(软土取40 mm)。

3. 资料整理

由试验记录可绘制桩顶水平荷载—时间—桩顶水平位移($H_0 \sim t \sim x_0$)曲线(见图4-23(a)),或绘制水平荷载—位移($H_0 \sim x_0$)曲线(见图4-23(b))及水平荷载—位移梯度($H_0 \sim \Delta x_0/\Delta H_0$)曲线(见图4-23(c))。当有桩身应力量测资料时,尚可绘制桩身应力分布图以及水平荷载—最大弯矩截面钢筋应力($H_0 \sim \sigma_g$)曲线(见图4-23(d))。

根据一些试验成果分析,在上述各种曲线中常发现两个特征点,这两个特征点所对应的桩顶水平荷载,可称为临界荷载和极限荷载。

临界荷载 H_{cr} 是相当于桩身开裂、受拉区混凝土不参加工作时的桩顶水平力。其数值可按下列方法综合确定:

(1)取 $H_0 \sim t \sim x_0$ 曲线明显陡降的前一级荷载。

(2)取 $H_0 \sim x_0$ 曲线的第一直线段的终点所对应的荷载。

(3)取 $H_0 \sim \Delta x_0/\Delta H_0$ 曲线的第一直线段的终点所对应的荷载。

(4)取 $H_0 \sim \sigma_g$ 曲线第一突变点对应的荷载。

极限荷载 H_u 是相当于桩身应力达到强度极限时的桩顶水平力,此外,使得桩顶水平位移超过30 ~ 40 mm 或者使得桩侧土体破坏的前一级水平荷载,宜作为极限荷载看待。确定 H_u 时,可根据下列方法,并取其中的较小值。

(1)取 $H_0 \sim t \sim x_0$ 曲线明显陡降的前一级荷载。

(2)取 $H_0 \sim \Delta x_0/\Delta H_0$ 曲线第二直线段终点所对应的荷载。

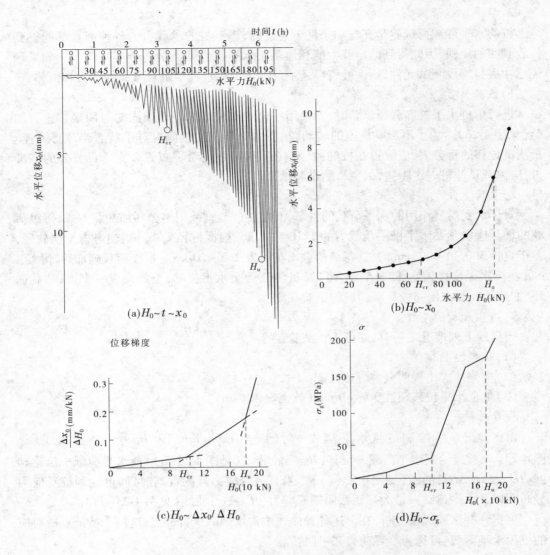

图 4-23　单桩横向静载荷试验成果曲线

（3）桩身断裂或钢筋应力达到流限的前一级荷载。

由水平极限荷载 H_u 除以安全系数 2.0，即得水平承载力特征值。

桩达到极限荷载时的位移往往大大超过建筑物的容许水平位移值，故按变形控制的设计应按建筑物容许水平位移值，桩相应地按变形确定桩的水平容许承载力。对一般工业与民用建筑，其容许水平位移值可取 10 mm。

北京地区对于直径为 400 mm，桩身工段配有 6 Φ 12 纵向钢筋的灌注柱，综合有关试验成果，单桩水平容许承载力 $[H_0] = 40 \sim 60$ kN，等于单桩轴向容许承载力的 $1/10 \sim 1/12$（应当指出，北京地区的土质是比较好的）。广州地区用于一般建筑物中的直径为 340 mm 的混凝土灌注桩（不设连接筋），桩周为软土，取 $[H_0] = 10$ kN，相当于轴向容许承载力的 $1/30$。

4.水平荷载作用下单桩承载力的计算

水平荷载作用下单桩承载力的理论计算方法有多种,我国常用的是解析法,基本思路是将承受水平荷载的桩视为由水平方向弹簧组成的地基模型(即弹性地基)上的竖向梁,引入文克勒地基上梁的解析方法来求解。

1)基本假定和桩的挠曲微分方程

将承受水平荷载的单桩视做水平基床系数 $k_h(z)$ 沿深度 z 可变的文克勒地基内的竖直梁,则可建立如下微分方程

$$E_p J \frac{d^4 x}{dz^4} + p(z,x) = 0 \qquad (4\text{-}55)$$

$$p(z,x) = b_0 k_h(z) x \qquad (4\text{-}56)$$

式中　$E_p J$——桩身横向抗弯刚度;

E_p——桩身材料的弹性模量;

J——桩身横截面的惯性矩;

$z、x$——桩身深度坐标和水平位移;

b_0——桩截面计算宽度,按表4-27取值;

$k_h(z)$——沿深度变化的地基水平基床系数;

$p(z,x)$——深度 z 处单位桩长上的水平地基反力。

表4-27　桩截面计算宽度 b_0 （单位:m）

桩截面形状	桩截面实际宽度 b（或直径 d）	桩截面计算宽度 b_0(m)
矩形截面桩	$b > 1$ m	$b+1$
	$b \leqslant 1$ m	$1.5b+0.5$
圆形截面桩	$d > 1$ m	$0.9(d+1)$
	$d \leqslant 1$ m	$0.9(1.5d+0.5)$

当 $k_h(z)$ 取某些特定分布类型时,即可求解微分方程式(4-55),从而求得单桩各截面处的弯矩、剪力、转角和位移及地基反力。

2)$k_h(z)$ 的几种典型分布

地基水平基床系数 $k_h(z)$ 的分布和大小将直接影响方程求解和桩身内力的变化。图4-24给出了最常用也最简单的几种 $k_h(z)$ 分布情况。

(1)常数法。假定地基水平基床系数沿深度为均匀分布,即 $k_h(z)=C$。这是我国学者张有龄在20世纪30年代提出的方法,日本等国常按此法计算。

(2)c 法:假定地基水平基床系数沿深度按凸抛物线变化。

(3)m 法:假定 $k_h(z)$ 随深度成正比地增加,即 $k_h=mz$。这是我国铁道部门提出的方法,近年来建筑工程的桩基设计中也开始使用此法。

(4)k 法:假定在桩身第一挠曲零点(深度 l 处)以上按抛物线变化,以下为常数。

常数法(张氏法)和 c 法适用于桩顶位移不大的情况,但 c 法更符合实际,特别是对黏土而言;高层建筑桩基的抗风荷载验算可取用这两种方法。m 法适用于砂性土中桩顶水

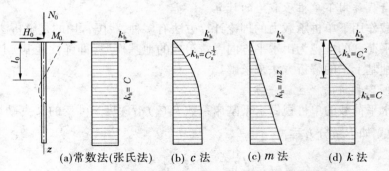

图 4-24　地基水平基床系数 $k_h(z)$ 的几种典型分布

平位移较大的情况,例如地震设防等级较高地区桩基的抗地震水平荷载的验算。一般情况下,第二种水平荷载的验算起控制作用,因此 m 法使用较多。

3)单桩的最大弯矩设计值及其位置

若取地基反力系数 $k_h(z)$ 按 m 法分布,即 $k_h(z) = mz$,并令 $\alpha = \sqrt[5]{\dfrac{mb_0}{E_p J}}$,则式(4-55)可写成

$$\frac{\mathrm{d}^4 x}{\mathrm{d}z^4} + \alpha^5 zx = 0 \tag{4-57}$$

因此,可按下述方法近似确定水平荷载作用下单桩的最大弯矩设计值 $M_{\max}$

$$M_{\max} = \beta M_0 \tag{4-58}$$

式中　M_0——桩顶处的弯矩设计值;

　　　β——系数,根据 $\alpha \dfrac{M_0}{H_0}$ 值从表 4-28 中查得;

　　　H_0——桩顶处的水平力设计值。

水平荷载作用下单桩最大弯矩值的位置可由下式计算

$$z = h/a$$

式中　h——换算深度,根据 $\alpha \dfrac{M_0}{H_0}$ 值从表 4-28 中查得;

　　　z——单桩最大弯矩值位置,由桩顶向下计算。

4)单桩水平承载力特征值的确定

单桩水平承载力设计值的大小,除与桩的截面、材料性能、入土深度及土层性质有关外,还与桩顶与承台的连接有关。当桩顶水平位移的容许值 $[x_0]$ 为已知时,单桩水平承载力设计值可近似按下式确定:

桩顶刚接于承台时

$$R_h = 1.08\alpha^3 E_p J x_0 \tag{4-59}$$

桩顶为自由端时

$$R_h = 0.41\alpha^3 E_p J x_0 - 0.665\alpha M_0 \tag{4-60}$$

式中　x_0——桩顶水平位移容许值,软土地基可取 $x_0 = 3$ mm,非软土地基可取 $x_0 = 2$ mm;

　　　其余符号含义同前。

表 4-28　桩身最大弯矩及位置系数

$h=az$	$\alpha\dfrac{M_0}{H_0}$	β	$h=az$	$\alpha\dfrac{M_0}{H_0}$	β
0.0	∞	1.000	1.4	−0.145	−4.596
0.1	131.252	1.001	1.5	−0.299	−1.876
0.2	34.186	1.004	1.6	−0.434	−1.128
0.3	15.544	1.012	1.7	−0.555	−0.740
0.4	8.781	1.029	1.8	−0.665	−0.530
0.5	5.539	1.057	1.9	−0.768	−0.396
0.6	3.710	1.101	2.0	−0.865	−0.304
0.7	2.566	1.169	2.2	−1.048	−0.187
0.8	1.791	1.274	2.4	−1.230	−0.118
0.9	1.238	1.441	2.6	−1.420	−0.074
1.0	0.824	1.728	2.8	−1.635	−0.045
1.1	0.530	2.299	3.0	−1.893	−0.026
1.2	0.246	3.876	3.5	−2.994	−0.003
1.3	0.034	23.438	4.0	−0.045	−0.011

（四）群桩的水平承载力

1. 群桩的水平承载力的特性

群桩的水平承载力由于受承台、桩、土相互作用的影响而变得较为复杂,加之原型试验资料较少,因而对其工作性状和破坏机制尚不十分清楚。目前,群桩水平承载力计算方法还不够完善,下面仅简单介绍群桩承载力的特性。

1)群桩效率系数

群桩在水平荷载作用下,也存在一个群桩效率系数。根据山东泺口群桩水平荷载试验成果可知,群桩的效率系数均大于 1.0,在极限荷载时实测群桩效率系数值为 1.17 ~ 2.59。

2)水平荷载在群桩中分配的不均匀性

根据桩身内的实测结果和破坏的各桩钢筋的断裂顺序,水平荷载在群桩中的分配是不均匀的。沿水平位移方向的最前面一排桩受力最大,也最先破坏。随着荷载的增大,依次向受力侧发展,在同一排桩中,边桩较中间的桩受力为大。所以,对于受定向水平荷载的桩基,受荷载最大的位移方向首排桩的配筋宜适当加强;对于变向水平荷载(如地震、风载)的桩基,所有边桩均应加强配筋。

3)影响群桩水平承载力的因素

(1)承台上有竖向荷载时,其群桩的水平承载力比无竖向荷载时高。

(2)高桩承台的桩水平承载力比低桩承台的群桩高。

(3)群桩中各桩桩距、桩长和地下水等对群桩水平承载力均有影响。

(4)桩身配筋率高和钢筋长时,水平承载力相对较高。

(5)桩的横截面形状及截面尺寸对水平承载力有影响,但影响程度较配筋率高。

4)水平荷载作用下群桩的破坏特性

水平荷载作用下群桩的破坏模式大体可分为整体破坏和非整体破坏。

整体破坏的特征是:桩与桩间土无相对位移,承台、桩、土三者呈整体平移和偏转,在桩身配筋的末端断裂或在桩底处桩土间被拉裂,桩身上部无裂缝出现。

非整体破坏的特征是:桩与桩间土产生相对位移,桩上部出现裂缝,最终于离承台一定深度处折断。

2.根据单桩的水平承载力计算群桩的水平承载力

根据单桩的水平承载力,利用群桩效率系数计算群桩的水平承载力,即

$$H_0 = \eta_H n H \tag{4-61}$$

式中　H_0——群桩的水平承载力;

　　　n——桩的根数;

　　　H——单桩的水平承载力。

　　　η_H——群桩的水平承载力效率系数。

从式(4-61)可知,计算水平承载力的关键是如何确定群桩效率系数 η_H。下面介绍斯纳明斯基(Zhamensky)和科诺夫(Konnov)(1985)计算 η_H 的方法。

$$\eta_H = \eta_i \eta_r \tag{4-62}$$

式中　η_i——桩的相互作用系数,查表4-29求得;

　　　η_r——桩顶嵌固影响系数,查表4-30求得。

表4-29　桩的相互作用系数 η_i

桩数 n	桩间距 S_a			
	$3d$	$4d$	$5d$	$6d$
3	0.649	0.737	0.813	0.881
4	0.626	0.713	0.800	0.858
6	0.585	0.673	0.751	0.821
9	0.539	0.628	0.708	0.781
12	0.504	0.596	0.678	0.755
16	0.470	0.566	0.654	0.736
20	0.446	0.546	0.640	0.729

注:d 为桩径。

表 4-30 桩顶嵌固影响系数 η_r

$\bar{h}$(m)	η_r	$\bar{h}$(m)	η_r	$\bar{h}$(m)	η_r
2.6	2.92	3.0	2.48	3.4	2.32
2.7	2.80	3.1	2.42	3.6	2.23
2.8	2.67	3.2	2.38	3.8	2.23
2.9	2.57	3.3	2.35	4.0	2.22

注:$\bar{h}$ 为桩的换算埋深,$\bar{h}=\alpha h$,$\alpha=\sqrt[5]{\dfrac{mb_0}{EI}}$。

第五节 桩基的沉降

桩基因稳定性好,沉降小而均匀,故以往很少作沉降计算。目前,随着建筑物越来越高大,地质条件日趋复杂,建筑物与周围环境的关系日益密切,特别是考虑桩间土承担一部分荷载后,沉降便成为一个控制条件,因此桩基的沉降计算已成为桩基设计的一项重要内容。

一、桩基变形特征值

对于桩基变形,一般用以下物理指标来表示:
(1)平均沉降量。
(2)差异沉降量。
(3)倾斜:建筑物桩基倾斜方向两端点的沉降差与其距离的比值。
(4)局部倾斜:墙下条形承台沿纵向某一长度范围内桩基础的沉降差与其距离的比值。

二、按限制变形设计桩基的原则

地基按限制变形设计的原则就是控制建筑物的平均沉降量和不均匀沉降量在容许范围以内。建筑物的沉降如果是均匀下沉,只要不影响使用,即使超过规定的容许值(见表 4-31)很多,对结构的安全也是无害的。如果一旦产生了不均匀沉降,结构构件内就会诱发次应力,当超过材料强度时,构件因而产生裂缝甚至破坏。值得指出的是,沉降速率(均匀的和不均匀的)对建筑物安全使用和结构是否破损关系更为密切。沉降速率过大,则往往容易引起上部结构开裂和破损。

表 4-31　建筑物桩基变形容许值

变形特征		容许值
砌体承重结构基础的局部倾斜		0.002
工业与民用建筑相邻柱基的沉降差： (1)框架结构； (2)砖石墙填充的边排柱； (3)当基础不均匀沉降时不产生附加应力的结构		$0.002l_0$ $0.000\,7l_0$ $0.005l_0$
单层排架结构(柱距为 8 mm)柱基的沉降量(mm)		120
桥式吊车轨面的倾斜(按不调整轨道考虑) 　　　　纵向 　　　　横向		0.004 0.003
多层和高层建筑物基础的倾斜	$H_g \leqslant 24$	0.004
	$24 < H_g \leqslant 80$	0.003
	$80 < H_g \leqslant 100$	0.002
	$H_g > 100$	0.001\,5
高耸结构基础的倾斜	$H_g \leqslant 20$	0.008
	$20 < H_g \leqslant 50$	0.006
	$50 < H_g \leqslant 100$	0.005
	$100 < H_g \leqslant 150$	0.004
	$150 < H_g \leqslant 200$	0.003
	$200 < H_g \leqslant 250$	0.002
高耸结构基础沉降量(mm)	$H_g \leqslant 100$	350
	$100 < H_g \leqslant 200$	250
	$200 < H_g \leqslant 250$	150

三、桩基沉降计算的基本原则

目前,尚提不出一个较为完善的计算桩基沉降的方法。一般是假定将桩基作为实体基础,然后按浅埋基础的方法计算。

桩基计算沉降考虑了经验系数后要小于建筑物的容许沉降值,对不同建筑物有不同的容许值,即

$$\psi s \leqslant [s] \tag{4-63}$$

式中　ψ——桩基计算经验系数；

　　　s——沉降计算值；

[s]——桩基沉降容许值。

桩基与天然地基相比,平均沉降速率较小,收敛快,平均沉降量、差异沉降量都较小,所以建筑物对桩基沉降的适应能力要比对天然地基沉降的适应能力好得多。因此,桩基上的建筑物采用天然地基上同类建筑物的容许沉降值是安全的。

四、桩基沉降计算和计算参数

(一)压缩层厚度

压缩层厚度由桩基础底面起计算到附加应力等于自重应力的20%处,附加应力中应计入由于考虑相邻基础上作用的荷载产生的应力增量。

(二)沉降计算公式

《建筑桩基技术规范》(JGJ 94—2008)规定,对于桩中心距小于或等于6倍桩径的桩基,其最终沉降量可采用等效作用分层总和法计算。等效作用面位于桩端平面,等效作用面积为桩承台投影面积,等效作用附加应力近似取承台底平均附加应力。计算模式如图4-25所示,桩基任一点的最终沉降量可用角点法按下式计算

$$s = \psi \cdot \psi_e \cdot s' = \psi \cdot \psi_e \cdot \sum_{j=1}^{m} P_{0j} \sum_{i=1}^{n} \frac{z_{ij}\overline{\alpha}_{ij} - z_{(i-1)j}\overline{\alpha}_{(i-1)j}}{E_{si}} \quad (4-64)$$

式中　s——桩基最终沉降量,mm;

s'——采用布辛奈斯克解,按实体深基础分层总和法计算出的桩基沉降量,mm;

ψ——桩基沉降计算经验系数,当无当地可靠经验时可按《建筑桩基技术规范》(JGJ 94—2008)第5.5.11条确定;

ψ_e——桩基等效沉降系数,可按《建筑桩基技术规范》(JGJ 94—2008)第5.5.9条确定;

m——角点法计算点对应荷载分块数;

p_{0j}——第j块矩形底面在荷载效应准永久组合下的附加压力,kPa;

n——桩基沉降计算深度范围内所划分的土层数;

E_{si}——等效作用面以下第i层土的压缩模量,MPa,采用地基土在自重压力至自重附加应力作用时的压缩模量;

z_{ij}、$z_{(i-1)j}$——桩端平面第j块荷载作用面至第i层土、第$i-1$层土底面的距离,m;

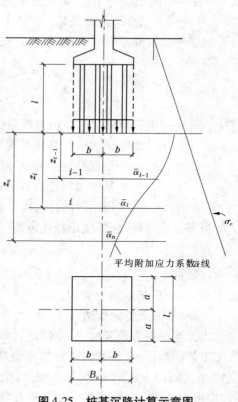

图4-25　桩基沉降计算示意图

$\overline{\alpha}_{ij}$、$\overline{\alpha}_{(i-1)j}$——桩端平面第 j 块荷载计算点至第 i 层土、第 $i-1$ 层土底面深度范围内平均附加应力系数,可按《建筑桩基技术规范》(JGJ 94—2008)附录 D 选用。

计算矩形桩基中点沉降时,桩基沉降量可按下式简化计算

$$s = \psi\psi_e s' = 4\psi\psi_e p_0 \sum_{i=1}^{n} \frac{z_i\overline{\alpha}_i - z_{i-1}\overline{\alpha}_{i-1}}{E_{si}} \tag{4-65}$$

式中　p_0——在荷载效应准永久组合下承台底的平均附加压力;

$\overline{\alpha}_i$、$\overline{\alpha}_{i-1}$——平均附加应力系数,根据矩形长宽比 a/b 及深宽比 $\dfrac{z_i}{b} = \dfrac{z_{i-1}}{b}, \dfrac{2z_i}{B_c} =$

$\dfrac{2z_{i-1}}{B_c}$,可按《建筑桩基技术规范》(JGJ 94—2008)附录 D 选用。

桩基沉降计算深度 z_n 应按应力比法确定,即计算深度处的附加应力 σ_z 与土的自重应力 σ_c 应符合下列公式要求

$$\sigma_z \leqslant 0.2\sigma_c \tag{4-66}$$

$$\sigma_z = \sum_{i=1}^{m} \alpha_j p_{0j} \tag{4-67}$$

式中　α_j——附加应力系数,可根据角点法划分的矩形长宽比及深宽比按《建筑桩基技术规范》附录 D 选用。

桩基等效沉降系数 ψ_e 可按下列公式简化计算

$$\psi_e = C_0 + \frac{n_b - 1}{C_1(n_0 - 1) + C_2} \tag{4-68}$$

$$n_b = \sqrt{n \cdot B_c/L_c} \tag{4-69}$$

式中　n_b——矩形布桩时的短边布桩数,当布桩不规则时可按式(4-69)近似计算,$n_b \geqslant 1$ 时,可按《建筑桩基技术规范》(JGJ 94—2008)式(5.5.14)计算;

C_0、C_1、C_2——根据群桩距径比 S_0/d、长径比 l/d 及基础长宽比 L_c/B_c,按《建筑桩基技术规范》(JGJ 94—2008)附录 E 确定;

L_c、B_c、n——矩形承台的长、宽及总桩数。

当布桩不规则时,等效距径比可按下列公式近似计算:

圆形桩　　　　　　　　$S_a/d = \sqrt{A}/(\sqrt{n} \cdot d) \tag{4-70}$

方形桩　　　　　　　　$S_a/d = 0.886\sqrt{A}/(\sqrt{n} \cdot b) \tag{4-71}$

式中　A——桩基承台总面积;

b——方形桩截面边长。

当无当地可靠经验时,桩基沉降计算经验系数 ψ 可按表 4-32 选用。对于采用后注浆施工工艺的灌注桩,桩基沉降计算经验系数应根据桩端持力土层类别,乘以折减系数 0.7(砂、砾、卵石)～0.8(黏性土、粉土);饱和土中采用预制桩(不含复打、复压、引孔沉桩)时,应根据桩距、土质、沉桩速率和顺序等因素,乘以 1.3～1.8 挤土效应系数,土的渗透性低、桩距小、桩数多、沉降速率快时取大值。

表 4-32 桩基沉降计算经验系数 ψ

$\overline{E}_s$(MPa)	≤10	15	20	35	≥50
ψ	1.2	0.9	0.65	0.50	0.40

注:1. $\overline{E}_s$ 为沉降计算深度范围内压缩模量的当量值,可按下式计算: $\overline{E}_s = \sum A_i / \sum \dfrac{A_i}{E_{si}}$,式中 A_i 为第 i 层土附加压力系数沿土层厚度的积分值,可近似按分块面积计算。

2. ψ 可根据 $\overline{E}_s$ 内插取值。

根据 Boussinesq 解矩形均布荷载作用下基底角点下的附加应力系数 α 可按式(4-72)计算,其余可参考相关文献计算,附加应力计算如下

$$\sigma_z = \int_0^b\int_0^l \frac{3z^3 p_n \mathrm{d}x\mathrm{d}y}{2\pi(\sqrt{x^2+y^2+z^2})^5}$$

$$= \frac{p_n}{2\pi}\Big[\frac{mn}{\sqrt{1+m^2+n^2}}\Big(\frac{1}{m^2+n^2}+\frac{1}{1+n^2}\Big) + \arctan\Big(\frac{m}{n\sqrt{1+m^2+n^2}}\Big)\Big]$$

$$= \alpha p_n$$

$$\alpha = \frac{1}{2\pi}\Big[\frac{mn}{\sqrt{1+m^2+n^2}}\Big(\frac{1}{m^2+n^2}+\frac{1}{1+n^2}\Big) + \arctan\Big(\frac{m}{n\sqrt{1+m^2+n^2}}\Big)\Big]$$

$$= f(m,n) = f\Big(\frac{l}{b}, \frac{z}{b}\Big) \tag{4-72}$$

(三)沉降计算深度

地基沉降计算深度 z_n 可按应力比法确定,即 z_n 处的附加应力 σ_z 与土的自重应力 σ_c 应符合下列要求: $\sigma_z = 0.2\sigma_c$。

计算桩基沉降时,应考虑相邻基础的影响,采用叠加原理计算。

当桩基形状不规则时,可采用等效矩形面积计算桩基等效沉降系数,等效矩形的长宽比可根据承台实际尺寸和形状确定。

对于单桩、单排桩、桩中心距大于 6 倍桩径的疏桩基础的沉降计算应符合下列规定:

(1)承台底地基土不分担荷载的桩基。桩端平面以下地基中由基桩引起的附加应力,按考虑桩径影响的明德林解《建筑桩基技术规范》(JGJ 94—2008)附录 F 计算确定。将沉降计算点水平面影响范围内各基桩对应力计算点产生的附加应力叠加,采用单向压缩分层总和法计算土层的沉降,并计入桩身压缩 s_e。桩基的最终沉降量可按下列公式计算

$$s = \psi \sum_{i=1}^{n} \frac{\sigma_{zi}}{E_{si}}\Delta z_i + s_e \tag{4-73}$$

$$\sigma_{zi} = \sum_{j=1}^{m} \frac{Q_j}{l_j^2}\big[\alpha_j I_{p,ij} + (1-\alpha_j)I_{s,ij}\big] \tag{4-74}$$

$$s_e = \xi_e \frac{Q_j l_j}{E_c A_{ps}} \tag{4-75}$$

式中 m——以沉降计算点为圆心,0.6 倍桩长为半径的水平面影响范围内的基桩数;

E_{si}——第 i 计算土层的压缩模量,MPa,采用土的自重压力至上的自重压力加附加

压力作用时的压缩模量;

Q_j——第 j 桩在荷载效应准永久组合作用下,桩顶的附加荷载,kN,当地下室埋深超过 5 m 时,取荷载效应准永久组合作用下的总荷载为考虑回弹再压缩的等效附加荷载;

l_j——第 j 桩桩长,m;

A_{ps}——桩身截面面积;

α_j——第 j 桩总桩端阻力与桩顶荷载之比,近似取极限总端阻力与单桩极限承载力之比;

$I_{p,ij}$、$I_{s,ij}$——第 j 桩的桩端阻力和桩侧阻力对计算轴线第 i 土层 1/2 厚度处的应力影响系数,可按《建筑桩基技术规范》(JGJ 94—2008)附录 F 确定;

E_c——桩身混凝土的弹性模量;

ξ_e——桩身压缩系数,端承型桩,取 $\xi_e = 1.0$,摩擦型桩,当 $e/d \leqslant 30$ 时,取 $\xi_e = 2/3$,$l/d \geqslant 30$ 时,取 $\xi_e = 1/2$,介于两者之间可线性插值。

(2)承台底地基土分担荷载的复合桩基。将承台底土压力对地基中某点产生的附加应力按布辛奈斯克解《建筑桩基技术规范》(JGJ 94—2008)附录 D 计算,与基桩产生的附加应力叠加,采用与(1)相同方法计算沉降。其最终沉降量可按下列公式计算

$$s = \psi \sum_{i=1}^{n} \frac{\sigma_{zi} + \sigma_{zci}}{E_{si}} \Delta z_i + s_e \tag{4-76}$$

$$\sigma_{zci} = \sum_{k=1}^{u} \alpha_{ki} p_{ck} \tag{4-77}$$

式中 n——沉降计算深度范围内土层的计算分层数,分层数应结合土层性质,分层厚度不应超过计算深度的 0.3 倍。

σ_{zi}——水平面影响范围内各基桩对应力计算点桩端平面以下第 i 层土 1/2 厚度处产生的附加竖向应力之和,应力计算点应取与沉降计算点最近的桩中心点;

σ_{zci}——承台压力对应力计算点桩端平面以下第 i 层土 1/2 厚度处产生的应力,可将承台板划分为 u 个矩形块,可按《建筑桩基技术规范》(JGJ 94—2008)附录 D 采用角点法计算;

Δz_i——第 i 计算土层厚度,m;

p_{ck}——第 k 块承台底均布压力,可按 $p_{c,k} = \eta_{c,k} f_{ak}$,取值,其中 $\eta_{c,k}$ 为第 k 块承台底板的承台效应系数,按《建筑桩基技术规范》(JGJ 94—2008)表 5.2.5 确定,f_{ak} 为承台底地基承载力特征值;

α_{ki}——第 k 块承台底角点处,桩端平面以下第 i 计算土层 1/2 厚度处的附加应力系数,可按《建筑桩基技术规范》(JGJ 94—2008)附录 D 确定;

s_e——计算桩身压缩量;

ψ——沉降计算经验系数,无当地经验时,可取 1.0。

对于单桩、单排桩、疏桩复合桩基础的最终沉降计算深度 z_n 可按应力比法确定,即 z_n 处由桩引起的附加应力 σ_z、由承台土压力引起的附加应力 σ_{zc} 与土的自重应力 σ_c 应符合

下式要求

$$\sigma_z + \sigma_{zc} = 0.2\sigma_c \tag{4-78}$$

第六节　桩基础的设计

　　和浅基础一样,桩基础的设计也应符合安全、合理和经济的要求。对桩和承台来说,应有足够的强度、刚度和耐久性;对地基(主要是桩端持力层)来说,要有足够的承载力和不产生过量变形。

　　在设计之前,必须具备一些基本资料,其中包括上部结构的情况(结构形式、平面布置、荷载作用情况以及构造和使用上的要求),工程地质勘察资料(地基类型、土层分布、地下水和地表水的活动规律)、拟建建筑物及地下的情况以及施工设备和技术条件。在提出工程地质勘察任务书时,必须说明拟议中的桩基方案。采用桩数较少而单桩承载力高的嵌岩桩,对工程地质勘察的要求较高,最好能比较准确地确定强风化、中风化和微风化岩层的埋深和层面的倾斜、起伏情况。而对石灰岩地区要注意岩溶现象(如洞穴的分布和溶洞顶板的厚度等)。总的来说,选择桩基具体方案时,对桩端持力层情况和荷载大小必须了解清楚,其次是考虑当地的桩基施工能力。

一、设计的内容和步骤

　　桩基设计可按下列程序进行:
　　(1)确定持力层。
　　(2)确定桩的类型和几何尺寸,初步选择承台底面标高。
　　(3)确定单桩承载力。
　　(4)确定桩的数量及其在平面上的布置。
　　(5)确定群桩和带桩基础的承载力,必要时验算群桩地基的承载力和沉降。
　　(6)桩基中各桩的荷载验算。
　　(7)桩身结构设计。
　　(8)承台设计。
　　(9)软弱下卧层地基土的强度验算。
　　(10)绘制桩基施工图。
　　下面将分别讨论(1)、(2)、(3)、(4)、(6)、(7)及(8)各项。

二、持力层的选择

　　根据场地的工程地质勘察资料,结合建筑物荷载情况、使用情况、上部结构条件确定桩基持力层。

　　持力层一般选择在均匀分布密实砂层、硬塑黏土层、基岩面上。桩端进入持力层的深度应根据具体地质条件确定,一般为 1~3 倍桩径。嵌岩灌注桩周边嵌入微风化或中等风化岩体的最小深度,不宜小于 0.5 m。

三、桩型的选择和桩径与桩长的确定

(一)桩型的选择

桩型的选择一般考虑以下几方面因素。

1. 建筑物的性质与荷载

对于重要建筑物和不均匀沉降敏感的建筑物,要选择成桩质量稳定性好的桩型。对于荷载大的高重建筑物,首先要选择单桩承载力足够大的桩型,使得在有限的平面范围内合理布置桩距、桩数。如在坚硬持力层的地区优先选用大直径桩,深厚软弱土层地区优先选用长摩擦桩等。

对于地震设防区或受其他动荷载的桩基,要考虑选用既能满足竖向承载力又利于提高水平承载力的桩型;对于动荷载,可能对桩基承载力产生影响,应予以考虑。

2. 工程地质、水文地质条件

当坚实持力层埋深较浅时,应优先采用端承桩,包括扩底桩;当坚实持力层埋深较深时,则应根据单桩承载力的要求,选择适宜的长径比。持力层的性质也是桩型选择的重要依据,当为砂、砾石时,采用挤土桩更为有利;当存在粉细砂等夹层时,预制桩应慎重采用,因预制桩施工过程中振动易造成砂层液化或在砂层中沉桩困难。

若地基土为湿陷性黄土,可考虑采用小桩距挤土桩,消除湿陷性;若地基土为膨胀土,可采用短扩底桩。

3. 施工环境

挤土桩施工过程中引起的挤土、振动等次生效应,可能会引起邻近建筑物的损坏。采用泥浆护壁成孔时,要具备设置泥浆沉淀池的足够大的现场,若现场面积小,泥浆无法沉淀处理,则不能采用泥浆护壁法施工。

4. 材料供应和施工技术

灌注桩所需砂、石料多,因此采用灌注桩时应予以考虑。

预制桩的制作特别是预应力桩的制作,要求有一定的场地和设备,选择预制桩时应予以考虑。

各种类型桩要求相应的施工设备和技术,选择成桩方法时不要盲目追求先进,而忽视现实可能性。

5. 经济指标、施工工期

不同类型桩的材料、人力、设备等消耗各不相同,应综合考虑各项经济指标。

某些条件下,施工工期是经济效益和社会效益的主导制约因素,因而选择桩型应考虑工程的工期问题。

(二)桩径与桩长的确定

桩径与桩长的确定应综合考虑以下因素,力求做到既满足使用要求又能最有效利用和发挥地基土与桩身材料的承载性能,既符合成桩技术的现实水平,又能满足工期要求和降低造价。

桩径与桩长的确定应考虑以下几方面的因素:

(1)荷载大小。上部结构传递给基础的荷载大小是控制单桩承载力的主要因素。一

般情况下,同一建筑物的桩基采用相同的桩径,但是当建筑物平面范围内荷载分布很不均匀时,无论是独立桩基还是桩筏基础,均可根据荷载和地层土质条件采用不同直径的桩,尤其是灌注桩便于实现。

（2）土层、土质。根据土层的竖向分布特征大体确定桩端持力层,从而确定桩的桩长。桩径的确定,首先考虑各类桩型的最小直径要求,如打入式预制桩不小于 250 mm × 250 mm,干作业钻孔桩不小于 300 mm,泥浆护壁钻孔桩和冲孔桩不小于 500 mm,人工挖孔桩不小于 1 000 m 等。其次,要根据桩土相互作用特性优选桩长、桩径。

（3）考虑长径比。桩的长径比主要根据桩身不产生压屈失稳和施工条件确定。

按不出现压屈失稳条件确定桩的长径比,一般说来,仅在高承台桩基础露出地面的桩长较大或桩侧土为可液化土、超软土的情况下才需要考虑这一问题。

（4）考虑侧阻和端阻的深度效应。

四、确定单桩承载力

单桩承载力应按下列规定确定:

《建筑桩基技术规范》(JGJ 94—2008)根据桩基损坏造成建筑物的破坏后果(危及人的生命,造成经济损失,产生社会影响)的严重性,将建筑桩基划分为三个安全等级,设计时根据具体情况按表 4-33 选用。

表 4-33　建筑桩基安全等级

安全等级	破坏后果	建筑物类型
一级	很严重	重要的工业与民用建筑物,对桩基变形有特殊要求的工业建筑物
二级	严重	一般的工业与民用建筑物
三级	不严重	次要的建筑物

（1）对于一级建筑桩基,单桩的竖向承载力标准值应通过现场静载荷试验确定。在同一条件下的试桩数量不宜少于总桩数的 1%,并不应少于 3 根。

（2）对于二、三级建筑桩基,可参照地质条件相同的试验资料,根据具体情况确定。

初步设计时,可按下式估算:

摩擦桩
$$R_k = q_p A_p + u_p \sum q_{si} l_i$$

端承桩
$$R_k = q_p A_p$$

式中　R_k——单桩的竖向承载力标准值;

　　q_p——桩端土的承载力标准值;

　　A_p——桩身截面面积;

　　u_p——桩身周长;

　　q_{si}——桩周土第 i 层摩阻力标准值;

　　l_i——桩穿过各土层的长度。

五、确定桩的数量和平面布置

(一)桩的数量确定

(1)当中心受压时,桩数 n 为

$$n = \frac{F + G}{N} \tag{4-79}$$

式中　F——作用在桩基上的垂直荷载设计值;

　　　G——桩基承台自重和承台上的土重设计值;

　　　N——单桩的轴向承载力设计值。

(2)当偏心受压时,桩数 n 为

$$n = \mu \frac{F + G}{N} \tag{4-80}$$

式中　μ——系数,一般取 $1.1 \sim 1.2$。

由式(4-80)初步确定桩数后,进行桩的平面布置,再经单桩受力验算,作必要修改。

(二)桩的平面布置

桩的中心距不宜小于 3 倍的桩径,如为扩底灌注桩,不宜小于 1.5 倍的扩底直径。平面布置根据基础的大小采用一字形、梅花形或行列式。桩离基础边缘的净距不小于 1/2 桩径。对于桩箱基础,宜将桩布置于墙下,对于梁(肋)桩筏基础,宜将桩布置于梁(肋)下。

根据上部结构和布桩形式,承台可采用矩形、三角形、多边形、圆形和环形现浇承台。

六、验算作用于单桩上的竖向力

(1)当轴向受压时,应满足下式

$$N = \frac{F + G}{n} \tag{4-81}$$

式中　N——桩基中单桩所承受的外力设计值;

　　　F——作用于桩基上的竖向荷载;

　　　G——桩基承台自重和承台上的土重;

　　　n——桩的根数。

(2)当偏心受压时,应满足下式

$$N_i = \frac{F + G}{n} \pm \frac{M_x y_i}{\sum y_i^2} \pm \frac{M_y x_i}{\sum x_i^2} \tag{4-82}$$

式中　M_x、M_y——作用于桩群上的外力对通过桩群重心的 x 轴、y 轴的力矩;

　　　x_i、y_i——桩 i 至通过桩群重心的 x 轴、y 轴轴线的距离。

当外力作用面内的桩距较大时,桩基的水平承载力可视为各单桩的水平承载力之和(见图4-26);当承台侧面的土未经扰动或回填良好时,应考虑土抗力作用;当水平推力较大时,宜设置斜桩。

七、承台的设计

承台设计是桩基设计中的一个重要组成部分,承台应有足够的强度和刚度,以便把上部结构的荷载可靠地传给各单桩,并将各单桩连成整体。承台应进行抗冲切、抗剪切及抗弯的强度计算。

桩顶与承台应有可靠的联结,桩顶伸入承台内的长度不小于 50 mm,受水平力时不小于 100 mm。桩与承台的连接钢筋不宜少于 4 Φ 12 ,钢筋插入承台长度需满足钢筋锚固长度要求。

根据上部结构和布桩形式,承台横截面可采用矩形、三角形、多边形、圆形和环形。纵剖面可作成锥形或阶梯形的,底板厚度一般不小于 30 cm,周边距边桩中心的距离不应小于桩的直径,边桩边缘至承台边的距离不小于 100 mm。

承台的配筋按计算确定。对于矩形承台不宜少于 Φ 8@200,并应双向配筋,承台钢筋保护层厚度不宜小于 50 mm,混凝土强度等级不低于 C15。

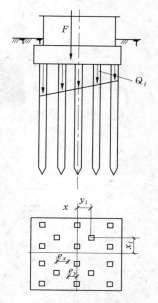

图 4-26　桩基中各桩受力的计算

承台的厚度一般按冲切及抗剪的条件确定,由于桩的承载力都比较大,所以冲切及抗剪验算是承台计算中不可忽视的问题。冲切计算中,包括柱对承台的冲切及单根桩对承台的冲切两种情况。

(一)柱下独立桩基承台的正截面弯矩设计值计算

多桩矩形承台弯矩计算截面取在柱边和承台高度变化处(杯口外侧或台阶边缘),可按下式计算

$$M_x = \sum N_i y_i \tag{4-83}$$

$$M_y = \sum N_i x_i \tag{4-84}$$

式中　M_x、M_y——垂直 x 轴和 y 轴方向计算截面处的弯矩设计值;

　　　x_i、y_i——垂直 y 轴和 x 轴方向自桩轴线到相应计算截面的距离(见图 4-27);

　　　N_i——不计承台及其上土重,在荷载效应基本组合下的第 i 基桩或复合基桩竖向反力设计值。

三桩三角形承台弯矩计算截面取在柱边(见图 4-28)按下式计算

$$M_y = N_x x_1 \tag{4-85}$$

$$M_x = N_y y_1 \tag{4-86}$$

说明:对于三桩三角形承台计算弯矩截面不与主筋方向正交时,须对主筋方向角进行换算。

(二)柱(墙)下桩基承台受冲切承载力的计算

冲切破坏锥体应采用自柱(墙)边和承台变阶处至相应桩顶边缘连线所构成的截锥

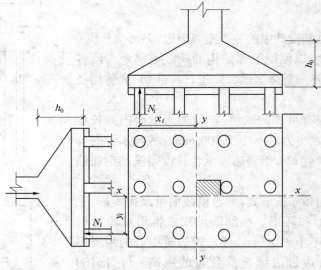

图 4-27   矩形承台弯距计算

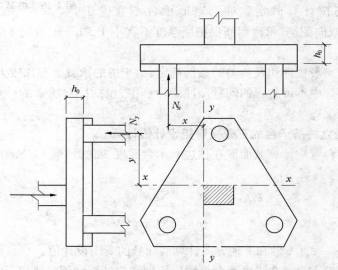

图 4-28   三桩三角形承台弯矩计算

体,锥体斜面与承台底面的夹角不小于 $45°$(见图 4-29、图 4-30)。

1. 承台对基桩的冲切

受桩(墙)冲切承载力可按下列公式计算

$$\gamma_0 F_l \leqslant \beta_{hp} \beta_0 u_m f_t h_0 \tag{4-87}$$

$$F_l = F - \sum Q_i \tag{4-88}$$

$$\beta_0 = \frac{0.84}{\lambda + 0.2} \tag{4-89}$$

式中 F_l——不计承台及其上土重,在荷载效应基本组合下作用于冲切破坏锥体上的冲

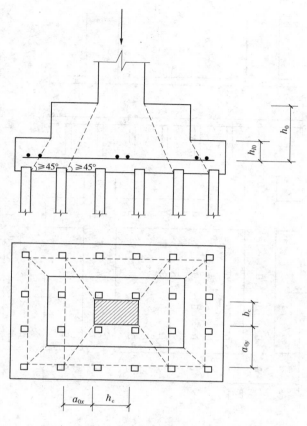

图 4-29　柱下独立桩基柱对承台的冲切计算

　　切力设计值；

　　f_t——承台混凝土抗拉强度设计值；

　　β_{hp}——承台受冲切承载力截面高度影响系数，当 $h \leqslant 800$ mm 时，β_{hp} 取 1.0，$h \geqslant$ 2 000 mm 时，β_{hp} 取 0.9，其间按线性内插法取值；

　　u_m——冲切破坏锥体一半有效高度处的周长；

　　h_0——承台冲切破坏锥体的有效高度；

　　β_0——柱（墙）冲切系数；

　　λ——冲跨比，a_0/h_0，a_0 为冲跨，即柱（墙）边或承台变阶处到桩边的水平距离，当 $a_0 < 0.2h_0$ 时，取 $a_0 = 0.2h_0$，当 $a_0 > h_0$ 时，取 $a_0 = h_0$，λ 满足 $0.2 \sim 1.0$；

　　F——作用于墙（柱）底的竖向荷载设计值；

　　$\sum Q_i$——冲切破坏锥体范围内各桩基的净反力（不计承台和承台上土自重）设计值之和。

　　对于圆柱及圆桩，计算时应将截面换算成方柱及方桩，即取换算柱截面边宽 $b_c = 0.8d_c$，换算桩截面 $b_d = d_d$。

　　2. 柱对承台的冲切

　　对于柱下矩形独立承台受柱冲切的承载力可按下列公式计算（见图 4-29）

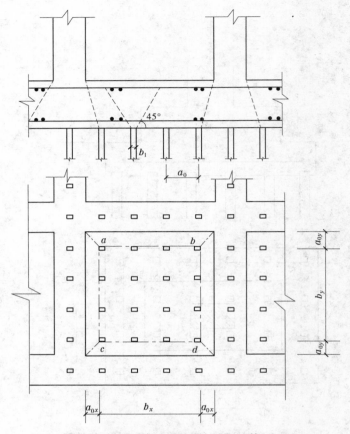

图 4-30　墙对筏形承台冲切计算

$$F_l \leqslant 2[\beta_{0x}(b_c + a_{0y}) + \beta_{0y}(h_c + a_{0x})]\beta_{hp}f_t h_0 \qquad (4\text{-}90)$$

式中　β_{0x}、β_{0y}——由式(4-89)求得，$\lambda_{0x} = a_{0x}/h_0$，$\lambda_{0y} = a_{0y}/h_0$，$\lambda_{0x}$、$\lambda_{0y}$均应满足 0.25 ~ 1.0 的要求;

　　　　h_c、b_c——x、y 方向柱截面的边长;

　　　　a_{0x}——x 方向自柱边离最近桩边的水平距离;

　　　　a_{0y}——y 方向自柱边离最近桩边的水平距离。

3. 角桩对承台的冲切

四桩(含四桩)以上承台受角桩冲切的承载力按下列公式计算

$$N_l \leqslant [\beta_{1x}(c_2 + \frac{a_{1y}}{2}) + \beta_{1y}(c_1 + \frac{a_{1x}}{2})]\beta_{hp}f_t h_0 \qquad (4\text{-}91)$$

$$\beta_{1x} = \frac{0.56}{\lambda_{1x} + 0.2}$$

$$\beta_{1y} = \frac{0.56}{\lambda_{1y} + 0.2} \qquad (4\text{-}92)$$

式中　N_l——不计承台及其上土重,在荷载效应基本组合作用下角桩(含复合基桩)反力设计值;

β_{1x}、β_{1y}——角桩冲切系数；

c_1、c_2——从角桩内边缘到承台外边缘的距离；

a_{1x}、a_{1y}——从承台底角桩内边缘引45°冲切线与承台顶面相交点至角桩内边缘的水平距离,当柱或承台变阶处位于该45°线以内时,则取柱边或变阶处与桩内边缘连线为冲切锥体锥线(见图4-31);

h_0——承台外边缘的有效高度;

λ_{1x}、λ_{1y}——角桩冲跨比,其值满足 $0.25 \sim 1.0$,$\lambda_{1x} = \dfrac{a_{1x}}{h_0}$,$\lambda_{1y} = \dfrac{a_{1y}}{h_0}$。

对于三桩三角形承台可按下列公式计算受角桩冲切的承载力(见图4-32):

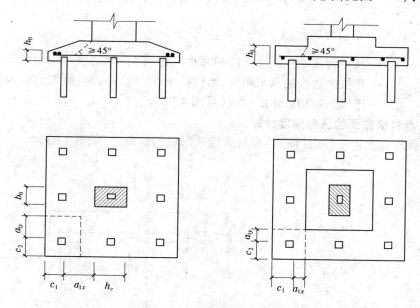

图 4-31　四桩以上承台角桩冲切验算

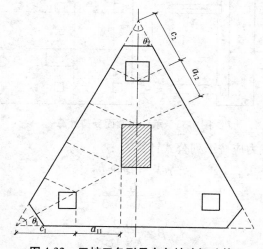

图 4-32　三桩三角形承台角桩冲切验算

底部角桩

$$N_l \leqslant \beta_{11}(2c_1 + a_{11})\beta_{hp}\tan\frac{\theta_1}{2}f_t h_0 \tag{4-93}$$

$$\beta_{11} = \frac{0.56}{\lambda_{11} + 0.2} \tag{4-94}$$

顶部角桩

$$N_l \leqslant \beta_{12}(2c_2 + a_{12})\beta_{hp}\tan\frac{\theta_2}{2}f_t h_0 \tag{4-95}$$

$$\beta_{12} = \frac{0.56}{\lambda_{12} + 0.2} \tag{4-96}$$

式中　　λ_{11}、λ_{12}——角桩冲跨比，$\lambda_{11} = \dfrac{\beta_{11}}{h_0}$，$\lambda_{12} = \dfrac{\beta_{12}}{h_0}$；

a_{11}、a_{12}——从承台底角桩内边缘向相邻承台边引 45° 冲切线与承台顶面相交点至角桩内边缘的水平距离，当柱位于 45°线以内时，则取柱边与桩内边缘连线为冲切锥体的锥线（见图 4-32）。

（三）承台斜截面的抗剪强度计算

剪切破坏面为通过柱边（墙边）和桩边连线形成的斜截面（见图 4-33）。

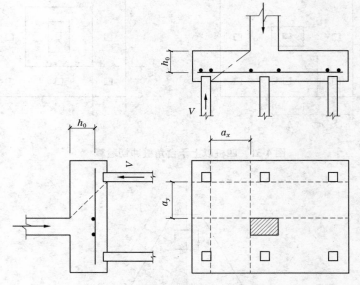

图 4-33　承台斜截面受剪计算

斜截面受剪切承载力应按下列公式计算

$$\gamma_0 V \leqslant \beta f_c b_0 h_0 \tag{4-97}$$

当 $0.3 \leqslant \lambda < 1.4$ 时　　　　$\beta = \dfrac{0.12}{\lambda + 0.3} \tag{4-98}$

当 $1.4 \leqslant \lambda < 3.0$ 时　　　　$\beta = \dfrac{0.2}{\lambda + 1.5} \tag{4-99}$

式中　V——斜截面的最大剪力设计值；

　　　f_c——混凝土轴心抗压强度设计值；

　　　b_0——承台计算截面处的计算宽度；

　　　h_0——承台计算截面处的有效高度；

　　　β——剪切系数；

　　　λ——计算截面的剪跨比，$\lambda_x = \dfrac{a_x}{h_0}$，$\lambda_y = \dfrac{a_y}{h_0}$，此处 a_x、a_y 为柱边（墙边）或承台变阶处至 x、y 方向计算一排桩的桩边水平距离，当 $\lambda < 0.3$ 时，取 $\lambda = 0.3$，当 $\lambda > 3.0$ 时，取 $\lambda = 3.0$，λ 满足 $0.3 \sim 3.0$。

　　对于柱下矩形独立承台，应按下列规定分别对柱的纵横（x—x，y—y）两个方向的斜截面进行受剪承载力计算。

　　对于阶梯形承台应分别在变阶处（A_1—A_1、B_1—B_1）及柱边处（A_2—A_2、B_2—B_2）进行斜截面受剪计算（见图4-34）。

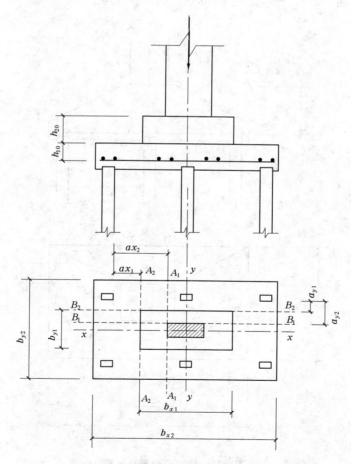

图4-34　阶梯形承台斜截面受剪计算

计算变阶处截面 A_1—A_1、B_1—B_1 的斜截面受剪承载力时,其截面有效高度均为 h_{01},截面计算宽度分别为 b_{y1} 和 b_{x1}。

计算柱边截面 A_2—A_2、B_2—B_2 处的斜截面受剪承载力时,其截面有效高度为 h_{01} + h_{02},截面计算宽度分别为:

对 A_2—A_2 截面
$$b_{y0} = \frac{b_{y1}h_{01} + b_{y2}h_{02}}{h_{01} + h_{02}} \tag{4-100}$$

对 B_2—B_2 截面
$$b_{x0} = \frac{b_{x1}h_{01} + b_{x2}h_{02}}{h_{01} + h_{02}} \tag{4-101}$$

对于锥形承台应对 A—A 及 B—B 两个截面进行受剪承载力计算(见图4-35),截面的有效高度均为 h_0,截面的计算宽度分别为:

对 A—A 截面
$$b_{y0} = \left[1 - 0.5\frac{h_1}{h_0}\left(1 - \frac{b_{y2}}{b_{y1}}\right) \right] b_{y1} \tag{4-102}$$

对 B—B 截面
$$b_{x0} = \left[1 - 0.5\frac{h_1}{h_0}\left(1 - \frac{b_{x2}}{b_{x1}}\right) \right] b_{x1} \tag{4-103}$$

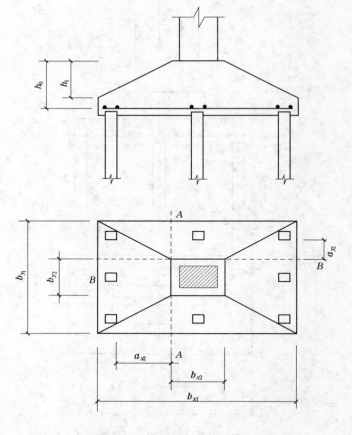

图 4-35　锥形承台受剪计算

八、桩的设计计算

（一）桩身结构强度计算

桩身结构强度可按下式计算

$$R = \varphi(f_c A_p + f_y' A_s') \tag{4-104}$$

式中　R——钢筋混凝土桩在轴向荷载作用下的桩身结构强度设计值；

　　　φ——纵向弯曲系数，对全埋入土中的桩（除极软土层中的长桩）取 $\varphi = 1$；

　　　f_y'——纵向钢筋抗压强度设计值；

　　　A_s'——桩身内纵向钢筋横截面面积；

　　　f_c——混凝土轴心抗压强度设计值；

　　　A_p——桩身横截面面积。

考虑桩施工工艺对混凝土强度的影响时，混凝土的强度值应予以折减。

《建筑桩基技术规范》（JGJ 94—2008）中规定，对桩身进行轴压及偏压强度验算时，应将混凝土轴心抗压强度和抗弯强度值分别乘以桩基施工工艺系数 ψ_c，混凝土预制桩，取 $\psi_c = 1.0$；干作业非挤土灌注桩，取 $\psi_c = 0.9$；泥浆护壁和套管护壁非挤土灌注桩、部分挤土桩、挤土灌注桩，取 $\psi_c = 0.8$。

（二）预制钢筋混凝土桩起吊、运输时的内力计算

预制桩在起吊、运输等过程中受到振动和冲击的影响，进行桩身内力计算时，应将桩自重乘以动力系数 1.5。

桩身配筋可按计算确定吊运时单吊点和双吊点的设置，按吊点（或支点）跨间正弯矩与吊点处的负弯矩相等的原则进行布置。

当对桩有抗裂要求时，还需验算其裂缝开展，验算方法同一般钢筋混凝土受弯构件。

九、桩筏基础的设计

桩筏基础是高层建筑采用最多的基础形式。由于桩筏基础的造价较高，因而在设计时其基础结构、桩的类型等应根据工程地质资料、基础承受的荷载和地区经验等因素经若干方案的技术、经济比较后确定，不仅应遵循一般桩基础的设计原则，尚应注意它本身的特殊性。

（一）一般规定

1. 埋深

桩筏基础的埋深必须满足地基变形和稳定的要求，以减少建筑物的整体倾斜，防止倾覆及滑移。规范规定，桩筏（箱）基础的埋深可不少于建筑物地面以上高度的 1/15，桩的长度不计在埋深内，抗震设防烈度为 6 度或非抗震设计的建筑，其埋深可适当减小。

2. 布桩原则

实测和分析表明，桩筏基础下桩基为均布满堂布桩时，在建筑荷载作用下，基础底板往往产生呈下凹盆形的整体弯曲。特别在上部结构为框架结构或大跨度筒中筒结构时，基础底板的整体弯曲将更加严重。因而，在设计中应改变以往的布桩方式，采用内部密、边缘疏的布桩形式，这样将减弱板底边缘部分的桩顶总反力水平，达到减小基础底板的整

体弯曲,降低底板内力的目的。当桩筏基础下桩数较少时,桩应尽量布置在墙或柱下,以减少基础底板的局部弯曲和内力。

3. 桩间土分担荷载的比例

当桩的中心距大于或等于 3 倍桩径时,桩间土可以分担部分上部荷载,分担的比例可根据地区经验确定。当无地区经验时,可按桩间土承担 10% 的上部荷载考虑。对于可液化土、湿陷性土、欠固结土、新填土和有震陷可能的地基土,均不考虑桩间土的分担作用。

4. 桩筏基础的结构尺寸

桩筏基础的筏板高度及结构尺寸的变化幅度较大。筏板厚度除满足结构上(整体刚度)的要求外,筏板的埋深还需满足使用功能上的要求,如人防、机房、停车场等,筏板的厚度为 1 000 ~ 2 200 mm 不等。

(二)水平荷载验算的简化分析方法

对于水平荷载作用下的桩筏基础,目前尚无很成熟的计算理论,规范也未能给出统一的计算方法,在设计中采用较多的是下述简化分析方法。

1. 抗水平滑移验算

桩筏基础在水平荷载作用下应进行底板抗水平滑移验算。

1)桩筏埋深较浅的基础

对于埋深较浅和外墙不能可靠地承受被动土压力的桩筏基础,水平总荷载设计值 H 将全部由桩来承担(见图 4-36(a)),即

$$HK \leqslant \sum_{i=1}^{n} R_{ui} \tag{4-105}$$

式中　R_{ui}——第 i 根桩能承受的桩顶水平荷载;

　　　n——总桩数;

　　　K——安全系数,一般可取为 3。

由于承台底土可能脱开,此时筏底摩擦力可不予考虑。

2)桩筏埋深较深的基础

高层建筑最常见的情况是基础埋深较大,桩周土又不过于软弱。因而,水平总荷载 H 可视为由基础端壁被动土压力的合力 P 和桩顶水平抗力来承担(见图 4-36(b)),即

$$HK \leqslant \sum_{i=1}^{n} R_{ui} + P \tag{4-106}$$

为安全起见。基础两侧壁与土之间的摩擦力不计。

2. 桩顶荷载的分配

桩筏基础抗水平滑移验算满足后,还应进行单桩强度校核,当桩顶竖向荷载 N_i、水平向荷载 H_i 和桩顶弯矩 M_i 已知时,一般是对桩身最大弯矩截面按偏心受压进行强度校核。但是总的水平荷载 H 和力矩 M 对各桩顶的分配,严格地说只有考虑桩土共同作用才能确定。目前,常用的简化方法是认为底板的刚度远远大于桩的刚度,则在各单桩条件相同的前提下,每根桩承受的水平荷载相等。

桩顶水平荷载分配的几种主要情况如图 4-37 所示。

1)横向桩排

图 4-37(a)所示的横向桩排对应于采用梁式承台的桩基,即水平力 H 的作用方向和

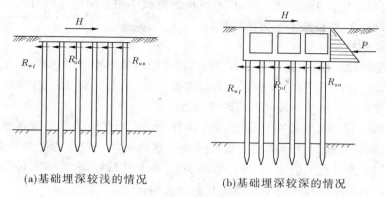

(a)基础埋深较浅的情况　　　(b)基础埋深较深的情况

图4-36　桩筏基础抗水平滑移验算

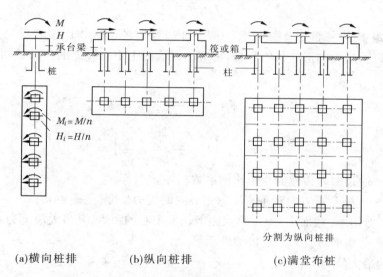

(a)横向桩排　　　(b)纵向桩排　　　(c)满堂布桩

图4-37　桩顶水平荷载分配的计算简图

力矩作用平面与桩排中心连线垂直,这时,各桩顶平均分配总的水平荷载和力矩分别为

$$\left.\begin{aligned} H_i &= \frac{H}{n} \\ M_i &= \frac{M}{n} \end{aligned}\right\}$$

(4-107)

式中　H_i、M_i——第 i 桩的桩顶水平荷载和弯矩。

2)纵向桩排

图4-37(b)所示的纵向桩排为桩梁式基础的另一种排列,对于桩顶刚接的情况,各桩仍按式(4-107)平均分配总水平荷载和力矩;如桩顶为铰接,可将总水平荷载按各桩顶平均分配计算,而力矩则转换为桩顶竖向荷载在式(4-82)中考虑,不重复计算。

3)满堂布桩

对于桩筏基础,由式(4-105)和式(4-106)可知,需分配的总水平力为 $H' = KH - P$(为安全起见,无论 P 为多大,H' 必须不小于 $0.3H$,即 $H' \geqslant 0.3H$)。当底板平面内无扭矩作用

(即总水平力通过底板平面的形心)时,可沿水平荷载作用方向将基础分为若干纵向桩排图(见图 4-37(c)),然后按上述方法计算。

(三)底板的抗剪计算

对于桩筏基础底板,当桩顶弯矩 M 很大,底板相对又不很厚时,由弯矩引起的底板剪应力可能很大,与桩顶竖向力 N 引起的剪应力叠加后,其强度校核应予以特别注意。

1. 桩顶弯矩在底板局部区域引起的剪应力

如图 4-38(a)所示,底板在桩顶竖向力 N 作用下(N 为扣除了底板自重的桩顶净荷载)可能的斜向破裂面为一环绕柱的棱柱体面。这种破坏一般作为冲切剪力来考虑,而破坏面亦可假定为垂直于板面,其周长为 u_m,每边距桩边线距离为 $h_0/2$,h_0 为底板的有效厚度。剪应力 τ_1 沿图 4-38(a)中截面 I 和截面 II 均布

$$\tau_1 = \frac{N}{u_m b_0} \tag{4-108}$$

桩顶弯矩 M 的一部分由图 4-38 中截面 II 以弯矩的形式作用于底板,另一部分 $a_r M$ 则由截面 I 以剪应力的形式传给底板,剪应力在截面 I 中心线上的分布见图 4-38(c),其大小为

$$\tau_2(x) = \frac{a_v M_x}{0.85 J_p} \tag{4-109}$$

$$a_v = 1 - \left(1 + \frac{2}{3}\sqrt{\frac{c_1 + h_0}{c_2 + h_0}}\right)^{-1} \tag{4-110}$$

式中 a_v——通过剪力传递的弯矩比例系数;

c_1、c_2——顺弯矩方向和垂直于弯矩方向的桩边长度,见图 4-38;

x——剪切面(截面 I)上计算点距剪切面中心的距离,其最大值记为 c;

J_p——剪切面对其形心的极惯性距。

$\tau_2(x)$ 的最大值为

$$\tau_2 = \frac{a_v M_c}{0.85 J_p} \tag{4-111}$$

于是,截面 I 上中心轴处剪应力为(见图 4-38(d))

$$\tau(x) = \tau_1 + \tau_2(x) \tag{4-112}$$

其最大值为

$$\tau_{max} = \tau_1 + \tau_2 \tag{4-113}$$

J_p 和 u_m 对不同情况分别计算如下(见图 4-39)。

(1)中间桩(见图 4-39(a))

$$u_m = 2c_1 + 2c_2 + 4h_0$$

$$J_p = J_x + J_y$$
$$= 2\left[\frac{h_0(c_1+h_0)^3}{12} + \frac{h_0^3(c_1+h_0)}{12} + h_0(c_2+h_0)\left(\frac{c_1+h_0}{2}\right)^2\right]$$

$$c = \frac{1}{2}(c_1 + h_0)$$

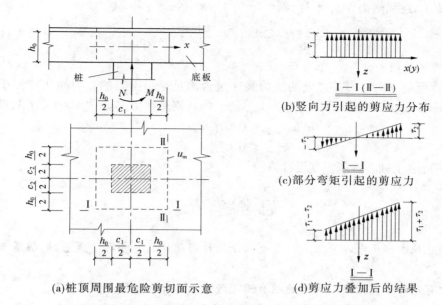

(a)桩顶周围最危险剪切面示意

(b)竖向力引起的剪应力分布

(c)部分弯矩引起的剪应力

(d)剪应力叠加后的结果

图4-38 桩顶周围底板的剪切计算简图

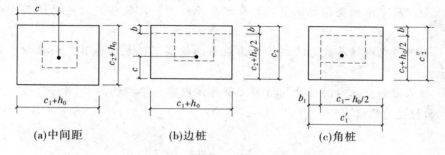

(a)中间距 (b)边桩 (c)角桩

图4-39 中间桩、边桩和角桩的计算简图

对大多数不太厚的筏基,第二项对 J_p 的影响较小。若忽略,则

$$\frac{J_p}{c} = \frac{h_0(c_1 + h_0)}{3}(c_1 + 3c_2 + 4h_0) \qquad (4\text{-}114)$$

(2)边桩(见图4-39(b))

$$u_m = c_1 + 2c_2 + 2b + 1.5h_0$$

如略去 b 值不计,则力矩作用面平行于外边线时

$$\frac{J_p}{c} = \frac{h_0(c_1 + h_0)}{6}(c_1 + 6c_2 + 4h_0) \qquad (4\text{-}115)$$

垂直于外边线时

$$\frac{J_p}{c} = \frac{h_0(c_1 + h_0)}{12}(2c_1 + 4c_2 + 5h_0) \qquad (4\text{-}116)$$

(3)角桩

$$u_m = c_1 + c_2 + h_0 + 2b + b_1$$

见图 4-39(c),如略去 b、b_1 不计,则

$$\frac{J_p}{c} = \frac{h_0}{6}(c_1 + h_0)(c_1 + c_2 + h_0) \qquad (4-117)$$

2. 剪应力的校核

直接验算混凝土构件中某点处的抗剪强度是否满足是很困难的。为简化并偏于安全,假定沿 $A = u_m h_0$ 面积上的剪应力都为 $\tau_{max} = \tau_1 + \tau_2$,则总剪力 $V = \tau_{max} A \leqslant 0.07 f_c A$,即

$$u_m h_0 \tau_{max} \leqslant 0.07 f_c u_m h_0$$
$$\tau_{max} \leqslant 0.07 f_c$$

式中 f_c——混凝土轴心抗压强度设计值。

思考题

4-1 桩基础由哪几个部分组成?各个部分的作用是什么?相对于浅基础,桩基础有什么特点?

4-2 桩有几种分类方法?常用的桩有哪几种?各有什么优缺点?

4-3 试说明桩土荷载传递的途径及其影响因素。什么是桩侧负摩阻力?它的产生条件是什么?有什么危害?会不会随时间变化,甚至消失?

4-4 如何确定单桩竖向抗压承载力和水平承载力?比较各类方法的适用条件及优缺点。

4-5 如何进行群桩承载力及桩基持力层下的软弱下卧层的验算?群桩效率系数的含义是什么?

4-6 桩基础和桩承台的设计包括哪几项具体内容?单桩的结构(构造)设计要验算哪几个方面的受力情况?

习　题

4-1 某场地从地面起的土层分布是:第一层(最上面)为粉质黏土,厚度 3 m,其含水量 $\omega = 30.5\%$,$\omega_L = 35\%$,$\omega_P = 18\%$;第二层为粉土,厚度 6 m,孔隙比 $e = 0.9$;第三层为中密中砂,试确定各层土的预制桩桩周土摩阻力标准值和第三层土的预制桩桩端土后承载力标准值(按桩入土深度 10 m 考虑)。

4-2 土层情况同习题 4-1,现采用截面边长为 350 mm × 350 mm 的预制桩,承台底面在地面以下 1.0 m,桩端进入密实中砂的深度为 1.0 m。试确定单桩承载力标准值。

4-3 某场地土层情况(自上而下)为:第一层杂填土,厚度 1.0 m;第二层为淤泥,软塑状态,厚度 6.5 m;第三层为粉质黏土,$I_L = 0.25$,厚度较大,现需设计,框架内柱的预制桩基础,柱底在地面处的竖向荷载 $F = 1\,700$ kN,弯矩 $M = 180$ kN·m,水平荷载 $F_k = 100$ kN(均为设计值)。初选用预制桩截面为 350 mm × 350 mm,试设计该桩基础。

第五章　墩基础、沉井基础与岩石锚杆基础

　　本章介绍墩基础、沉井基础、岩石锚杆基础的概念和设计原理及施工方法。通过本章的学习，要求能对墩基础、沉井基础、岩石锚杆基础进行计算和施工。另外，对墩基础、沉井基础、岩石锚杆基础的应用作简单介绍。

　　随着生产的发展与工程建筑的需要，基础工程愈来愈多，施工条件也愈来愈受到限制。对基础的承载能力、结构刚度、施工工艺等都提出了很高要求。墩基础、沉井基础、岩石锚杆基础等形式就是为了满足上述要求而产生的。下面对这三种基础作一简单介绍。

第一节　墩基础

　　墩基础是通过在地基中成孔后灌注混凝土形成的大口径深基础。墩基础主要以混凝土及钢材作为建筑材料。其结构由三部分组成：墩帽（墩基承台）、墩身和扩大头（见图5-1）。

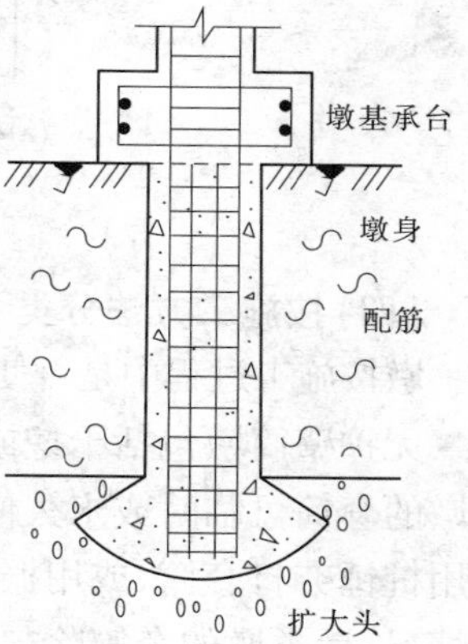

　　墩基础与桩基础的区别：①桩是一种长细的地下结构物，而墩的断面尺寸一般较大，长细比则较小；②墩不能以打入法或压入法施工；③墩往往单独承担荷载，且承载力比桩高得多；④墩的荷载分担及传递机制与桩有所不同。

一、墩的类型

　　墩的类型很多，通常根据墩的传力方式、形状、施工方法等特点进行分类。

（一）按传力状态分类

　　墩按照传递上部荷载的方式可分为摩擦墩和端承墩两种。墩的传力方式与桩有一定程度的相似性。在较均匀的黏性土中墩基础为摩擦墩。穿过软土层支承于密实土层上（如砂卵石、基岩）的墩基础为端承墩。

（二）按墩底形式分类

　　墩底的形式主要取决于墩底传递荷载的大小及墩下土层的软硬。当墩底为坚硬土层或岩层时，一般采用直底墩，如图5-2（a）所示，该类墩墩身上下直立，墩端部尺寸没有变化。在墩底土较硬的情况下，为使墩底承受较大的荷载，将墩端部尺寸加大，即为扩底墩，如图5-2（b）所示。当墩基支承于岩层之上，为使墩头牢固，可将墩端嵌入岩层，形成嵌岩墩，如图5-2（c）所示。

（三）按墩身竖直截面形状分类

　　墩按竖直截面形状分类，有柱形墩、锥形墩及齿形墩等，如图5-3所示。柱形墩的水平断面尺寸不随深度变化。这种墩因施工方便，计算较简单而得到广泛应用。锥形墩随

图5-1　墩基础施工与构造

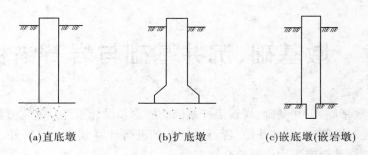

图 5-2　墩按墩底型式分类

深度均匀变化,受力状况较好,但成孔施工较柱形墩复杂。为增加侧阻力或适应施工条件,将墩身做成锯齿状,即齿形墩。该类墩主要适用于墩底下部土层为硬黏性土的情况,应用较少。

图 5-3　墩按竖向直截面形式分类

(四)按施工方法分类

墩按施工过程中是否使用了起护壁作用的套筒,可分为无护壁筒墩和有护壁筒墩两种。

无护壁筒墩包括干挖或在水下钻掘(冲、钻、挖等机械施工)和浇灌混凝土。有护壁筒墩的套筒可临时或永久使用,在全长或部分使用。施工时可边挖掘墩孔边下套筒,亦可使用桩锤夯打套筒,或用振动器振入套筒。前类墩主要适用于上部土层较好且不易坍落的情况;后类墩的套筒除起护壁作用外,还起提高摩阻力的作用。

(五)按成孔方法分类

墩按成孔方法有钻孔墩、挖孔墩和冲孔墩三种。钻孔墩是使用钻机在土(岩)层中钻孔而成的,应用广泛。挖孔墩为人工或机械挖孔,一般成孔较大但较浅,应用也较多。冲孔墩是使用冲击钻成孔的墩,应用较少。

二、墩基荷载传递机制和破坏模式

(一)墩基荷载传递机制的特点

竖向荷载作用下墩的荷载传递属于短粗型深基础的荷载传递问题。由于墩基础的长细比较小,使其荷载传递特性与长细的桩有较大差异。墩基试验结果及理论分析均表明:墩的荷载传递机制与一般桩相比,主要有两点关键的差别:①墩端阻力占总荷载的大部分,常可达 60% ~80% ;②发挥极限侧阻力与极限端阻力所需沉降量相差很多,一般后者是前者的 2~10 倍。一般来讲,墩基断面尺寸越大,长细比越小,这些差别就越大。

（二）墩的破坏模式

目前,估算墩的竖向极限端阻力通常使用现有的一些深基础极限承载力公式,如太沙基公式及梅耶霍夫公式等。实际上,墩底的破坏模式与这些公式所假定的破坏模式有很大差别。墩基础由于其直径较一般桩径大,埋深又比浅基础深,因此在荷载作用下与土相互作用机制也有其特点。尤其在墩底有扩大头的情况下,不能简单地套用桩基在极限荷载作用下土体破坏的可能模式。一些墩基模型试验及墩的有限元分析结果表明:墩的破坏模式多呈墩底连续压沉型,墩底下降而墩底侧边出现拉裂,没有出现墩底土体向上滑移现象,如图5-4所示。因此,以现有深基础极限承载力理论计算墩底极限承载力是欠合理的,应当予以注意。

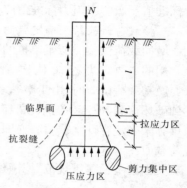

图5-4　扩底墩基础破坏模式

三、墩的承载力与沉降

（一）墩基础承载力的确定方法

单墩基础轴向容许承载力取决于两个方面:墩基本身的材料强度和土体对墩基的支承力。在分别求出承载力后取其中的较小者。

确定墩基础承载力的众多方法当中,现场墩基础载荷试验应作为确定承载力的主要方法和依据。

1.根据材料强度确定单墩基础容许承载力

将墩柱视做轴向受压构件,并按下式计算

$$Q_d \leqslant \varphi\left[(A - A_g)f_c + A_g f_g\right] \tag{5-1}$$

式中　Q_d——按材料强度确定的墩基轴向容许承载力,kN;

φ——钢筋混凝土受压构件的稳定系数,一般取 $\varphi = 1.0$;

f_c——混凝土的轴向抗压设计强度,kPa;

A——墩柱截面面积,m^2;

f_g——纵向钢筋的抗压设计强度,kPa;

A_g——全部纵向钢筋的截面面积,m^2。

2.按经验公式确定墩的承载力

墩的承载力经验公式与桩类似,即

$$Q_d = \eta A_p q_p + u_p \sum_{i=1}^{n} l_i q_{si} \tag{5-2}$$

式中　q_p——墩底土层轴向承载力,kPa;

u_p——墩身周边长度,m;

A_p——墩底面积,m^2;

l_i——第 i 层土内墩身长度,m;

q_{si}——第 i 层土侧摩阻力标准值,kPa;

n——扩大端以上土层层数;

η——折减系数,无扩大头时,$\eta = 1.0$,有扩大头时,$\eta < 1.0$。

式(5-2)作为工程经验方法可在初步设计时估算墩的容许承载力。其中,墩底土承载力标准值及墩侧摩阻力标准值应按试验确定,或根据地区经验选用。

3. 按载荷试验结果确定墩的承载力

墩的载荷试验类似于单桩的载荷试验。按载荷试验结果确定墩的承载力是工程实践中常用的主要方法之一,对于重要的工程,均应进行墩基现场载荷试验。

墩基载荷试验时,由于墩基承载力很大,国内多数压墩所用试验设备能力有限,不易达到破坏荷载,但产生的墩顶竖向位移一般已超过建筑物容许变形值,此时可按容许变形值反算来确定容许承载力。亦即当墩顶竖向位移 $s = 10 \sim 15$ mm 时,取 $Q \sim s$ 曲线上相对应荷载 Q_d。

美国波士顿建筑规范、德国建筑规范及日本建筑学会标准一般为:当 $s = 20 \sim 25$ mm 时,取对应荷载的一半为 Q_d;当 $\frac{s}{d} = 0.01 \sim 0.02$ 时,其中 d 为墩端直径,墩径小者取高值,墩径大者取低值,取对应的荷载为 Q_d。

4. 墩的抗拔力

墩受上拔力时,其抗拔力应满足设计要求。墩的抗拔力应主要根据墩抗拔试验结果来确定。墩抗拔力可用下式表示

$$T_u = T_{un} + G$$

式中　T_u——墩的极限抗拔力,kN;

　　　T_{un}——墩的净极限抗拔力,kN;

　　　G——墩的有效自重,kN。

对于不同类型、不同土质的墩,其净抗拔力 T_{un} 计算方法有所不同。直底墩的净抗拔力一般可按单桩抗拔力计算方法计算;扩底墩的净抗拔力计算比直底墩复杂,因为由于墩头扩大,使得墩的拔出破坏不同于直底墩的沿墩壁面拉出破坏,而是带动一部分土体破坏,因而其净抗拔力较直底墩高;扩底墩上拔带动土体破坏情况与土的性质、墩的深度及临界深度有关。因此,不能以直底墩的抗拔力计算方法计算扩底墩的抗拔力。

当得到墩的极限抗拔力 T_u 后,可按下式确定抗拔力特征值

$$T_k = \frac{T_u}{K} \tag{5-3}$$

安全系数 K 一般取为 $2.0 \sim 3.0$。

5. 单墩基础水平承载力特征值的确定

单墩基础水平承载力特征值取决于墩基材料强度、含钢率、截面刚度、顶端与结构连接情况、入土深度、土质条件和墩顶水平位移容许值等。

在水平荷载和弯矩作用下,由墩身和土体共同承担,考虑到一般采用一柱一墩、墩身截面刚度又大,应严格控制水平位移值,通常采用水平载荷试验确定水平承载力特征值。

墩基础直径大,抗弯刚度大,但含筋率较低,一般小于 0.65%。与钢管桩和预制桩比较,墩基础弹性低、抗裂性差,故一般以墩土变形加大导致墩身开裂时的水平荷载作为临界荷载。但应同时考虑其水平位移值不超过建筑物功能所需限制的水平位移容许值,一般可按下式计算单墩的水平承载力特征值 H_0。

$$H_0 = \alpha_t H_{cr} \tag{5-4}$$

式中　H_{cr}——试桩的水平临界荷载，kN；

　　　α_t——荷载性质系数，对于受水平地震力的墩基，$\alpha_t = 1.0$，对受长期或经常出现水平力的墩基，$\alpha_t = 0.8$。

确定 H_{cr} 值是在墩顶自由且无轴力情况下的试墩结果。若考虑承台和基础梁对墩基的嵌固作用和结构整体刚度影响，可提高水平承载力。

我国现场试墩结果表明，在确定水平容许承载力时，水平位移值取 3～6 mm；当为短墩时（长度 $l \le 6$ m），取 3～4 mm；而 $l > 6$ m 时，取 5～6 mm。

（二）墩的沉降估算

墩的沉降尚缺乏比较准确的估算方法，有待于深入探讨。下面概要介绍墩在工作荷载下沉降的一般计算原理和方法。

墩的沉降一般按下式计算

$$s = s_b + \Delta s_p \tag{5-5}$$

式中　s——墩顶的沉降量，m；

　　　s_b——墩底的沉降量，m；

　　　s_p——墩身轴向压缩量，m。

轴向压缩量通常为弹性变形。墩底下土层压缩量通常按分层总和法等估算。

四、墩基础设计概述

（一）墩基础的选型

墩基设计的依据主要指地基的成层及软硬情况、荷载的类别及量级、墩基承载力及沉降的控制准则等。将竖向荷载作用下各类墩的一般设计依据列于表 5-1 以供参考。对抗拔墩及承受水平荷载的墩，也可参考该表的原则进行设计。

表 5-1　竖向荷载下各类墩的一般设计依据

项目	墩的类型					
	置于均质土中		端承于硬土上		端承于岩层上	
设计内容	直底墩	扩底墩	嵌入硬层	扩底墩	支承于岩层	嵌岩墩
荷载水平（kN）	500～1 500	500～5 000	500～2 500	1 000～3 000	2 000～7 000	3 000～7 000
控制准则	沉降	沉降与承载力	承载力与沉降	承载力	墩身强度	墩身与岩石约束或墩身强度
工作荷载下主要抗力	侧摩阻力	侧摩阻力与端阻力	硬层中的侧摩阻力	端阻力	端阻力	岩层与墩侧的摩阻力
极限荷载下主要抗力	侧摩阻力与端阻力	端阻力	侧摩阻力与端阻力	端阻力	端阻力	侧摩阻力与端阻力
确定工作荷载的途径	分析侧摩阻力或沉降量	载荷试验或极限承载力分析	载荷试验、极限承载力分析或对持力层的强度与变形特性评价		载荷试验及岩石强度与稳定性的评价	
检测要求	指定墩	每个墩	每个墩	每个墩及在指定墩下触探或钻芯样	每个墩及在指定墩下触探或钻芯样	

（二）墩基础设计的步骤及内容

在确定选用墩基础后，其具体的设计步骤及内容一般为：

（1）选择墩的形式。其内容主要包括：①选择墩的类型；②选择墩的体型及尺寸等。这一步骤需要结合墩的承载力及变形的初步分析，并考虑施工条件等因素。

（2）承载力及变形计算与分析。承载力及变形必须保证满足墩在正常使用条件下的要求。这一步骤通常要结合墩基中钢材等配置情况来进行。

（3）墩基础本身的配筋计算。

（4）提出对施工方法及有关注意问题的意见及建议。

一项完整合适的墩基设计，包括很多具体内容，而且各部分内容的设计也并非相互独立，而应前后结合与反复选择，以得到最佳设计方案。

第二节　沉井基础

沉井通常是一座上无顶下无底，四周有壁的筒状钢筋混凝土结构物。沉井的平面一般是圆形、方形、矩形及多边形。施工时先在场地上整平地面铺设砂垫层，设置承垫体，再制作第一沉井，继后在井筒内挖土（或水力吸泥），边挖土边下沉，如图 5-5 所示。有时井筒太高，也可分段制作一次下沉或分段多次下沉。

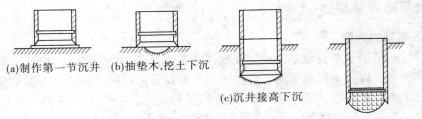

(a)制作第一节沉井　(b)抽垫木，挖土下沉

(c)沉井接高下沉

(d)封底、浇筑钢筋混凝土底板

图 5-5　沉井边挖土边下沉至设计高度

沉井的优点是占地面积小，不需板桩支护，操作简便，挖土量少，节约投资，施工稳妥可靠。特别是在建筑稠密的市区，采用沉井可以避免周围的土方坍陷，并保证周围建筑物的安全，也无须使用临时支护措施和挡土结构，常用于地下泵房、水池、桥墩、各类地下厂房、大型设备基础、高层或超高层建筑物的基础。目前，沉井下沉深度已超过 100 m。

沉井基础是井筒状的结构物，它是从井内挖土、依靠自身重力克服井壁摩阻力后下沉到设计标高，然后经过混凝土封底并填塞孔，使它成为桥梁墩台或其他结构物的基础。

沉井基础的特点是埋深可以很大，整体性强，稳定性好，有较大的承载面积，能承受较大的垂直荷载和水平荷载；沉井既是基础，又是施工时的挡土和挡水围堰结构物，施工工艺并不复杂。沉井基础在桥梁工程中得到了较广泛的应用，尤其在河中有较大卵石不便桩基础施工时，以及需要承受巨大的水平力和上拔力时，如南京长江大桥 9 个桥墩中的 6 个。江阴长江大桥悬索桥主缆的北锚碇均采用了沉井基础方案。

同时，沉井施工时对邻近建筑物影响较小且内部空间可资利用，因而常用作工业建筑物的地下结构物,如矿用竖井,地下泵房、水池、油库,地下设备基础,盾构隧道、顶管的工作井和接收井等。

一、沉井的构造

沉井按构造形式可分单独沉井(多用于工业、民防地下建筑)和连续沉井(多用于隧道工程井);按平面形状可分圆形、单孔、单排多孔及多排多孔等(见图5-6)。

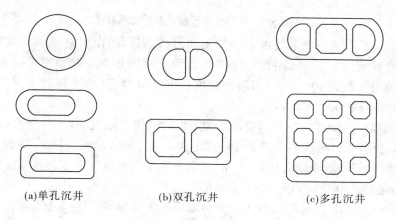

(a)单孔沉井　　　　　(b)双孔沉井　　　　　(c)多孔沉井

图5-6　沉井的平面示意图

沉井的组成:①井壁;②刃脚;③内隔墙;④井孔;⑤封底及浇筑底板;⑥底梁和框架(见图5-7)。

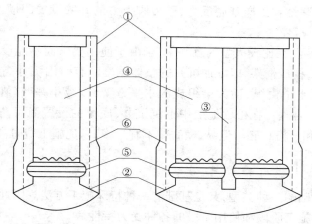

①—井壁;②—刃脚;③—内隔墙;④—井孔;⑤—封底及浇筑底板;⑥—底梁和框架
图5-7　沉井的构造示意图

(1)井壁。在下沉过程中,沉井井壁必须承受水、土压力所引起的弯曲应力,以及要有足够的自重,克服井壁摩擦阻力而顺利下沉到达设计标高,井壁厚度一般为0.4～1.5 m。

井壁可有等厚度的直壁式和阶梯式(见图5-8)两种。直壁式的优点是周围土层能较好地约束井壁,易于控制垂直下沉,井壁接高时亦能多次使用模板。阶梯式的优点是根据不同高程的水、土压力的受力情况设置不同厚度的井壁,能节约建筑材料。

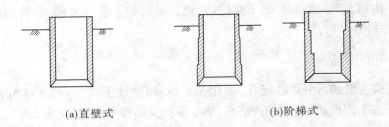

(a)直壁式 　　　　　 (b)阶梯式

图 5-8　直壁式和阶梯式井壁的沉井

（2）刃脚。井壁刃脚底部应做水平踏面和刀刃,刃脚的作用是减小下沉时的端部阻力,刃脚还应具有一定强度(用角钢加固),以免下沉时损坏。踏面宽度一般为 10 ~ 30 cm,内倾的倾角一般为 40° ~ 60°,刃脚的高度当沉井湿封底(水下混凝土封底)时取 1.5 m 左右,干封底时取 0.6 m 左右。

（3）内隔墙。内隔墙的主要功能是增加下沉时的沉井刚度、减小井壁跨径,以改善井壁受力条件、使沉井分隔成多个取土井后挖土和下沉可较为均衡,以便于纠偏。内隔墙的底面一般比井壁刃脚踏面高出 0.5 ~ 1 m,以免土顶住内墙妨碍下沉。隔墙的厚度一般为 0.5 m 左右,隔墙下部应设 0.8 m × 1.2 m 的过人孔。取土井的井孔尺寸应保证挖土机具能自由升降,一般不小于 2.5 m,取土井的布置应力求简单和对称。

（4）封底及浇筑底板。当沉井下沉到设计标高时,经检验和坑底清理后即可进行封底。封底可分干封和湿封(水下浇灌混凝土),有时需在井底设有集水井后才进行封底。待封底素混凝土达到设计强度后,再在其上浇筑钢筋混凝土底板。为了使封底混凝土和底板与井壁间更好联结和传递基底反力,于刃脚上方的井壁设置凹槽,槽高约 1 m,凹入深度 0.15 ~ 0.25 m。

（5）底梁和框架。在比较大型的沉井中,当由于使用要求而不能设置内隔墙时,可在沉井底部增设底梁,构成框架,以增加沉井的整体刚度。有时因沉井高度过大,常在井壁不同高度处设置若干道由纵、横大梁组成的水平框架,以减小井壁(在顶、底板间)的跨度,使沉井结构受力合理。在松软地层中下沉沉井,底梁的设置尚可防止沉井“突沉”和“超沉”,便于纠偏和分格封底。但纵、横底梁不宜过多,以免施工费时和增加造价。

二、沉井的设计

沉井既是深基础的一种类型,又是基础的一种特殊施工方法。因此,在沉井设计时必须分别考虑在不同施工阶段和使用阶段的各种受力特性。

（一）沉井尺寸确定

当沉井作为基础时,其顶面要求在地面以下 0.2 m 或在地下水以上 0.5 m。沉井底面主要根据上部荷载、水文地质条件及各土层的承载力确定。沉井顶、底面的标高差即为沉井高度。沉井平面形状应当根据上部建筑物的平面形状决定。为了挖土方便,取土井宽度一般不小于 2.5 m,取土井应沿沉井中心线对称布置。沉井顶面尺寸为

$$A = A_0 + 2(0.02 \sim 0.04)h_0 \text{ 或 } A_0 + 20 \text{ cm}$$

$$B = B_0 + 2(0.02 \sim 0.04)h_0 \text{ 或 } B_0 + 20 \text{ cm}$$

式中　A_0、B_0——上部建筑物的底面尺寸；

　　　　h_0——沉井下沉高度。

　　井壁厚度一般为 0.4~1.5 m,内隔墙厚度为 0.5 m 左右。井壁及内墙尺寸要根据沉井使用和施工要求,经过几次验算,才能确定下来。

　　(二)确定下沉系数 K_1、下沉稳定系数 K'_1 和抗浮安全系数 K_2

　　在确定沉井主体尺寸后,即可算出沉井自重,验算在沉井施工下沉时,保证在自重作用下克服井壁摩阻力 R_f 而顺利下沉,亦即下沉系数 K_1 应为

$$K_1 = \frac{G - B}{R_f} \tag{5-6}$$

式中　G——沉井在各种施工阶段时的总自重,kN;

　　　　B——下沉过程中地下水的总浮力,kN;

　　　　R_f——井壁总摩阻力,kN;

　　　　K_1——下沉系数,一般为 1.05~1.25,位于淤泥质土层中的沉井宜取小值,位于其他土层的沉井可取较大值。

　　沉井在软弱土层中下沉,如有突沉可能,则应根据施工情况进行下沉稳定验算

$$K'_1 = \frac{G - B}{R_f + R_1 + R_2} \tag{5-7}$$

式中　K'_1——下沉稳定系数,一般取 0.8~0.9。

　　　　R_1——刃脚踏面及斜面下土的支承力,kN;

　　　　R_2——隔墙和底梁下土的支承力,kN。

　　当沉井沉到设计标高,在进行封底并抽除井内积水后,而内部结构及设备尚未安装时,井外按各个时期可能出现的最高地下水位验算沉井的抗浮稳定

$$K_2 = \frac{G - R_f}{B} \tag{5-8}$$

式中　K_2——抗浮安全系数,一般取 1.05~1.1,在不计井壁摩阻力时可取 1.05。

　　为满足抗浮要求,可采取加厚井壁或底板厚度等措施,但需考虑到经济的合理和施工的便利。此外,还可采取井底或井侧壁设锚杆、井底设桩等措施,以提高沉井的抗浮稳定性。

　　(三)刃脚计算

　　沉井刃脚的受力条件比较复杂,一般可按下列两种最不利受力情况,取单位宽度作为悬臂梁计算:

　　(1)第一种情况——刃脚向外弯曲。沉井下沉到一半深度,上部井壁已全部筑高,刃脚入土 1 m(见图 5-9(a))。此时刃脚斜面上土的横向推力向外作用,产生向外弯矩挠曲,用以计算内侧竖向钢筋(见图 5-9(b))和截取水平框架计算刃脚的水平钢筋。

　　(2)第二种情况——刃脚向内弯曲。沉井下沉到接近设计标高,刃脚下土已掏空,沉井的自重全部由外侧摩阻力承担。此时,在外侧水、土压力作用下,使刃脚产生向内挠曲,用以计算外侧竖向钢筋(见图 5-10)和水平环向钢筋(见图 5-11)。

　　(四)井壁计算

　　(1)第一节井壁的应力验算。在抽出垫木以及挖土可能有不均匀等不利条件下,第

一节井壁在自重作用下按单支点、简支梁等(见图5-12)情况应验算井壁的强度。

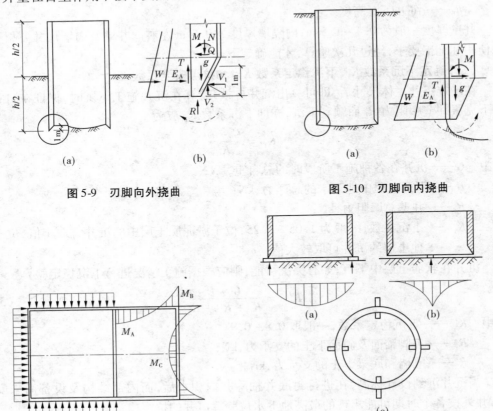

图 5-9　刃脚向外挠曲　　　　　　　　图 5-10　刃脚向内挠曲

图 5-11　刃脚处水平框架受力　　　　　图 5-12　第一节井壁强度验算

(2)井壁的水平钢筋,下沉到设计标高,刃脚下土已掏空的最不利位置,水、土压力最大,按水平框架计算内力。

(3)井壁的竖直钢筋,下沉到设计标高,刃脚下土已掏空,上部井壁被土层夹住,下部处于悬挂在土中的最不利位置,用以计算井壁拉力。等截面沉井产生的最大拉力等于沉井自重的 1/4 位置,在沉井的 $h/2$ 高度处。此外,还应验算井壁在使用阶段各种受力时的强度。

(五) 封底混凝土及底板、顶板强度计算

干封底时,混凝土不受水、土压力,仅按构造要求确定厚度,一般厚度为 0.6 ~ 1.2 m。

水下封底时,混凝土的厚度由抗浮和强度条件计算,按抗浮计算时,封底混凝土厚度作为沉井结构重量的一部分,应满足抗浮要求;按强度条件计算时,在封底混凝土达到设计强度,已抽出沉井中的水、未浇筑钢筋混凝土底板前,封底素混凝土受到最大的水压力,按水头高度减去混凝土自重为荷载,以素混凝土板承受水压力来计算弯矩,验算强度。底板可视做四边嵌固于井壁(或隔墙、格梁)上的单向板或双向板计算。荷载取最大水浮力或沉井上最大的自重引起的反力。

顶板按动、静荷载作用下的单向板或双向板计算。

第三节　岩石锚杆基础

一、岩石锚杆基础的特点

当需要提供抗拉(拔)力时或在一些特殊情况下,采用一般的基础形式已经不能满足要求,此时,可采用岩石锚杆基础。岩石锚杆基础是以水泥砂浆或细石混凝土和锚筋灌注于成型的岩孔内的锚桩基础或墩台基础,它是利用岩石作为持力层,经过钢筋或地脚螺栓连接,把上部结构的荷载通过柱或垫块直接传至岩石上,并与岩石连成整体的一种比较特殊的基础形式。

岩石锚杆基础具有如下特点:

(1)岩石锚杆基础充分发挥了岩石的力学性能,可以提供良好的抗拔力,与常见的抗压基础有所区别。

(2)岩石锚杆基础混凝土和钢材的用量少,节省原材料。

(3)岩石锚杆基础采用锚杆机钻孔,开挖量少,对环境的影响小,有利于保护环境。

(4)岩石锚杆基础采用机械化施工,施工效率高,所用工期短。

(5)岩石锚杆基础是将岩石作为持力层,这就要求地基岩层整体性好、裂隙少、承载力高,对基岩的要求较高。

岩石锚杆基础特点鲜明,在一些工程中已经得到了应用,目前常见于以下工程中:

(1)提供竖向拉应力(抗拔)的基础,如输电线路和高耸结构的基础(见图5-13(a)、(b))。

(2)提供斜向力和限制结构水平位移的基础,如钢结构的斜拉索基础和大坝基础(见图5-13(c))。

(3)为结构提供抗震稳定的基础,如体育馆等大型公共设施的基础(见图5-13(d))。

岩石锚杆基础不仅能实现省工、省料、造价低廉的目的,甚至能解决一般工程措施难以克服的困难,其应用范围越来越广。

二、岩石锚杆基础的设计方法

岩石锚杆基础是锚杆在基础工程中的应用,其设计和计算的主要部分在于锚杆的计算和设计。

三、岩石锚杆基础的破坏形式

在进行岩石锚杆基础的设计时,先要研究它是如何破坏的,岩石锚杆基础的破坏主要是指锚杆的破坏形式,通常有如下几种:

(1)锚拉杆被拉断。

(2)拉筋(锚拉杆)从筋浆界面处脱出。

(3)锚固体从浆土(石)界面处脱出。

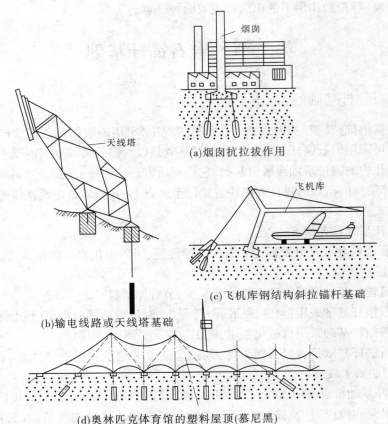

天线塔

(a)烟囱抗拉拔作用

烟囱

飞机库

(c)飞机库钢结构斜拉锚杆基础

(b)输电线路或天线塔基础

(d)奥林匹克体育馆的塑料屋顶(慕尼黑)

图 5-13　常见的岩石锚杆基础

（4）连锚带土（石）一起拔出。

前三种指的是单根锚杆的抗拔力（即承载力）问题，属于锚杆的强度破坏问题；第四种是破坏面在土体内部的破坏形式，属于锚杆与岩土总体稳定性破坏问题。

当拉筋的极限拉力大于或等于锚杆的设计拉力时，不会出现第一种破坏形式，此时要求拉筋有一定的抗拉强度和截面尺寸，保证足够的承拉能力而不被拉断，这一条件在设计中一般易于满足。

要想不出现第二种破坏形式，锚固段水泥砂浆对拉筋应有足够的握裹力，确保砂浆和拉筋在锚杆受拉时始终共同工作，拉筋不致被拔出，此时要求锚固段有足够的长度、截面尺寸和砂浆对拉筋的平均握裹力。

至于第三种情况，主要取决于地层对锚固体的极限摩阻力（或黏着力）的大小。深入分析可知，锚固段周边可能破坏的情况又有三种：一是水泥砂浆周围的岩（土）层发生剪切破坏，这种情况只有当岩（土）层的强度小于砂浆与岩（土）层接触面的强度时才会发生；二是沿孔壁发生剪切破坏，即水泥砂浆与孔壁接触面间的黏着力不够，应该是施工工艺问题；三是接触面内部砂浆体的剪切破坏，这是砂浆的质量或强度等级问题。

第四种破坏形式主要取决于土（岩）层自身的强度和承载力，是由土（岩）层自身结构

　　破坏造成的,必要时可以采取加固土(岩)层的措施来避免此种破坏的发生。

　　了解岩石锚杆基础的破坏形式后,即可根据其破坏形式对其进行相应的设计和计算。

四、岩石锚杆基础的设计与计算方法

　　岩石锚杆基础适用于直接建在基岩上的柱基,以及承受拉力或水平力较大的建筑物基础。根据上部结构形式及岩石特性的不同,岩石锚杆基础有间接锚杆和直接锚杆两种形式。间接锚杆适用于钢筋混凝土柱基和岩石强度较低时,即柱下做基础,基础下再设锚杆;直接锚杆适用于钢结构柱基和岩石强度很高时,即将地脚螺栓(锚杆)直接锚入坚硬岩石中。值得注意的是,应采取措施保证锚杆基础与基岩及上部结构的整体性。间接锚杆适用于大偏心受压柱,可根据计算布置较多的锚杆;直接锚杆适用于中心或小偏心受压柱。岩石锚杆基础结构简图如图 5-14 所示。

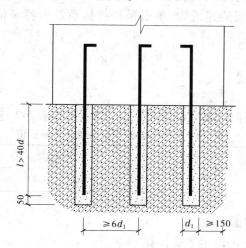

d_1—锚杆孔直径;l—锚杆的有效锚固长度;d—锚杆直径

图 5-14　岩石锚杆基础结构简图

　　进行岩石锚杆基础设计和计算的目的是防止岩石锚杆基础出现上述破坏的情况,具体分析如下:

　　岩石锚杆基础是由多根单一的锚杆组成的,单根锚杆的承载力(极限抗拔力)T_u 主要由拉杆的极限拉力 T_L、拉杆与锚固体的极限握裹力 T_W、锚固体与岩(土)体之间的极限抗拔力 T_B 三者来确定的。从 T_W 和 T_B 来比较,在完整的硬质岩层中的灌浆锚杆,一般 $T_B > T_W$,故 T_u 由 T_W 决定。在软弱岩层(极限抗压强度 <30 MPa)中,一般 $T_B < T_W$,故 T_u 由 T_B 决定,拉杆的极限拉力 T_L 可以由选择拉杆的直径和材料来确定,设计时需要满足 T_u 不小于上述三种情况中的较小值,并据此确定 T_u 进行岩石锚杆基础的设计和计算。

　　岩石锚杆基础的计算方法如下:

　　(1)采用柱底轴压力最大时的组合内力,校核柱脚与垫层或地基间的局部抗压强度;

　　(2)采用柱底弯矩最大时的组合内力,校核锚杆抗拉承载力及灌浆锚杆与孔壁之间的承载力。

　　具体计算时,采用如下的计算方法和公式。

（一）确定锚杆所承受的抗拔力

锚杆基础中单根锚杆所承受的抗拔力，应按下列公式验算

$$N_{ti} = F_k + G_k/n - M_{xk}y_i \Big/ \sum y_i^2 - M_{yk}x_i \Big/ \sum x_i^2 \qquad (5\text{-}9)$$

$$N_{tmax} \leqslant R_t$$

式中　F_k——相应于荷载效应标准组合作用在基础顶面上的竖向力；

　　　G_k——基础自重及其上的土自重；

　　　M_{xk}、M_{yk}——按荷载效应标准组合计算作用在基础底面形心的力矩值；

　　　x_i、y_i——第 i 根锚桩至基础底面形心 y、x 轴线的距离；

　　　N_{ti}——荷载效应标准组合下，第 i 根锚杆所承受的抗拔力值；

　　　R_t——单根锚杆抗拔承载力特征值。

（二）确定锚杆抗拔承载力特征值 R_t

对于设计等级为甲级的建筑物，单根锚杆抗拔承载力特征值 R_t 应通过现场试验确定；对于其他建筑物可按下式计算

$$R_t \leqslant 0.8\pi d_1 l f \qquad (5\text{-}10)$$

式中　d_1——锚杆孔直径；

　　　l——锚杆的有效锚固长度；

　　　f——砂浆与岩石间的黏结强度特征值，MPa，可按表 5-2 选取。

表 5-2　砂浆与岩石间的黏结强度特征值　　　　　　　　　　（单位：MPa）

岩石坚硬程度	软岩	较软岩	硬质岩
黏结强度	<0.2	0.2～0.4	0.4～0.6

注：水泥砂浆强度为 30 MPa，混凝土强度等级为 C30。

（三）确定锚杆的截面面积

锚杆的截面面积 A_s 可以由下式计算

$$A_s \geqslant KR_t/f_y \qquad (5\text{-}11)$$

式中　K——抗拉安全系数，可取 $K=1.40$；

　　　f_y——锚杆抗拉设计强度。

（四）岩石锚杆基础的构造要求

确定好锚杆的截面面积后即可根据基础尺寸对锚杆进行布置，布置锚杆时需要满足相关规范中的相关规定。

现行的《建筑地基基础设计规范》（GB 50007—2011）中规定，岩石锚杆基础应符合下列要求：

（1）锚杆孔直径，宜取锚杆直径的 3 倍，但不应小于 1 倍锚杆直径加 50 mm。

（2）锚杆插入上部结构的长度，应符合钢筋的锚固长度要求。

（3）锚杆宜采用热轧带肋钢筋，水泥砂浆强度不宜低于 30 MPa，细石混凝土强度等级不宜低于 C30，灌浆前，应将锚杆孔清理干净。

五、岩石锚杆基础的施工方法

岩石锚杆基础的施工即是先用锚杆钻机在岩石上钻孔，然后将做锚固用的地脚螺栓

埋入岩石中,然后灌浆,使锚杆和岩石黏结到一起,最后将锚杆露出段与上部基础或结构连接到一起即可。施工中一般采用机械钻孔,使用高强度等级水泥砂浆灌注,使岩石和锚杆紧密地黏结在一起,充分利用岩石的强度。整个施工过程中的开挖量小,混凝土和钢材的用量省,施工速度快,效率高。

岩石锚杆基础施工的主要作业程序有:

(1)施工基面开挖和场地平整。

(2)施工前按照基础平面布置图进行基础放线和定位。

(3)钻机组装和对位。

(4)钻孔与清孔。

(5)插入锚杆。

(6)灌注混凝土。

(7)连接上部结构。

岩石锚杆基础施工需要的施工设备主要有载重汽车、钻孔机械、凿岩机、发电机、空压机、冲击器、搅拌机、振捣器、测量设备、模板设备和安放设备等。

岩石锚杆基础在施工过程中应注意如下事项:

(1)钻孔凿岩是岩石锚杆基础施工中的关键工序,必须严格控制,确保钻孔质量。

(2)灌浆材料需严格控制,需使用经过检验合格的灌浆材料和水。

(3)每孔必验,清孔后需将洞口封堵,以防止泥沙和雨水的进入。

(4)成孔后应尽快灌注混凝土,以减少锚孔岩石的风化。

(5)控制施工场地面积,减少对周围环境的破坏。

岩石锚杆基础是一种比较特殊的基础形式,它充分利用了岩石的坚固、耐久性和锚筋的抗拉性能,施工的机械化程度高,开挖量小,对基岩的破坏扰动小,节省钢材和混凝土用量,劳动量少、投资少,施工时对周围环境的影响小,是一种受力合理、经济高效的基础形式。也要注意到,岩石锚杆基础对岩石的完整性和强度要求较高,适用范围有所限制,这就要求因地制宜,根据地基持力层岩石的力学性能指标和场地情况进行科学分析,综合考虑,合理地选用岩石锚杆基础。

思考题

5-1　简述墩基础与桩基础的区别及其适用范围。

5-2　简述墩基础的设计步骤。

5-3　沉井基础有什么特点?沉井基础主要由哪几部分构成?工程中如何选择沉井的类型?

5-4　沉井施工过程中的结构强度计算包括哪些方面?如何计算?

5-5　岩石锚杆基础的工程特点有哪些?常见的破坏形式有哪几种?设计时应考虑哪些内容?

第六章　抗震分析及动力机器基础设计

前面章节讲述了静力效应荷载作用下各种形式基础的设计。然而,在自然界或人们的生产活动过程中常见到具有动力效应的荷载作用在构筑物上,这类荷载不论是作用方式、加荷的速度,还是力的传播方式等方面均与静荷载有明显的区别。所以,在基础设计中,必须针对这类荷载的特点,作出相应的设计才能确保设计方案的可行。最常见的动荷载有地震活动产生的地震荷载、各种动力机器运动时产生较大不平衡惯性力而引起的动荷载等。

第一节　概　述

一、地震

(一)地震的概念

地震,是地球内部发生的急剧破裂产生的震波,在一定范围内引起地面震动的现象。地震就是地球表层的快速震动,在古代又称为地动。它就像海啸、龙卷风、冰冻灾害一样,是地球上经常发生的一种自然灾害。大地震动是地震最直观、最普遍的表现。在海底或滨海地区发生的强烈地震,能引起巨大的波浪,称为海啸。地震是极其频繁的,全球每年发生地震约 550 万次。

地震常常造成严重人员伤亡,能引起火灾、水灾,有毒气体泄漏,细菌及放射性物质扩散,还可能造成海啸、滑坡、崩塌、地裂缝等次生灾害。

地震波发源的地方叫做震源。震源在地面上的垂直投影,即地面上离震源最近的一点称为震中(见图 6-1)。它是接受震动最早的部位。震中到震源的深度叫做震源深度。通常将震源深度小于 60 km 的叫浅源地震,深度在 60 ~ 300 km 的叫中源地震,深度大于 300 km 的叫深源地震。对于同样大小的地震,由于震源深度不一样,对地面造成的破坏

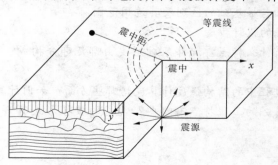

图 6-1　震源、震中示意图

程度也不一样。震源越浅,破坏越大,但波及范围也越小,反之亦然。

破坏性地震一般是浅源地震。如 1976 年唐山地震的震源深度为 12 km。2008 年 5 月 12 日汶川地震震源深度为 14 km。

地震所引起的地面震动是一种复杂的运动,它是由纵波和横波共同作用的结果。在震中区,纵波使地面上下颠动,横波使地面水平晃动。由于纵波传播速度较快,衰减也较快,横波传播速度较慢,衰减也较慢,因此离震中较远的地方,往往感觉不到上下跳动,但能感到水平晃动。

当某地发生一个较大的地震时,在一段时间内,往往会发生一系列的地震,其中最大的一个地震叫主震,主震之前发生的地震叫前震,主震之后发生的地震叫余震。

地震具有一定的时空分布规律。从时间上看,地震有活跃期和平静期交替出现的周期性现象。从空间上看,地震的分布呈一定的带状,称地震带。就大陆地震而言,主要集中在环太平洋地震带和地中海—喜马拉雅地震带两大地震带。太平洋地震带几乎集中了全世界 80% 以上的浅源地震(0 ~ 60 km)、全部的中源地震(60 ~ 300 km)和深源地震(>300 km),所释放的地震能量约占全部能量的 80%。中国地震主要分布在台湾地区、西南地区、西北地区、华北地区、东南沿海地区和 23 条大小地震带上。

地震分为天然地震和人工地震两大类。此外,某些特殊情况下也会产生地震,如大陨石冲击地面(陨石冲击地震)等。引起地球表层震动的原因很多,根据地震的成因,可以把地震分为以下几种:

(1)构造地震。由于地下深处岩石破裂、错动把长期积累起来的能量急剧释放出来,以地震波的形式向四面八方传播出去,到地面引起的房摇地动称为构造地震。这类地震发生的次数最多,破坏力也最大,占全世界地震的 90% 以上。

(2)火山地震。由于火山作用,如岩浆活动、气体爆炸等引起的地震称为火山地震。只有在火山活动区才可能发生火山地震,这类地震只占全世界地震的 7% 左右。

(3)塌陷地震。由于地下岩洞或矿井顶部塌陷而引起的地震称为塌陷地震。这类地震的规模比较小,次数也很少,即使有,也往往发生在溶洞密布的石灰岩地区或大规模地下开采的矿区。

(4)诱发地震。由于水库蓄水、油田注水等活动而引发的地震称为诱发地震。这类地震仅仅在某些特定的水库库区或油田地区发生。

(5)人工地震。地下核爆炸、炸药爆破等人为引起的地面震动称为人工地震。人工地震是由人为活动引起的地震。如工业爆破、地下核爆炸造成的震动,在深井中进行高压注水引起的地震。

(二)地震的震级和烈度

衡量地震强度大小和破坏能力强弱的指标称为地震的震级和烈度。

1. 震级

地震的强度可用地震释放出来的能量大小衡量,称为震级。目前,国际上一般采用美国地震学家查尔斯·弗朗西斯·芮希特和宾诺·古腾堡于 1935 年共同提出的震级划分法,即现在通常所说的里氏地震规模。里氏地震规模用 M 表示,是地震波最大振幅以 10 为底的对数。里氏规模每增强一级,释放的能量约增加 32 倍,相隔二级的震级,其能量相差 1 000 倍,近似 32×32 倍。

Richter 震级

$$M = \lg A \tag{6-1}$$

式中,A 是地震仪(指周期 0.8 s、阻尼系数 0.8、放大倍数 2 800 倍的地震仪)在距震中 100 km 处记录的以微米为单位的最大水平地动位移。

震级 M 与释放能量 E(尔格)的关系

$$\lg E = 11.8 + 1.5M \tag{6-2}$$

一次地震释放的能量越多,震级就越大。目前,人类有记录的震级最大的地震是 1960 年 5 月 21 日智利发生的 9.5 级地震,所释放的能量相当于一颗 1 800 万 t 炸药量的氢弹,或者相当于一个 100 万 kW 的发电厂 40 年的发电量。汶川地震所释放的能量大约相当于 90 万 t 炸药量的氢弹,或 100 万 kW 的发电厂 2 年的发电量。

小于 2 级的地震,人们感觉不到,称做微震;5 级以上的地震就要引起不同程度的破坏,统称为破坏性地震;7 级以上的地震,则称为强烈地震。

2. 地震烈度

同样大小的地震,造成的破坏不一定是相同的;同一次地震,在不同的地方造成的破坏也不一样。为了衡量地震的破坏程度,科学家又"制作"了另一把"尺子"——地震烈度。在中国地震烈度表上,对人的感觉、一般房屋震害程度和其他现象作了描述,可以作为确定烈度的基本依据。影响烈度的因素有震级、震源深度、距震源的远近、地面状况和地层构造等。

一般情况下,仅就烈度和震源、震级间的关系来说,震级越大,震源越浅,烈度也越大。一般来讲,一次地震发生后,震中区的破坏最重,烈度最高,这个烈度称为震中烈度。从震中向四周扩展,地震烈度逐渐减小。所以,一次地震只有一个震级,但它所造成的破坏,在不同的地区是不同的。也就是说,一次地震,可以划分出好几个烈度不同的地区。这与一颗炸弹爆炸后,近处与远处破坏程度不同道理一样。炸弹的炸药量,好比是震级;炸弹对不同地点的破坏程度,好比是烈度。

在世界各国使用的有几种不同的烈度表。西方国家比较通行的是改进的麦加利烈度表,简称 M. M. 烈度表,从 1 度到 12 度共分 12 个烈度等级。日本将无感定为 0 度,有感则分为 1~7 度,共 8 个等级。苏联和中国均按 12 个烈度等级划分烈度。中国 1980 年重新编订了地震烈度表(见表 6-1)。

表 6-1　中国地震烈度表

烈度	在地面上人的感觉	房屋震害程度		其他震害现象	水平向地面运动	
		震害现象	平均震害指数		峰值加速度（m/s²）	峰值速度（m/s）
1	无感					
2	室内个别静止中人有感觉					
3	室内少数静止中人有感觉	门、窗轻微作响		悬挂物微动		
4	室内多数人、室外少数人有感觉,少数人梦中惊醒	门、窗作响		悬挂物明显摆动,器皿作响		

续表6-1

烈度	在地面上人的感觉	房屋震害程度		其他震害现象	水平向地面运动	
		震害现象	平均震害指数		峰值加速度（m/s²）	峰值速度（m/s）
5	室内普遍、室外多数人有感觉，多数人梦中惊醒	门窗、屋顶、屋架颤动作响，灰土掉落，抹灰出现微细裂缝，有檐瓦掉落，个别屋顶烟囱掉砖		不稳定器物摇动或翻倒	0.31（0.22~0.44）	0.03（0.02~0.04）
6	多数人站立不稳，少数人惊逃户外	损坏——墙体出现裂缝，檐瓦掉落，少数屋顶烟囱裂缝、掉落	0~0.10	河岸和松软土出现裂缝，饱和砂层出现喷砂冒水；有的独立砖烟囱轻度裂缝	0.63（0.45~0.89）	0.06（0.05~0.09）
7	大多数人惊逃户外，骑自行车的人有感觉，行驶中的汽车驾乘人员有感觉	轻度破坏——局部破坏，开裂，小修或不需要修理，可继续使用	0.11~0.30	河岸出现塌方；饱和砂层常见喷砂冒水，松软土地上地裂缝较多；大多数独立砖烟囱中等破坏	1.25（0.90~1.77）	0.13（0.10~0.18）
8	多数人摇晃颠簸，行走困难	中等破坏——结构破坏，需要修复才能使用	0.31~0.50	干硬土上亦出现裂缝，大多数独立砖烟囱严重破坏，树梢折断，房屋破坏导致人畜伤亡	2.50（1.78~3.53）	0.25（0.19~0.35）
9	行动的人摔倒	严重破坏——结构严重破坏，局部倒塌，修复困难	0.51~0.70	干硬土上出现裂缝，基岩可能出现裂缝、错动，滑坡塌方常见，独立砖烟囱倒塌	5.00（3.54~7.07）	0.50（0.36~0.71）
10	骑自行车的人会摔倒，处于不稳状态的人会摔离原地，有抛起感	大多数倒塌	0.71~0.90	山崩和地震断裂出现，基岩上拱桥破坏，大多数独立砖烟囱从根部破坏或倒毁	10.00（7.08~4.14）	1.00（0.72~1.41）
11		普遍倒塌	0.91~1.00	地震断裂延续很长，大量山崩滑坡		
12				地面剧烈变化，山河改观		

注：表中的数量词："个别"为10%以下，"少数"为10%~50%，"多数"为50%~70%，"大多数"为70%~90%，"普遍"为90%以上。

为考虑地震的各种复杂因素对实际烈度的影响,我国《建筑抗震设计规范》(GB 50011—2010)在地震烈度表的基础上,结合时间、地点和建筑物的重要性等条件提出地震基本烈度、多遇与罕遇地震烈度及设防烈度三个概念。

1)地震基本烈度

一个地区的基本烈度是指该地区在 5 年内在一般场地条件下可能遭遇到的最大地震烈度。一般建筑物所在地区的基本烈度,可按国家地震局颁发的《中国地震烈度区划图》确定。

2)多遇与罕遇地震烈度

多遇地震烈度(亦称众值烈度)是指在 50 年期限内,一般场地条件下,可能遭遇的超越概率为 63% 的地震烈度值,相当于 50 年一遇的地震烈度值。罕遇地震烈度则是在 50 年期限内,一般场地条件下,可能遭遇的超越概率为 2% ~3% 的地震烈度值,相当于 1 600 ~2 500 年一遇的地震烈度值。

3)设防烈度

抗震设防烈度是建筑物设计时要满足不低于当地地震基本烈度的设计要求,一般情况下取基本烈度。根据《建筑抗震设计规范》(GB 50011—2010) 第 2.1.1 条,抗震设防烈度为按国家规定的权限批准作为一个地区抗震设防的依据,不得随意提高或降低。一般情况下,抗震设防烈度取 50 年内超越概率 10% 的地震烈度。如:当地的地震基本烈度为 6 度,那么建筑物的抗震设防烈度至少为 6 度。当然,有些建筑要求可能是 7 度或 8 度,这须根据建筑物所在城市的大小、建筑物的类别、高度以及当地的抗震设防小区规划进行确定。

二、动力基础简介

运转时会产生较大不平衡惯性力的一类机器被称为动力机器。动力机器基础的设计和建造是建筑工程中一项复杂的课题。其特点首先取决于机器对基础的作用特征。当机器的动力作用较小或只有静力作用的机器时,如一般的机床等,可按常规基础设计计算。反之,动力机器的动荷载会引起地基及基础的振动,从而产生一系列不良影响,如降低地基土的强度、增加基础的沉降量、引起厂房的不均匀下沉或影响操作人员的身体健康、降低生产率及影响机器的正常工作。因此,动力机器基础的设计除满足地基基础设计的一般要求外,还应考虑动荷载作用影响,即使基础由于动荷载而引起的振动幅值不超过某一限值,即《动力机器基础设计规范》(GB 50040—96)所规定的最大允许幅值。这个限值以机器对地基和基础的振动作用不应影响机器的正常使用,同时不影响工人的身体健康,不会造成建筑物的开裂和破坏为前提,另外还要求对附近的人员、建(构)筑物和仪器设备等不得产生有害的影响。

(一)动力机器的分类

各种动力机器的动力和振动是有差异的,根据它们对基础的动力作用形式的不同可分为甲、乙、丙、丁四类(见表 6-2)。

表 6-2　动力机器的分类

类别	机器类别	运动特点	代表性的机器名称	运动特点
甲	周期性作用的机器（有规律运动的）	匀速旋转运动	电机（电动机、电动机－发电机组）、涡轮机（涡轮发电机、涡轮鼓风机、涡轮压缩机、涡轮泵）	平衡性较好，振幅小，工作效率高，转速可超过 3 000 r/min，甚至超过 10 000 r/min
乙		匀速旋转和往复直线运动	曲柄连杆式机器（活塞压缩机、活塞式泵、内燃机）、颚式破碎机	平衡性差，振幅大，转速低（500 ~ 600 r/min），可能引起附近建筑物或其中部分构件产生共振
丙	非周期性作用的机器（运动规律是非周期性的）	非匀速旋转和非往复直线运动	拖动电动机、遮断容量的电动机	
丁		冲击式运功	自由锻锤、模锻锤、碎铁架	冲击力大且无节奏，工作速度 60 ~ 150 锤/min

（二）动力机器基础的形式

机器基础的结构形式主有实体式、墙式及框架式三种。实体式基础（又称大块式基础）（见图 6-2（a））应用最广，通常做成刚度很大的钢筋混凝土块体，其质量集中，整体刚度大，对平衡机器振动非常有效。当机器的附属设备或管道较少且布置较简单时（如锻锤、活塞式压缩机等），一般采用这种基础。其动力分析通常可按弹性地基上的刚体进行振动计算。墙式基础（见图 6-2（b））由承重的纵、横向墙组成，其结构刚度小于实体式基础。破碎机、研磨机和低转速电机常用墙式基础，其动力分析方法与墙体高度有关。当墙的净高不超过墙厚的 4 倍时，可按刚体计算，否则按弹性体计算。框架式基础（见图 6-2（c））留给设备布置的空间较大，但其结构刚度相对较小，一般用于平衡性较好且管道多而复杂的高频机器，如汽轮发电机或汽轮压缩机等。该基础上部结构是固定在一块连续底板或可靠基岩上的立柱以及立柱上端刚性连接的纵、横梁组成的弹性体系，可按框架结构计算。

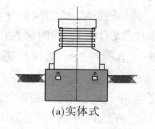
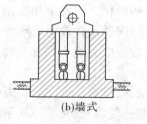
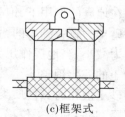

(a)实体式　　　　(b)墙式　　　　(c)框架式

图 6-2　机器基础的常用结构形式

第二节　地基基础的震害现象

自然界地震活动频繁,其中构造地震活动影响范围大,破坏性强,对人类生存造成巨大的危害。全球每年约发生 500 万次地震,其中绝大多数属于微震,有感地震约 5 万次,造成严重破坏的地震十几次。日本东北部海域 2011 年 3 月 11 日发生里氏 9.0 级地震并引发海啸,造成重大人员伤亡和财产损失。此次地震为在板块交界处发生的逆断层型地震,引发的海啸几乎袭击了日本列岛太平洋沿岸的所有地区,造成 14 063 人死亡、13 691 人失踪。

以 1976 年唐山地震为例,死亡人数达 24.2 万人,直接经济损失高达 54 亿元,用于震后救灾和恢复重建的费用也将近百亿元,损失之严重是世所罕见的。20 世纪 80 年代和 90 年代又多次发生 7 级以上地震。2008 年 5 月 12 日,四川省汶川县发生了新中国成立以来破坏性和救援难度最大的一次地震,其主震震级达里氏 8.0 级,震中烈度为 11 度,在地震发生的短短一分钟多的时间内,地壳深部的岩石中形成了一条长约 300 km、深达 30 km 的大断裂,其最大垂直错距和水平错距分别达到 5 m 和 4.8 m。汶川地震引发了大量的滑坡、坍塌和泥石流等次生地质灾害,造成交通、通信和供水、供电中断,大量房屋倒塌和约 8 万人死亡,位于发震断裂带上的北川县城、汶川映秀等一些城镇几乎夷为平地,直接经济损失达 8 000 多亿元。

一、地基的震害

由于地区特点和地形地质条件的复杂性,强烈地震造成的地面和建筑物的破坏类型多种多样。典型的地基震害有震陷、地基土液化、地震滑坡和地裂几种。

(一)震陷

震陷是指地基土作用而产生的明显的竖向永久变形。在发生强烈地震时如果地基由软弱黏性土和松散砂土构成,其结构受到扰动和破坏,强度严重降低,在重力和基础荷载的作用下会产生附加的沉陷。在我国沿海地区及较大河流的下游软土地区,震陷往往也是主要的地基震害。当地基土的级配较差、含水量较高、孔隙比较大时震陷也大。砂土的液化也往往引起地表较大范围的震陷。此外,在溶洞发育和地下存在大面积采空区的地区,在强烈地震的作用下,也容易诱发震陷。

(二)地基土液化

在地震的作用下,饱和砂土的颗粒之间发生相互错动而重新排列,其结构趋于密实,如果砂土为颗粒细小的粉细砂,则因透水性较弱而导致孔隙水压力加大,同时颗粒间的有效应力减小,当地震作用大到使有效应力减小到零时,将使砂土颗粒处于悬浮状态,即出现砂土的液化现象。

砂土液化时其性质类似于液体,抗剪强度完全丧失,使作用于其上的建筑物产生大量的沉降、倾斜和水平位移,可引起建筑物开裂、破坏甚至倒塌。在国内外的大地震中,砂土液化现象相对普遍,是造成地震灾害的重要原因。

影响砂土液化的主要因素为:地震烈度,震动的持续时间,土的粒径组成、密实程度、饱和度,土中黏粒含量以及土层埋深等。

(三)地震滑坡

在山区和陡峭的河谷区域,强烈地震可能引起诸如山崩、滑坡、泥石流等大规模的岩石体运动,从而直接导致地基、基础和建筑物的破坏。此外,岩土体的堆积也会给建筑物和人类的安全造成危害。

(四)地裂

地震导致岩面和地面的突然破裂和位移会引起位于附近或跨断层的建筑物的变形和破坏。如唐山地震时,地面出现一条长 10 km、水平错动 1.25 m、垂直错动 0.6 m 的大地裂,错动带宽约 2.5 m,致使在该断裂带附近的房屋、道路、地下管道等遭受到极其严重的破坏,民用建筑几乎全部倒塌。

二、建筑物基础的震害

(一)沉降、不均匀沉降和倾斜

观测资料表明,一般黏性土地基上的建筑物由地震产生的沉降量一般不大;而软土地基则可产生 10~20 cm 的沉降,也有达 30 cm 以上者;如地基的主要受力层为液化土或含有厚度较大的液化土层,强震时则可能产生数十厘米甚至 1 m 以上的沉降,造成建筑物的倾斜或倒塌。

(二)水平位移

水平位移常见于边坡或河岸边的建筑物,常见原因是土坡失稳和岸边地下液化土层的侧向扩张等。

(三)受拉破坏

地震时,受力矩作用较大的桩基础的外排桩受到过大的拉力时,桩与承台的连接处会产生破坏。杆、塔等高耸结构物的拉锚装置也可能因地震产生的拉力过大而破坏。如唐山地震时开滦煤矿矿井的斜架或斜撑普遍遭到破坏,地脚螺栓上拔 10~130 mm,斜架基础板位移 10~160 mm。

地震作用是通过地基和基础传递给上部结构的。因此,地震时首先是场地和地基受到考验,继而产生建筑物和构筑物震动并由此引发地震灾害。

第三节　地基基础抗震设计

一、抗震设计的任务

任何建筑物都建造在作为地基的岩石层上。地震时,土层中传播的地震波引起地基土体震动,导致土体产生附加变形,强度也相应发生变化。若地基土强度不能承受地基震动所产生的内力,建筑物就会失去支承能力,导致地基失效,严重时可产生像地裂、地震滑坡、地基土液化、震陷等震害。地基基础抗震设计的任务就是研究地震中地基和基础的稳定性及变形,包括地基的地震承载力验算,地基液化可能性判别和液化等级的划分,震陷划分,合理的基础结构形式以及为保证地基基础能有效工作所必须采取的抗震措施等内容。

《建筑工程抗震设防分类标准》（GB 50223—2008）将建筑物按使用功能的重要性和破坏后果的严重性分为如下 4 个抗震设防类型：

（1）特殊设防类。指使用上有特殊设施，涉及国家公共安全的重大建筑工程和地震时可能发生严重次生灾害等特别重大灾害后果，需要进行特殊设防的建筑，简称甲类。

（2）重点设防类。指地震时使用功能不能中断或需尽快恢复的生命线相关建筑，以及地震时可能导致大量人员伤亡等重大灾害后果，需要提高设防标准的建筑，简称乙类。

（3）标准设防类。指大量的除甲、乙、丁类以外按标准要求进行设防的建筑，简称丙类。

（4）适度设防类。指使用上人员稀少且震损不致产生次生灾害，允许在一定条件下适度降低要求的建筑，简称丁类。

各抗震设防类别建筑的抗震设防标准应符合下列要求：

（1）特殊设防类，应按高于本地区抗震设防烈度 1 度的要求加强其抗震措施；但抗震设防烈度为 9 度时应按比 9 度更高的要求采取抗震措施；同时，应按标准的抗震安全性评价的结果确定且高于本地区抗震设防烈度的要求确定其地震作用。

（2）重点设防类，应按高于本地区抗震设防烈度 1 度的要求加强其抗震措施；但抗震设防烈度为 9 度时应按比 9 度更高的要求采取抗震措施；地基基础的抗震措施应符合有关规定。同时，应按本地区抗震设防烈度确定其地震作用。

（3）标准设防类，应按本地区抗震设防烈度确定其抗震措施和地震作用，达到在遭遇高于当前抗震设防烈度的预估罕遇地震影响时不致倒塌或发生危及生命安全的严重破坏的抗震设防目标。

（4）适当设防类，允许比本地区抗震设防烈度的要求适当降低其抗震措施，但抗震设防烈度为 6 度时不应降低。一般情况下，仍应按本地区抗震设防烈度确定其地震作用。

对于划为重点设防类而规模很小的工业建筑，当改用抗震性能较好的材料且符合抗震设计规范对结构体系的要求时，允许按标准设防类设防。

二、抗震设计的目标和地基基础的概念设计

（一）抗震设计的目标

《建筑抗震设计规范》（GB 50011—2010）（简称《抗震规范》）将建筑物的抗震设防目标确定为"三个水准"，其具体表述为：一般情况下，遭遇第一水准烈度（众值烈度）的地震时，建筑物处于正常使用状态，从结构抗震分析的角度看，可将结构视为弹性体系，采用弹性反应谱进行弹性分析，规范所采取第一水准烈度比基本烈度约低一度半；遭遇第二水准烈度（基本烈度）的地震时，结构进入非弹性工作阶段，但非弹性变形或结构体系的损坏控制在可修复的范围；遭遇第三水准烈度（罕遇地震烈度）的地震时，结构有较大的非弹性变形但应控制在规定的范围内，以免倒塌。相应于第三水准烈度在基本烈度为 6 度时应为 7 度，7 度时应为 8 度，8 度时应为 9 度，9 度时应为 9 度强。工程中通常将上述抗震设计的三个水准简要地概括为"小震不坏，中震可修，大震不倒"的抗震设防目标，这是根据目前我国经济条件所考虑的抗震设防水平，也是我国几十年抗震工作的宝贵经验总结。

　　为保证实现上述抗震设防目标,《抗震规范》规定在具体的设计工作中采取两阶段设计步骤:第一阶段的设计是承载力验算,取第一水准的地震动参数计算结构的弹性地震作用标准值和相应的地震作用效应,进行结构构件的承载力验算,即可实现第一、二水准的设计目标。大多数结构可仅进行第一阶段设计,而通过概念设计和抗震构造措施来满足第三水准的设计要求。第二阶段的设计是弹塑性变形验算,对特殊要求的建筑,地震时易倒塌的结构以及有明显薄弱层的不规则结构,除进行第一阶段设计外,还要进行结构薄弱部位的弹塑性层间变形验算并采取相应的抗震构造措施,以实现第三水准的设防要求。

　　上述设防原则和设计方法可简短地表述为"三水准设防,两阶段设计"。

　　地基基础一般只进行第一阶段的设计。对于地基承载力和基础结构,只要满足了第一水准对于强度的要求,同时也就满足了第二水准的设防目标。对于地基液化验算,则直接采用第二水准烈度,对判明存在液化土层的地基,应采取相应的抗液化措施。地基基础相应于第三水准的设防要通过概念设计和构造措施来满足。

(二)地基基础的概念设计

　　结构的抗震设计包括计算设计和概念设计两个方面。计算设计是指确定合理的计算简图和分析方法,对地震作用效应做定量计算及对结构抗震能力进行验算。概念设计是指从宏观上对建筑结构做合理的选型、规划和布置,选用合格的材料,采取有效的构造措施等。20世纪70年代以来,人们在总结大地震灾害的经验中发现:对结构抗震设计来说"概念设计"比"计算设计"更为重要。由于地震动的不确定性和结构在地震作用下的响应和破坏机制的复杂性,"计算设计"很难有效地保证结构的抗震性能,因而必须强调良好的"设计概念"。地震作用对地基基础的研究,目前还很不足,因此地基基础的抗震设计更应重视概念设计。如前所述,场地条件对结构物的震害和结构的地震反应都有很大影响,因此场地的选择、处理、地基与上部结构动力相互作用的考虑以及地基基础类型的选择等都是概念设计的重要方面。

三、场地选择

　　地震对建筑物的破坏作用是通过场地、地基和基础传递给上部结构的,同时,场地与地基在地震时又支承着上部结构。在地震区常出现在同一小区(如一个自然村)内的房屋结构类型和建筑质量基本相同,而建筑物受到的地震灾害却有很大差别的现象,即"重灾区里有轻灾,轻灾区里有重灾"的烈度异常区,宏观地震烈度可能相差1~2度。分析其原因主要在于场地条件不同。因此,选择适宜的建筑场地对于建筑物的抗震设计至关重要。选址、抗震设计和施工是抗震设防的三个环节。一环紧扣一环,缺一不可。其中,选址是抗震设防三个环节中的关键环节,只有按抗震设防的准则进行选址,然后进行设计和施工,才能使建筑物在地震时达到小震不坏、中震可修、大震不倒。

(一)场地类别划分

　　场地分类的目的是便于采取合理的设计参数和适宜的抗震构造措施。从各国规范中产地分类的总趋势来看,分类的标准应当反映场地地面运动特征的主要因素,但现有的强震资料还难以用更细的尺度与之对应,所以场地分类一般至多分为三类或四类,划分指标尤以土层软硬描述为最多。作为定量指标的覆盖层厚度已被工程界广泛接受,采用剪切波速作为土层软硬描述的指标近年来逐渐增多。

《抗震规范》中采用以等效剪切波速和覆盖层厚度双指标分类法来确定场地类别,具体划分如表 6-3 所示。

表 6-3　各类建筑场地的覆盖层厚度　　　　　　　（单位:m）

岩石的剪切波速或土的等效剪切波速(m/s)	场地类别				
	I_0	I_1	II	III	IV
$v_s > 800$	0				
$800 \geqslant v_s > 500$		0			
$500 \geqslant v_{se} > 250$		<5	≥5		
$250 \geqslant v_{se} > 150$		<3	3~50	>50	
$v_{se} \leqslant 150$		<3	3~15	>15~80	>80

注:表中 v_s 为岩石的剪切波速。

场地覆盖层厚度的确定方法为:

(1)一般情况下,按地面至剪切波速大于 500 m/s 的坚硬土层或岩层顶面的距离确定。

(2)当地面 5 m 以下存在剪切波速大于相邻上层土剪切波速 2.5 倍的下卧土层,且其下卧土层的剪切波速不小于 400 m/s 时,可按地面至该下卧层的距离确定。

(3)剪切波速大于 500 m/s 的孤石和硬土透镜体视同周围土层。

(4)把土层中的火山岩硬夹层当做绝对刚体看待,其厚度从覆盖土层中扣除。

对土层剪切波速的测量,在大面积的初勘阶段,测量的钻孔应为控制性钻孔的 1/3 ~ 1/5,且不少于 3 个。在详勘阶段,单幢建筑不宜少于 2 个,密集的高层建筑群,每幢建筑不少于 1 个。对于丁类建筑及层数不超过 10 层且高度不超过 30 m 的丙类建筑,当无实测剪切波速时,可根据岩土名称和性状,按表 6-4 划分土的类型,再利用当地经验在表 6-3 的剪切波速范围内估计各土层剪切波速。

表 6-4　土的类型划分和剪切波速范围

土的类型	岩土名称和性状	土层剪切波速范围(m/s)
岩石	坚硬、较硬且完整的岩石	$v_s > 800$
坚硬土或软质岩石	破碎和较破碎的岩石和较软的岩石,密实的碎石土	$800 \geqslant v_s > 500$
中硬土	中密、稍密的碎石土,密实、中密的砾、粗砂、中砂,$f_{ak} > 150$ 的黏性土和粉土,坚硬黄土	$500 \geqslant v_s > 250$
中软土	稍密的砾、粗砂、中砂,除松散外的细砂、粉砂,$f_{ak} \leqslant 150$ 的黏性土和粉土,$f_{ak} > 130$ 的填土,可塑黄土	$250 \geqslant v_s > 150$
软弱土	淤泥和淤泥质土,松散的砂,新近沉积的黏性土和粉土,$f_{ak} \leqslant 130$ 的填土,流塑黄土	$v_s \leqslant 150$

注:f_{ak} 为由载荷试验等方法得到的地基承载力特征值,kPa,v_s 为岩土的剪切波速。

（二）场地选择

通常，场地的工程地质条件不同，建筑物在地震中的破坏程度也明显不同。据统计，地震时90%以上人员伤亡是由于建筑物倒塌破坏造成的，而建筑物倒塌的原因是地震原生现象，即地震断层及其出露地表的断裂直接造成的和地震弹性波对中介物即地基直接造成的地面断裂、地裂缝、错动、升降、液化、冒水喷砂、山崩、滑坡、塌方、泥石流、水体震荡等引起建筑物的破坏。这已为国内外大量的地震灾害事实所证实。因此，对一个城市，或对一座建筑物来说，选择场地是十分重要的。地震灾害的大小在很大程度上取决于地基条件的优劣，抗震设防中第一位重要因素是场地选择。在工程建设中适当选取建筑物场地，将大大减轻地震灾害。此外，由于建设用地受到地震以外众多因素的限制，除极不利和有严重危害性的场地外，往往是不能排除其作为场地用地的。因此，很有必要按照场地、地基对建筑物所受地震破坏作用的强弱和特征采取抗震措施，也是地震区场地分类与选择的目的。

研究表明，影响建筑震害和地震动参数的场地因素很多，其中包括有局部地形、地质构造、地基土质等，影响的方式也各不相同。一般认为，对抗震有利的地段是指地震时地面无残余变形的坚硬土或开阔平坦、密实均匀的中硬土范围或地区；而不利地区是指可能明显的地基变形或失效的某一范围或地区；危险地段是指可能发生严重的地面残余变形的某一范围或地区。因此，《抗震规范》中将场地划分为有利地段、不利地段和危险地段的具体标准，如表6-5所示。

表6-5　有利、不利和危险地段的划分

地段类别	地质、地形、地貌
有利地段	稳定基岩，坚硬土，开阔、平坦、密实、均匀的中硬土等
不利地段	软弱土，液化土，条状突出的山嘴，高耸孤立的山丘，非岩质的陡坡，河岸和边坡的边缘，平面分布上成因、岩性、状态明显不均匀的土层（如河故道、疏松的断层破碎带、暗埋的塘沟和半填半挖的地基）等
危险地段	地震时可能发生滑坡、崩塌、地陷、地裂、泥石流等及发震断裂带上可能发生的地表位错的部位

在选择建筑场地时，应根据工程需要，掌握地震活动情况和有关工程地质资料，作出综合评价，避开不利的地段，当无法避开时，应采取有效的抗震措施；对于危险地段，严禁建造甲、乙类建筑，不应建造丙类建筑。对于山区建筑的地基基础，应注意设置符合抗震要求的边坡工程，并避开土质边坡和强风化岩石边坡的边缘。

建筑场地为Ⅰ类时，对甲、乙类建筑允许按本地区抗震设防烈度的要求采取抗震构造措施；丙类建筑允许按本地区抗震设防烈度降低1度的要求采取抗震构造措施，但抗震设防烈度为6度时应按本地区抗震设防烈度的要求采取抗震构造措施。建筑场地为Ⅲ、Ⅳ类时，对设计基本地震加速度为 $0.15g$ 和 $0.30g$ 的地区，除另有规定外，宜分别按抗震设防烈度8度（$0.20g$）和9度（$0.40g$）时各类建筑的要求采取抗震构造措施。此外，抗震设防烈度为10度地区或行业有特殊要求的建筑抗震设计，应按专门规定执行。

关于局部地形条件的影响，从国内几次大地震的宏观调查资料来看，岩质地形与非岩质地形有所不同。云南通海地震的大量宏观调查表明,非岩质地形对烈度的影响比岩质地形对烈度的影响更为明显。如通海和东川的许多岩石地基上很陡的山坡,震害也未见有明显加重。因此,对于岩石地基的陡坡、陡坎等,规范未将其列为不利地段。但对于岩石地基中高度达数十米的条状突出的山脊和高耸孤立的山丘,由于鞭梢效应明显,震动有所加大,烈度仍有增高的趋势。所谓局部突出地形,主要是指山包、山梁和悬崖、陡坎等,情况比较复杂。从宏观震害经验和地震反应分析结果所反映的总趋势,大致可以归纳为以下几点:

(1)高突地形距基准面的高度愈大,高处的反应愈强烈。

(2)离陡坎和边坡顶部边缘的距离加大,反应逐步减小。

(3)从岩土构成方面看,在同样的地形条件下,土质结构的反应比岩质结构大。

(4)高突地形顶面愈开阔,远离边缘的中心部位的反应愈明显减小。

(5)边坡愈陡,其顶部的放大效果愈明显。

当场地中存在发震断裂时,尚应对断裂的工程影响做出评价。在离心机上做断层错动情况下不同土性和覆盖层厚度的位错量试验,按试验结果分析,当最大断层错距为 $1.0 \sim 3.0$ m 和 $4.0 \sim 4.5$ m 时,断层上覆盖层破裂的最大厚度为 20 m 和 30 m。考虑 3 倍左右的安全富余,可将 8 度和 9 度时上覆盖层的安全厚度界限分别取为 60 m 和 90 m。基于上述认识和工程经验,《抗震规范》在对发震断裂层的评价和处理上提出以下要求:

(1)对符合下列规定之一者,可忽略发震断裂层错动对地面建筑的影响:①抗震设防烈度小于 8 度;②非全新活动断裂;③抗震设防烈度为 8 度或 9 度时,前第四纪基岩隐伏断裂的土层覆盖厚度分别大于 60 m 和 90 m。

(2)对不符合上述规定者,应避开主断裂带,其避让距离应满足表6-6的规定。

表 6-6　发震断层的最小避让距离

烈度	建筑抗震设防类别			
	甲	乙	丙	丁
8	专门研究	300	200	—
9	专门研究	500	300	—

进行场地选择时还应考虑建筑物自震周期与场地卓越周期的相互关系,原则上应尽量避免两种周期过于接近,以防共震,尤其要避免将自震周期较长的柔性建筑置于松软深厚的地基土层上。若无法避免,例如我国上海、天津等沿海城市地基软土深厚,又需兴建大量高层和超高层建筑,此时宜提高上部结构整体刚度和选用抗震性能较好的基础类型,如箱形基础或桩箱基础等。

通过大量实践总结,场地选择应按以下原则进行:

(1)避开那些地震时可能发生地基失效的松软场地,其中包括在河道、山坡、山谷河边等,选择土质坚实、地下水埋深较深的坚硬场地。

(2)对那些无法选择到好的场地而不得不在较差的场地进行规划施工建设时,必须对场地存在的问题进行针对性的处理,已建好的工程和建筑,也要进行处理和加固。

（3）在较软弱的地基上进行建设设计时，要注意基础的整体性，防止地震引起动态的和永久性的不均匀变形。

总之，选择场址的重心是选择地震危险性较小的地区或地段建设城市或工程。具体讲，就是选择潜在地震危险性较小的地区，选择场地地震反应较小的地段，选择对结构的地震反应较小的地段。

四、地基基础方案选择

地基在地震作用下的稳定性对基础和上部结构内力分布的影响十分明显，因此确保地震时地基基础不发生过大变形和不均匀沉降的基本要求。

地基基础的抗震设计应通过选择合理的基础体系和抗震验算来保证其抗震能力。对地基基础抗震设计的基本要求是：

（1）同一结构单元不宜设置在性质截然不同的地基土层上，尤其不要放在半挖半填的地基上。

（2）同一结构单元不宜部分采用天然地基而另外部分采用桩基。

（3）地基有软弱黏性土、液化土、新近填土或严重不均匀土时，应估计地震时地基的不均匀沉降或其他不利影响，并采取相应措施。

一般在进行地基基础的抗震设计时，应根据具体情况，选择对抗震有利的基础类型，并在抗震验算时尽量考虑结构、基础和地基的相互作用影响，使它能反映地基基础在不同阶段的工作状态。在决定基础的类型和埋深时，还应考虑下列工程经验：

（1）同一结构单元的基础不宜采用不同的基础埋深。

（2）深基础通常比浅基础有利，因其可减少来自基底的振动能量输入。土中水平地震加速度一般在地表下 5 m 以内减小很多，四周土对基础振动能起阻抗作用，有利于将更多的振动能量耗散在周围土层中。

（3）纵横内墙较密的地下室、箱形基础和筏板基础的抗震性能较好。对软弱地基，宜优先考虑设置全地下室，采用箱形基础或筏板基础。

（4）地基较好，建筑层数不多时，可采用单独基础，但最好用地基梁连成整体，或采用交叉条形基础。

（5）实践证明，桩基础和沉井基础的抗震性能较好，并可穿透液化土层或软弱土层，将建筑物荷载直接传到下部稳定土层中，是防止因地基液化或严重震陷而造成震害的有效方法。但要求桩尖和沉井底面埋入稳定土层不应小于 1～2 m，并进行必要的抗震验算。

（6）桩基应采用低承台，可发挥承台周围土的阻抗作用。桥梁墩台基础中普遍采用低承台桩基和沉井基础。

五、天然地基承载力验算

我国多次强地震中遭受破坏建筑的调查表明，只有少数房屋是地基的原因而导致上部结构破坏的。而这类地基大多数是液化地基、易产生震陷的软土地基和严重不均匀的地基。一般地基均具有较好的抗震性能，极少发现因地基承载力不够而产生震害。因此，对于量大面广的一般地基和基础可不作抗震验算,而对于容易产生地基基础震害的液化地基、软土地基和严重不均匀地基,则应采取相应的抗震措施,以避免或减轻震害。

(一)可不进行天然地基及基础的抗震承载力验算的建筑物

《抗震规范》规定下列建筑可不进行天然地基及基础的抗震承载力验算:

(1)砌体房屋。

(2)地基主要受力层范围内不存在软弱黏性土层的一般单层厂房、单层空旷厂房和不超过 8 层且高度在 25 m 以下的一般民用框架房屋及与其地基荷载相当的多层框架厂房。

(3)该规范规定可不进行上部结构抗震验算的建筑。

说明:软弱黏性土层指 7 度、8 度和 9 度时,地基承载力特征值分别小于 80 kPa、100 kPa 和 120 kPa 的土层。

(二)抗震承载力验算步骤

地基和基础的抗震验算,一般采用"拟静力法"。此法假定地震作用如同静力,然后在该条件下验算地基和基础的承载力和稳定性。承载力的验算方法与静力状态下的验算方法类似,即计算的基地压力应不超过调整后的地基抗震承载力。因此,当需要验算天然地基承载力时,应采用地震作用效应标准组合。目前,大多数国家的抗震规范在验算地基土的抗震强度时,抗震承载力都采用在静承载力的基础上乘以一个系数的方法加以调整。考虑调整的出发点是:

(1)地震是偶发事件,是特殊荷载,因而地基的可靠度容许有一定程度的降低。

(2)地震是有限次数不等幅的随机荷载,其等效循环荷载不超过十几到几十次,而多数土在有限次数的动荷载下强度较静荷载下稍高。

基于上述两方面,《抗震规范》采用抗震极限承载力与静力极限承载力的比值作为地基土的承载力调整系数,其值也可近似通过动静强度之比求得。因此,在进行天然地基的抗震验算时,地基的抗震承载力应按下式计算

$$f_{aE} = \zeta_a f_a \tag{6-3}$$

式中　f_{aE}——调整后的地基抗震承载力;

　　　ζ_a——地基抗震承载力调整系数,应按表 6-7 采用;

　　　f_a——深宽修正后的地基承载力特征值,应按现行国家标准《建筑地基基础设计规范》(GB 50007—2011)采用。

表 6-7　地基抗震承载力调整系数 ζ_a

岩土名称和性状	ζ_a
岩石,密实的碎石土,密实的砾、粗砂、中砂,$f_{ak} \geqslant 300$ kPa 的黏性土和粉土	1.5
中密、稍密的碎石土,中密和稍密的砾、粗砂、中砂,密实和中密的细砂、粉砂,150 kPa $\leqslant f_{ak} < 300$ kPa 的黏性土和粉土,坚硬黄土	1.3
稍密的细砂、粉砂,100 kPa $\leqslant f_{ak} < 150$ kPa 的黏性土和粉土,可塑黄土	1.1
淤泥,淤泥质土,松散的砂,杂填土,新近堆积黄土及流塑黄土	1.0

另外,当天然地基地震作用下存在偏心的竖向承载力时,《抗震规范》规定,需验算地震作用效应标准组合的基础底面平均压力和边缘最大压力是否符合下列各式要求

$$p \leqslant f_{aE} \qquad\qquad (6\text{-}4)$$

$$p_{max} \leqslant 1.2 f_{aE} \qquad\qquad (6\text{-}5)$$

式中　p——地震作用效应标准组合的基础底面平均压力,kPa;

p_{max}——地震作用效应标准组合的基础边缘的最大压力,kPa;

f_{aE}——调整后的地基抗震承载力,kPa。

值得注意的是,当高层建筑高宽比大于4时,在地震作用下基础底面不宜出现拉应力;其他建筑的基础底面与地基之间的零应力区面积不应超过基础底面面积的15%。

在实际工作中,一般已知构筑物的基础类型、尺寸及埋深,利用式(6-3)把经深宽修正后的主要受力层地基承载力特征值 f_a 进行调整计算,从而获得该受力层调整后的地基抗震承载力 f_{aE},再把 f_{aE} 与该基础的基底净压力(该值计算时应考虑地基作用效应标准组合)进行比较,即可判断是否满足抗震要求。

六、地基的液化可能性判别和液化等级划分

(一)液化可能性的判别方法

1. 地基土的液化

地基土的液化是由于振动过程中,土体有收缩的趋势,在不排水条件下,表现为孔隙水压力升高、累积,及当孔隙水压力等于上覆压力时,土的强度丧失,土体发生流动的现象。

2. 液化土

饱和砂土和饱和粉土(不含黄土)的液化判别与地基处理,6度时,一般情况下可不进行判别和处理,但对液化沉陷敏感的乙类建筑可按7度的要求进行判别和处理,7~9度时,乙类建筑可按本地区抗震设防烈度的要求进行判别和处理。

3. 初步判别

饱和的砂土或粉土(不含黄土),当符合下列条件之一时,可初步判别为不液化或可不考虑液化影响:

(1)地质年代为第四纪晚更新世(Q_3)及其以前时,7度、8度时可判为不液化。

(2)粉土的黏粒(粒径小于0.005 mm的颗粒)含量百分率,7度、8度和9度分别不小于10、13和16时,可判为不液化土。

说明:用于液化判别的黏粒含量是采用六偏磷酸钠做分散剂测定,采用其他方法时应按有关规定换算。

(3)天然地基的建筑,当上覆非液化土层厚度和地下水位深度符合下列条件之一时,可不考虑液化影响

$$d_u > d_0 + d_b - 2 \qquad\qquad (6\text{-}6)$$

$$d_w > d_0 + d_b - 3 \qquad\qquad (6\text{-}7)$$

$$d_u + d_w > 1.5 d_0 + 2 d_b - 4.5 \qquad\qquad (6\text{-}8)$$

式中　d_w——地下水位深度,m,宜按设计基准期内年平均最高水位采用,也可按近期内最高水位采用;

d_u——上覆非液化土层厚度,m,计算时宜将淤泥和淤泥质土层扣除;

d_b——基础埋深,m,不超过 2 m 时应采用 2 m;

d_0——液化土特征深度(指地震时一般能达到的液化深度),m,可按表 6-8 采用。

表 6-8　液化土特征深度　　　　　　　　　　　(单位:m)

饱和土类别	地震烈度		
	7 度	8 度	9 度
粉土	6	7	8
砂土	7	8	9

4. 细判(标准贯入试验判别)

当初步判别认为需进一步进行液化判别时,应采用标准贯入试验判别法判别地面下 15 m 深度范围内的液化;当采用桩基或埋深大于 5 m 的深基础时,尚应判别 15 ~ 20 m 土的液化。当饱和土标准贯入锤击数(未经杆长修正)小于液化判别标准贯入锤击数临界值时,应判为液化土。当有成熟经验时,尚可采用其他判别方法。

在地面下 15 m 深度范围内,液化判别标准贯入锤击数临界值可按下式计算

$$N_{cr} = N_0 [0.9 + 0.1(d_s - d_w)] \sqrt{\frac{3}{\rho_c}} \qquad (d_s \leq 15) \qquad (6\text{-}9\text{a})$$

$$N_{cr} = N_0 (2.4 - 0.1 d_w) \sqrt{\frac{3}{\rho_c}} \qquad (15 < d_s \leq 20) \qquad (6\text{-}9\text{b})$$

式中　N_{cr}——液化判别标准贯入锤击数临界值;

　　　N_0——液化判别标准贯入锤击数基准值,应按表 6-9 采用;

　　　d_s——饱和土标准贯入点深度,m;

　　　ρ_c——黏粒含量百分率,当小于 3 或为砂土时,应采用 3。

表 6-9　标准贯入锤击数基准值

设计地震分组	7 度	8 度	9 度
第一组	6(8)	10(13)	16
第二、三组	8(10)	12(15)	18

注:括号内数值用于设计基本地震加速度为 0.15g 和 0.30g 的地区。

(二)地基液化等级划分

1. 液化指数

对存在液化土层的地基,应探明各液化土层的深度和厚度,按下式计算每个钻孔的液化指数,并按表 6-10 综合划分地基的液化等级

$$I_{lE} = \sum_{i=1}^{n} \left(1 - \frac{N_i}{N_{cri}}\right) d_i W_i \qquad (6\text{-}10)$$

式中　I_{lE}——液化指数;

n——在判别深度范围内每一个钻孔标准贯入试验点的总数;

N_i、N_{cri}——i点标准贯入锤击数的实测值和临界值,当实测值大于临界值时,应取临界值的数值;

d_i——i点所代表的土层厚度,m,可采用与该标准贯入试验点相邻的上、下两标准贯入试验点深度差的一半,但上界不高于地下水位深度,下界不深于液化深度;

W_i——i土层单位土层厚度的层位影响权函数值,m^{-1},若判别深度为15 m,当该层中点深度不大于5 m时应采用10,等于15 m时应采用零值,5~15 m时应按线性内插法取值,若判别深度为20 m,当该层中点深度不大于5 m时应采用10,等于20 m时应采用零值,5~20 m时应按线性内插法取值。

2. 液化等级

地基按液化指数I_{lE}的大小,将地基液化的危害程度分为三个等级(见表6-10)。

表6-10　液化等级

液化级别	轻微	中等	严重
判别深度为15 m 时的液化指数	$0 < I_{lE} \leq 5$	$5 < I_{lE} \leq 15$	$I_{lE} > 15$
判别深度为20 m 时的液化指数	$0 < I_{lE} \leq 6$	$6 < I_{lE} \leq 18$	$I_{lE} > 18$

在《抗震规范》中规定计算每个钻孔的液化指数,即"逐点判别、按孔计算",最后综合划分地基的液化等级。其实这只是一种原则性的规定,因为实际情况比较复杂,问题是计算了每个孔的液化指数,如何综合,规范里并没有给出具体的综合方法。在很多情况下,按各个孔的液化指数计算平均值是不合理的,因为平均值的概念是离差,正负可以抵消,显然严重液化和不液化是不能正负抵消的,因此将液化指数在水平方向进行统计缺乏依据,严格计算"平均液化指数"的概念不成立。举一个例子,上海的地面沉降,在某些区域沉降值大于1 m,有些区域可能只有10 cm,能够用整个上海地面沉降的平均值来评价其严重程度吗? 显然是不行的,那1 m的地面沉降所引起的种种危害是不能用10 cm地面沉降地区的没有危害来抵消的。另一例,一个场地有3个液化判别孔,液化指数分别为10、16、17,平均值是14.3,按平均值判别应为中等液化,但在3个孔分别判别应为中等、严重、严重,那么整个场地综合判别是严重合适还是中等合适? 因此,规范中的"综合分析"和"综合评价"是指逻辑上的分析,概念上的评价,最后的结论不是一个综合液化指数的数值,而是对整个场地液化趋势严重程度的一种判别。所以,在实际工作中需要依靠工程师的经验结合场地的特点、地层的分布、液化判别资料的可靠性,在各个孔之间的液化势矛盾比较突出时还应采用其他方法来论证。

(三) 地基抗液化措施

地基抗液化措施应根据工程结构的重要性、地基的液化等级,结合具体情况综合确定。当液化土层较平坦且均匀时,建筑地基宜按表6-11选取地基抗液化措施,不宜将未经处理的液化土层作为天然地基持力层。

表 6-11　抗液化措施

建筑抗震设防类别	地基的液化等级		
	轻微	中等	严重
乙类	部分消除液化沉陷,或对基础和上部结构处理	全部消除液化沉陷,或部分消除液化沉陷且对基础和上部结构处理	全部消除液化沉陷
丙类	基础和上部结构处理,亦可不采取措施	基础和上部结构处理,或更高要求的措施	全部消除液化沉陷,或部分消除液化沉陷且对基础和上部结构处理
丁类	可不采取措施	可不采取措施	基础和上部结构处理,或其他经济的措施

全部消除地基液化沉陷的措施,应符合下列要求:

(1)采用桩基时,桩端伸入液化深度以下稳定土层中的长度(不包括桩尖部分),应按计算确定,且对碎石、砾、粗砂、中砂、坚硬黏性土和密实粉土尚不应小于 0.5 m,对其他非岩石土尚不宜小于 1.5 m。

(2)采用深基础时,基础底面应埋入液化深度以下的稳定土层中,其深度不应小于 0.5 m。

(3)采用加密法(如振冲、振动加密、挤密碎石桩、强夯等)加固时,应处理至液化深度下界;振冲或挤密碎石桩加固后,桩间土的标准贯入锤击数实测值不宜小于式(6-9)计算的标准贯入锤击数临界值。

(4)用非液化土替换全部液化土层。

(5)采用加密法或换土法处理时,在基础边缘以外的处理宽度,应超过基础底面下处理深度的 1/2 且不小于基础宽度的 1/5。

部分消除地基液化沉陷的措施,应符合下列要求:

(1)处理深度应使处理后的地基液化指数减小,当判别深度为 15 m 时,其值不宜大于 4,当判别深度为 20 m 时,其值不宜大于 5;对独立基础与条形基础,尚不应小于基础底面下液化土特征深度和基础宽度的较大值。

(2)采用振冲或挤密碎石桩加固后,桩间土的标准贯入锤击数实测值不宜小于式(6-9)计算的标准贯入锤击数临界值。

(3)采用加密法或换土法处理时,在基础边缘以外的处理宽度,应超过基础底面下处理深度的 1/2 且不小于基础宽度的 1/5。

减轻液化影响的基础和上部结构处理,可综合采取下列各项措施:

(1)选择合适的基础埋深。

(2)调整基础底面面积,减少基础偏心。

(3)加强基础的整体性和刚性,如采用箱形基础、筏板基础或钢筋混凝土交叉条形基础,加设基础圈梁等。

（4）减轻荷载，增强上部结构的整体刚度和均匀对称性，合理设置沉降缝，避免采用对不均匀沉降敏感的结构形式等。

（5）管道穿过建筑物处应预留足够尺寸或采用柔性接头等。

液化等级为中等液化和严重液化的河故道、现代河滨、海滨，当有液化侧向扩展或流滑可能时，在距常时水线约 100 m 以内不宜修建永久性建筑，否则应进行抗滑动验算，采取防滑动措施或结构抗裂措施。

地基主要受力层范围内存在软弱黏性土层与湿陷性黄土时，应结合具体情况综合考虑，采取桩基、地基加固处理等各项措施。

七、桩基础验算

大量地震中遭受破坏建筑的基础类型调查表明，桩基础的抗震性能普遍优于其他类型基础，但桩端直接支撑于液化土层和桩侧有较大地面堆载者除外。此外，当桩承受有较大水平荷载时，仍会遭受较大的地震破坏作用。下面简要介绍《抗震规范》关于桩基础的抗震验算和构造的有关规定。

（一）作用于桩基的作用效应

对应进行桩基抗震承载力验算的建筑桩基，传至承台底面的荷载效应采用多遇地震水平下地震作用效应标准组合设计值，各种作用分项系数取值如下：

（1）水平地震作用取 1.3。

（2）上部结构重力荷载取 1.2。

（3）承台（基础）自重及其上的土重取 1.0。

（4）当需要考虑风荷载时，风荷载取 1.4。

（二）桩基可不进行承载力验算的范围

对于以承受竖向荷载为主的低承台桩基，当地面下无液化土层，且桩承台周围无淤泥、淤泥质土和地基土承载力特征值不大于 100 kPa 的填土时，某些建筑可不进行桩基的抗震承载力验算。某些具体规定与天然地基及基础的不验算范围基本相同，区别是对于 7 度和 8 度时一般的单层厂房和单层空旷房屋、不超过 8 层且高度在 25 m 以下的一般民用框架房及其与基础荷载相当的多层框架厂房也可不验算。

（三）非液化土中低承台桩基的抗震验算

1. 桩基竖向抗震承载力验算

非液化土中低承台桩基的单桩竖向承载力抗震验算，应符合下列规定

$$N_{\mathrm{E}} \leqslant R_{\mathrm{aE}} \tag{6-11}$$

$$N_{\mathrm{Emax}} \leqslant 1.2 R_{\mathrm{aE}} \tag{6-12}$$

$$N_{\mathrm{Emin}} > 0 \tag{6-13}$$

式中 N_{E}——地震作用效应标准组合的单桩桩顶平均竖向力值；

N_{Emax}、N_{Emin}——地震作用效应标准组合的边缘单桩最大、最小竖向力值；

R_{aE}——单桩竖向抗震承载力特征值。

单桩竖向抗震承载力特征值 R_{aE} 按下式确定

$$R_{\mathrm{aE}} = 1.25 R_{\mathrm{a}} \tag{6-14}$$

式中　　R_a——单桩非抗震竖向承载力特征值。

对于各类土层中的单桩,其抗震承载力均比静承载力提高 25%。这主要考虑到:虽然不同地基土抗震承载力调整系数不同,但桩身、桩端往往处于不同土层中,实际设计中分别进行调整难以做到;地震震害调查表明,即使是对于抗震承载力较小的软土地基,水平场地上建筑物桩基也均未失效。因此,不分土类,一律调高 25%。

对于摩擦群桩竖向抗震承载力验算,包括群桩的整体竖向抗震承载力验算和软弱下卧层抗震承载力验算,验算方法与静力设计一样,只须将桩端土及其软弱下卧层土的抗震承载力采用调整后的天然地基抗震承载力特征值即可。

2. 桩基水平抗震承载力验算

非液化土中低承台桩基的单桩竖向承载力抗震验算,应符合下列规定

$$H_E \leqslant R_{EHa} \tag{6-15}$$

式中　　H_E——地震作用效应标准组合的单桩桩顶平均竖向力值;

R_{EHa}——单桩水平向抗震承载力特征值。

单桩水平向抗震承载力特征值按下式确定

$$R_{EHa} = 1.25 R_{Ha} \tag{6-16}$$

式中　　R_{Ha}——单桩非抗震水平向承载力特征值。

地震作用效应标准组合的桩基所受的总水平力值按下列原则确定:

(1)当承台侧面的回填土夯实至干密度不小于《建筑地基基础设计规范》(GB 50007—2011)的规定时,可考虑承台正面填土与桩共同承担水平地震作用,但土体的抗力不应大于被动土压力的 1/3,一般不考虑承台底面和旁侧面与土的摩擦阻力。

(2)若在剪力传递方向承台旁有刚性地坪,且其抗力较承台正面被动土压力的 1/3 大,则由总水平力值中扣除地坪抗力作为桩所承担的净的总水平力值。地坪抗力可取为地坪与结构侧面的接触面与地坪材料的抗压强度的乘积。

(四)桩基所受作用效应的分配

地震作用效应标准组合的承台竖向力值、水平向力值和力矩值宜按 m 法进行分配,此时可忽略土抗力对群桩基础位移的影响,但在计算桩顶净的总水平向力值和力矩值时,应扣除承台正面水平土抗力或刚性地坪抗力及相应的反弯矩。

(五)存在液化土层时的低承台桩基

对存在液化土层的桩基抗震承载力验算,由于对液化土层的影响有不同的见解,不同部门的抗震设计规范的规定也有差别,至今尚未有普遍认可的观点。

根据《抗震规范》的规定,存在液化土层的低承台桩基抗震承载力验算,应符合下列规定:

(1)对埋置较浅的桩基础,不宜计入承台周围土的抗力或刚性地坪对水平地震作用的分担作用。

(2)当承台底面上、下分别有不小于 1.5 m、1.0 m 的非液化土层或非软弱土层时,可按下列两种情况进行桩的抗震验算,并按不利情况设计:

①桩承受全部地震作用,桩的承载力比非抗震设计时提高 25%,液化土的桩周摩阻力及桩的水平抗力均乘以表 6-12 所列的折减系数。

表6-12　土层液化影响折减系数

实际标贯击数/ 临界标贯击数	≤0.6		>0.6~0.8		>0.8~1.0	
土层深度 d_s(m)	$d_s \leqslant 10$	$10 < d_s \leqslant 20$	$d_s \leqslant 10$	$10 < d_s \leqslant 20$	$d_s \leqslant 10$	$10 < d_s \leqslant 20$
折减系数	0	1/3	1/3	2/3	2/3	1

②地震作用按水平地震影响系数最大值的10%采用,桩承载力仍按非液化土中的桩基确定,但应扣除液化土层的全部摩擦阻力及桩承台下2 m深度范围内非液化土的桩周摩阻力。

这一规定主要是基于这样的认识:在主震期间,一般认为桩基抗震承载力验算应考虑全部地震作用,但对液化土层的影响有不同的看法:一种看法认为地震与土层液化同步,在地震动作用下,可液化土层全部液化,液化土层对桩的摩阻力和水平抗力应全部扣除;另一种看法认为,地震与土层液化不同步,地震到来之时,孔隙水压力的上升还没有导致土层液化,可液化土层在地震过程中还是稳定的,故可视为非液化土,主震期间可以不考虑液化土的影响。很显然,前者偏于保守,后者偏于危险。日本和台湾在地震中实测的孔隙水压力时程和同一地点实测的加速度时程表明,孔隙水压力是单调上升的,达到峰值后单调下降,其达到峰值的时刻即为加速度时程曲线中最大峰值出现的时刻。分析表明,液化与地震动是同步的,但是,在主震期间,液化土层对桩的摩阻力和水平抗力并不全部消失。因此,主震期间考虑液化对土性参数的折减,是比较合理的方法。由于计算单桩的抗震承载力时,先将桩周摩阻力及水平抗力在其静承载力特征值基础提高25%,然后乘折减系数,故当液化土层实际标准贯入锤击数与临界标准贯入锤击数的比值等于1时,其计算结果与非液化土中单桩的计算结果相吻合;随着该值的减小,可以体现出液化土层对桩承载力的影响越来越大。

在主震之后,验算桩基抗震承载力时,通常将液化土层的摩阻力和水平抗力均按零考虑,但是否还需要考虑部分地震作用,尚有不同看法。考虑到即使地震停止,液化喷砂冒水通常仍要持续几小时甚至几天,这段时间内还可能有余震发生,为安全起见,在这种条件下取地震影响系数为最大地震影响系数的10%计算地震作用,进行桩基抗震承载力验算是适宜的。

(3)对于打入式预制桩基和其他挤土桩,当平均桩距为2.5~4倍桩径且桩数不小于5×5时,可计入打桩对土的加密作用及桩身对液化土变性限制的有利影响。当打桩后桩间土的标准贯入锤击数达到不液化的要求时,单桩承载力可不折减,但对桩尖持力层作强度校核时,桩群外侧的应力扩散角应取为零。打桩后桩间土的标准贯入锤击数宜由试验确定,也可以按下式计算

$$N_1 = N_P + 100\rho(1 - e^{-0.3N_P}) \tag{6-17}$$

式中　N_1——打桩后的标准贯入锤击数;

　　　N_P——打桩前的标准贯入锤击数;

ρ——打入时预制桩的面积置换率。

上述液化土的抗震验算原则和方法主要考虑了以下情况：

（1）不计承台旁土抗力或地坪的分担作用偏于安全，也就是将其作为安全储备，因目前对液化土中桩的地震作用与土中液化进程的关系尚未弄清。

（2）根据地震反应分析与振动台试验，地面加速度最大的时刻出现在液化土的孔压比小于1（常为0.5~0.6）时，此时土尚未充分液化，只是刚度比未液化时下降很多，故可仅对液化土的刚度做折减。

（3）液化土中孔隙水压力的消散往往需要较长的时间。地震后土中孔压不会很快消散完毕，往往余震后才出现喷砂冒水，这一过程通常持续几小时甚至一两天，其间常有沿桩与基础四周排水的现象，说明此时桩身摩阻力已大减，从而出现竖向承载力不足和缓慢的沉降，因此应按静力荷载组合校核桩身的强度和承载力。

除应按上述原则验算外，还应对桩基的构造予以加强。桩基理论分析表明，地震作用下桩基在软、硬土层交界面处最易受到剪、弯损害。阪神地震后许多桩基的实际考察也证实了这一点，但在采用 m 法的桩身内力计算方法中却无法反映，目前除考虑桩土相互作用的地震反应分析可以较好地反应桩身受力情况外，还没有简便实用的计算方法保证桩在地震作用下的安全，因此必须采取有效的构造措施。对液化土中的桩，应自桩顶至液化深度以下符合全部消除液化沉陷所要求的距离范围内配置钢筋，且纵向钢筋应与桩顶部位相同，箍筋应加密。

处于液化土中的桩基承台周围宜用非液化土填筑夯实，若用砂土或粉土，则应使土层的标准贯入锤击数不小于规定的液化判别标准贯入锤击数的临界值。

在有液化侧向扩展的地段，距常时水准100 m范围内的桩基尚应考虑土流动时的侧向作用力，且承受侧向推力的面积应按边桩外缘间的宽度计算。常时水准宜按设计基准期内（河流或海水）的年平均最高水位采用，也可按近期的年最高水位采用。

第四节　动力基础设计

欲作出一个可行的动力基础设计方案，必须先了解发自动力机器这一振源的振波在地基土中如何传播，然后分析出机器基础的振动可能对周围建筑物或构筑物造成的哪些影响，按动力机器基础设计的一般步骤，作出合理的机器基础设计，最终可使其振动减小到足以保证机器平稳运转和不干扰临近设备操作人员和居民的正常工作与生活。

一、基础－地基系统振动计算理论简述

基础－地基系统振动计算是动力机器基础设计的关键。在20世纪初期，机器基础的设计理论极为粗糙，采用了规定机器与基础的质量比这类经验方法。30年代至40年代后，国外学者在有关试验取得一定成果的基础上，逐步建立起对机器基础的设计计算理论，这些理论是动力计算和分析的基本工具。

基础振动计算理论目前常用的有两种：一种是在苏联、印度及东欧一些国家和我国普遍应用的质量－弹簧模型（见图6-3(a)）理论，该理论也称为文克勒－沃格特（Winkler－

voigt）模型，此模型后来经过改进成为质量－弹簧－阻尼器模型（见图6-3（b））理论，简称为质弹阻理论；另一种是在美国、日本、加拿大及西欧等国普遍使用的刚体－半空间模型理论（简称半空间理论或理想弹性半空间理论，见图6-3（c））。这两种理论都是针对实体式基础提出的。

　　质量－弹簧模型理论假定基组（包括基础、基础上的机器和附属设备，以及基础台阶上的土）为有质量的刚体，地基土体系的弹性作用表示为无质量弹簧的反力。后来，为了考虑共振区的振动特性，又在上述质量－弹簧模型上加一阻尼器，形成了质量－弹簧－阻尼器模型，图6-3（b）中阻尼器的黏滞阻力反映了振动时体系所受到的地基阻尼作用。该模型计算方便，如参数选择得当，能较好地反映机器基础的动力特征。质量－弹簧－阻尼器模型中的质量 M 常取为基组的质量 m，但有时也包括基础下面一部分地基土的质量。显然，这种理论的关键是如何正确地确定振动体系的动力特征参数：①地基刚度 K（表示地基弹性反力与基础变位间的比例系数）；②阻尼系数 N（表示地基的阻尼力与基础振动速度间的比例系数）；③模型的质量 M，对于实体式机器基础，可采用基组的质量，在某些情况下（例如桩基）模型的质量 M 除基组的质量外，还应计入参加振动的桩和土的质量。我国目前动力基础设计工作中多采用这种计算模型。

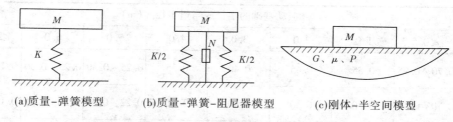

(a)质量－弹簧模型　　　(b)质量－弹簧－阻尼器模型　　　(c)刚体－半空间模型

图6-3　实体式基础振动计算模型

　　刚体－半空间理论的计算模型是把地基视为半空间体（半无限连续、均质的、各向同性的线弹性体），基础看做是在半空间体上的刚体，其上作用着静荷载和动荷载。该模型还假定把半空间体、材料阻尼、基底与半空间之间的摩擦力均略去不计。利用动力弹性理论分析地基中波的传播，由解析法和数值法（如有限元法）可以求出基础与半空间接触面上的动应力。利用动力平衡条件，可以写出刚体（或基础）的运动方程，从而确定基础的振动状态。理想弹性半空间理论所需的地基参数是土的泊松比 μ、剪切模量 G 及质量密度 ρ。

二、振动基础在土中引起的波动的传播特征

　　动力机器基础的振动所产生的振波在土中如何传播是个很复杂的问题，根据弹性半空间理论，地基土可看成是弹性半空间连续介质。当地表或地表附近有振动（如动力机器基础）存在时，其振动将以波动的形式向四周传播并逐渐衰减。通过理论分析，竖向振源作用在弹性半空间表面上，其振动能量中的1/3将以表面波的形式在地表附近一个波长范围内向四周传播，其余2/3则以体波（包括纵波和横波）形式向四周和深处传播。体波是以半球面的形式径向地向外传播的，体波的振幅以与 $1/r$ 成正比衰减（r 为与振源的距离）。表面波是以圆柱面的形式径向地向外传播的，表面波的振幅与 $(1/r)^{0.5}$ 成正比。

由此可见,基础振源波动引起的地面振动主要取决于面波。国内有关单位在分析实测数据及参照波动理论近似解的基础上,提出了距机器基础一定距离 r 处的地表竖向振幅的衰减公式

$$A_r = A_0 \left[\frac{r_0}{r} \xi_0 + \sqrt{\frac{r_0}{r}} (1 - \xi_0) \right] e^{-f_0 \alpha_0 (r - r_0)} \tag{6-18}$$

式中　A_r——距振动基础中心 r 处的地表振幅,m;

　　　A_0——振动基础的振幅,m;

　　　f_0——振源频率,Hz,一般为 50 Hz 以下,对于冲击机器基础,可采用基础的固有频率;

　　　r_0——圆形基础半径,m,对矩形或方形基础,$r_0 = \mu_1 (F/\pi)^{0.5}$,其中,$F$ 为基底面积,μ_1 为动力影响系数,当 $F < 10$ m^2 时,$\mu_1 = 1.0$,当 $F > 20$ m^2 时,$\mu_1 = 0.8$,中间值内插;

　　　ξ_0——无量纲几何衰减系数,其值与基础当量半径 r_0 和土性有关,可查表 6-13;

　　　α_0——地基土的能量吸收系数,s/m,可查表 6-14。

表 6-13　无量纲几何衰减系数 ξ_0 值

土的名称	振动基础的半径或当量半径 r_0(m)							
	≤0.5	1.0	2.0	3.0	4.0	5.0	6.0	≥7.0
一般土	0.70~0.95	0.55	0.45	0.40	0.35	0.25~0.30	0.23~0.30	0.15~0.2
饱和软土	0.70~0.95	0.50~0.55	0.40	0.40	0.23~0.30	0.22~0.30	0.20~0.25	0.10~0.2
岩石	0.80~0.95	0.70~0.80	0.65~0.70	0.60~0.65	0.55~0.60	0.50~0.55	0.45~0.50	0.25~0.35

注:1. r_0 为中间值时,ξ_0 可用插入法。

　　2. 对于饱和软土,当地下水深≤1 m 时,ξ_0 取小值;地下水深为 1.5~2.0 m 时,ξ_0 取大值;地下水深 >2.5 m 时,取一般土的 ξ_0 值。

　　3. 对于岩石,岩面覆盖层在≤2.5 m 时,ξ_0 取大值;岩面覆盖层 >2.5 m 时,ξ_0 取小值;岩面覆盖层超过 6 m 时,取一般土的 ξ_0 值。

表 6-14　地基土能量吸收系数 α_0 值

地基土名称状态		α_0(s/m)	说明
岩石(覆盖层 1.5~2.0 m)	页岩、石灰岩	$(0.385 \sim 0.485) \times 10^{-3}$	1. 同一状态下的地基,振动设备大者(例如 160 kN 锻锤),α_0 取小值,反之取大值,试验用(机械式)激振器,α_0 应乘以 1.5~3.0; 2. 同等情况下,土的孔隙比大者,α_0 取大值,反之取小值
	砂岩	$(0.580 \sim 0.775) \times 10^{-3}$	
硬塑的黏土		$(0.385 \sim 0.525) \times 10^{-3}$	
中密的块石、卵石		$(0.850 \sim 1.100) \times 10^{-3}$	
可塑的黏土和中密的粗砂		$(0.965 \sim 1.200) \times 10^{-3}$	
软塑的黏土和稍密的中、粗砂		$(1.250 \sim 1.450) \times 10^{-3}$	
淤泥质黏土、粉土和饱和土		$(1.200 \sim 1.300) \times 10^{-3}$	
新近沉积的黏土和非饱和松散砂		$(1.800 \sim 2.050) \times 10^{-3}$	

三、动力机器基础设计的一般步骤

合理地设计机器基础,可使其振动减小到足以保证机器平稳运转且不干扰临近设备操作人员和居民的正常工作与生活。一般情况下,动力机器基础设计按以下步骤进行:

(1)收集设计资料。主要包括:机器的型号、规格、重心位置;机器的轮廓尺寸、底座尺寸;机器的功率、传动方式和转速及其辅助设备和管道的位置;与设备有关的预留坑、沟、洞的尺寸和地脚螺栓,预埋件的尺寸及位置;基础的平面布置;建筑物所在地的工程地质勘察资料和水文资料;机器的扰力作用方向和扰力值及其作用点的位置;当基础有回转振动时,还需要收集或计算出机器的质量惯性矩(转动惯量)。

(2)确定地基动力参数。地基动力参数是动力基础设计的必备参数,参数选值是否适当对能否正确分析机器基础的动力反应起决定作用,如果取值不当,就可能使基础与机器发生共振导致设计的基础振动过大。因此,地基动力参数原则上应由原位测试确定。对于所设计的机器基础的固有频率高于机器的扰力频率时,地基刚度取值低一点安全。

(3)选择地基方案。一般因机器基础的基底静压力较小,基底平面形状较简单,且荷载偏心小,所以设计中对地基方案的选择并无特殊要求,只有在遇到软土、湿陷性黄土、饱和细砂、粉砂、粉土等土层时,才须采取适当的措施加以处理。

(4)根据机器的特征、工艺要求、地质资料确定基础类型、构筑材料、基础的埋深及尺寸。

动力机器基础宜采用整体式或装配整体式混凝土结构。混凝土的强度等级一般不低于 C15,对按构造要求设计的或不直接承受冲击力的实体式或墙式基础,混凝土的强度等级可采用 C10。

机器基础一般都有部分或全部埋置于土中,这样可减小机器的振动影响,对于具有水平扰力的机器效果特别明显。埋深一般根据地质资料、厂房基础及管沟埋深等条件综合确定。

基础的外形尺寸一般根据制造厂提供的机器轮廓尺寸及附件、管道等的布置加以确定,同时还须满足基础整体刚度方面的构造要求及所谓的"对心"要求(即要求基组包括机器、基础和基础上的回填土的总重心与基础底面的形心宜位于同一铅垂线上),以避免基础产生扭转力矩。当不在同一铅垂线上时,两者之间的偏心距和平行偏心方向基底边长的比值 η 应符合如下要求:

①对汽轮机组和电机基础,$\eta \leqslant 3\%$。

②对金属切削机床以外的一般机器基础,当地基承载力特征值 $f_{ak} \leqslant 150$ kPa 时,$\eta \leqslant 3\%$;当地基承载力特征值 $f_{ak} > 150$ kPa 时,$\eta \leqslant 5\%$。

另外,具有水平扰力的机器,应尽可能降低基础高度,以减小扰力矩。受周期性扰力作用的机器基础,应尽可能使机器－基础－地基土振动体系的固有频率与机器的扰力频率错开30%以上,以免共振。为了减小振动的传播,振动较大的机器基础,不宜与建筑物连接。动力机器底座的边缘至基础边缘的净距不宜小于 100 mm。除锻锤基础外,在机器底座下应预留厚度不小于 25 mm 的二次灌浆层。

动力机器基础的地脚螺栓除应严格按照机器安装图布置外,尚应符合以下要求:混凝土强度等级不小于 C15 时,带弯钩地脚螺栓埋深不小于 $20d$(d 为螺栓直径),锚板地脚螺

栓埋深不小于 $20d$。螺栓或预留螺栓孔离基础侧面边缘和基础底面的最小距离应符合图 6-4 的规定,当无法满足要求时,应采取加强措施。

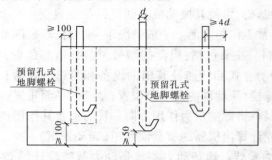

图 6-4　地脚螺栓布置构造要求

(5)校核地基承载力,并进行沉降验算。

(6)进行动力计算。这个步骤是动力机器基础设计的关键,其内容为确定固有频率(自振、频率)和振动幅值(位移、速度和加速度的幅值等),并控制这些振动量不超过一定的允许范围。对大多数动力机器基础而言,主要是控制振幅值和速度值,而对振动能量较大的锻锤基础,则还需控制加速度值。

(7)根据基础的结构形式按现行的钢筋混凝土规范进行结构强度计算与配筋。动力机器基础的钢筋一般采用 I 级钢或 II 级钢,不宜采用冷轧钢筋、受冲击力较大的部位应尽量采用热轧变形钢筋,并避免采用焊接接头。框架式基础和墙式基础的部分构件须作静荷载与动荷载作用下的强度计算,并作为配筋依据。一般实体基础和墙式基础的大部分构件均可按构造要求配筋。

(8)绘制基础施工图。

由于目前有关动力机器基础设计的计算理论及方法均有待进一步完善,因此机器基础的设计往往结合模型试验进行。

四、动力机器基础设计的基本要求

动力机器的动力荷载作用必然会引起地基及基础的振动,如设计不当,可能产生一系列不良影响,因此动力机器基础设计应满足下列基本要求:①满足机器在安装、使用和维修方面的要求,因此基础上半部的外形和尺寸会按制造厂所提供的安装图设计;②地基应满足承载力要求并控制基础的沉降和倾斜,不应产生影响机器正常使用的变形;③基础本身应具有足够的强度、刚度和耐久性;④基础的振动应限制在容许范围内,保证机器的正常工作和工人的正常工作条件,以不影响邻近建筑物仪器设备的正常使用。

由此可见,在进行动力机器基础设计时,主要应从满足工艺与建筑构造要求、验算地基承载力与基础变形、计算与控制基础动力响应等方面着手。我国《动力机器基础设计规范》(GB 50040—96)对此作出如下规定。

(一)满足地基强度的要求

基础底面地基的静压力由基础自重、基础上回填土重、机器自重以及传至基础上的其他荷载产生,基础底面地基的平均静压力设计值 p(kPa)应符合下式要求

$$p \leqslant \alpha_f f_{ak} \tag{6-19}$$

式中　f_{ak}——修正后的地基承载力特征值，kPa，其值可按天然地基承载力计算方法确定；

　　　　α_f——地基承载力的动力折减系数，其值与基础形式有关，对旋转式机器基础，$\alpha_f = 0.8$，对锻锤基础，可按式（6-20）计算，其余基础，$\alpha_f = 1.0$。

$$\alpha_f = \frac{1}{1 + \beta \dfrac{a}{g}} \tag{6-20}$$

式中　a——基础的振动加速度，m/s^2；

　　　　g——重力加速度；

　　　　β——地基土的动沉陷影响系数，其值与地基土类别有关，动力机器基础的地基土类别见表 6-15，表中的地基土是指天然地基，对桩基可按桩尖土层的类别选用。

表 6-15　动力机器基础的地基土类别

土的名称	地基土的承载力特征值 f_{ak}（kPa）	地基土类别	β 值
碎石土	$f_{ak} > 500$	I 类土	1.0
黏性土	$f_{ak} > 250$		
碎石土	$f_{ak} = 300 \sim 500$	II 类土	1.3
粉土、砂石	$f_{ak} = 250 \sim 400$		
黏性土	$f_{ak} = 180 \sim 250$		
碎石土	$f_{ak} = 180 \sim 300$	III 类土	2.0
粉土、砂石	$f_{ak} = 160 \sim 250$		
黏性土	$f_{ak} = 130 \sim 180$		
粉土、砂石	$f_{ak} = 120 \sim 160$	IV 类土	3.0
黏性土	$f_{ak} = 80 \sim 130$		

（二）满足动力验算

动力机器基础的振动大小通常用振幅、振动速度幅和振动加速度幅来计量，其值可以通过动力计算确定。在进行动力计算时，荷载均采用特征值。

动力机器基础的振幅 A_f（m）、振动速度幅 v_f（m/s）和振动加速度幅 a_f（m/s^2）应满足下列要求

$$A_f \leqslant [A] \; ; v_f \leqslant [v] \; ; a_f \leqslant [a] \tag{6-21}$$

式中　$[A]$、$[v]$、$[a]$——基础的允许振幅，m，允许振动速度幅，m/s，以及允许振动加速度幅，m/s^2。

上述允许值与机器的动荷载及基础的形式等有关，其值将在各动力基础设计内容中分别介绍。

五、地基土的动力特性参数

地基土的主要动力参数有地基刚度系数、阻尼比、泊松系数、波速等，其中地基刚度系数及阻尼比与地基的动力计算直接相关。地基刚度系数是指使地基土产生单位位移（转

角)时所需的力(力矩),它是基础底面以下所有土层的综合物理量。阻尼比是体系的实际阻尼与临界阻尼之比。地基土的这两个参数直接决定了基础的动力特性和动力响应,能否正确取得这两个参数,对基础设计的正确与否起着决定性的作用。

(一)天然地基动力参数

1. 天然地基抗压刚度系数 C_z(kN/m^3)及抗压刚度 K_z(kN/m)

基底处地基单位面积的弹性动反力 p_z 与竖向弹性位移 z 间的关系为

$$p_z = C_z z \tag{6-22}$$

式中　C_z——天然地基抗压刚度系数,kN/m^3,它与地基土的性质、基础的特性(基底形状、面积、埋深、回填土情况,基底压力和基础本身刚性等)及扰力特性有关,是机器基础-地基体系的综合性物理量,因此宜由现场试验确定(例如,由模拟基础的振动性状实测资料,按所选的计算理论反算)。

在一般情况下,地基土抗压刚度系数 C_z 值随着地基土承载力的提高而提高。试验表明,当基底面积 $A \geqslant 20\ m^2$ 时,C_z 变化不大,可认为是常数,当不具备现场实测条件时,C_z 可根据地基土的土类及地基承载力特征值 f_{ak} 按表6-16选用。当土类不属于表中类型时,可参照与之相近的土类选用;当 $A < 20\ m^2$ 时,表中 C_z 应乘以 $\sqrt[3]{20/A}$ 进行修正。

表 6-16　　天然地基的抗压刚度系数 C_z　　　　　(单位:MN/m^3)

地基承载力的特征值 f_{ak}(kPa)	土的名称		
	黏性土	粉土	砂土
300	66	59	52
250	55	49	44
200	45	40	36
150	35	31	28
100	25	22	18
80	18	16	

地基对基础的总弹性反力为

$$P_z = p_z A = C_z z A \tag{6-23}$$

通常,天然地基总是成层的。在基础影响的地基土深度内,由不同土层组成的地基(见图6-5),其抗压刚度系数可按下式计算

$$C_z = \cfrac{\dfrac{2}{3}}{\sum \dfrac{1}{C_{zi}} \left(\cfrac{1}{1 + 2\dfrac{h_{i-1}}{h_d}} - \cfrac{1}{1 + 2\dfrac{h_i}{h_d}} \right)} \tag{6-24}$$

式中　C_{zi}——第 i 层土的抗压刚度系数,kN/m^3;

　　　　h_{i-1}——从基础底面至 $i-1$ 层土底面的深度,m;

　　　　h_i——从基础底面至 i 层土底面的深度,m;

h_d——基础影响的地基土深度，m，$h_d = 2\sqrt{A}$。

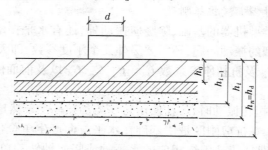

图 6-5　分层土地基

C_z 与基底面积的乘积称为抗压刚度 K_z，即

$$K_z = C_z A \tag{6-25}$$

式中　K_z——使基础在竖向产生单位位移所需要的总力，kN/m。

基础四周的回填土能提高地基刚度 K_z，基础埋深相对基础尺寸越大，其影响越大，特别是对抗剪刚度的影响尤为明显。当基础采用埋置方式、地基承载力特征值小于 350 kPa，且基础四周回填土的密实度不小于 0.85 时，其抗压刚度 K_z 可乘以提高系数 α_z，α_z 的计算如下

$$\alpha_z = (1 + 0.4\delta_b)^2 \qquad 而 \qquad \delta_b = h_t / \sqrt{A} \tag{6-26}$$

式中　δ_b——基础埋深比，当 $\delta_b > 0.6$ 时，取 $\delta_b = 0.6$；

　　　h_t——基础埋深。

2. 地基的竖向阻尼比 ζ_z

对于天然地基上的机器基础，当机器工作频率在共振区（一般指 75% ~ 125% 的基础 – 地基体系自振频率所包括的频率范围）以外时，计算理论和实践均证明，地基对基础振动的阻尼作用并不明显，通常可不予考虑。当机器工作频率在共振区以内时，地基的阻尼作用比较显著，此时必须考虑地基的阻尼特性。工程上一般用无量纲的阻尼比 ζ_z 来表示阻尼特性。阻尼比 ζ_z 也受很多因素（如地基土的类型及基础特性等）的影响，其值由现场试验确定，如无条件，可按下列公式计算：

黏性土　　　　　　　　　$$\zeta_z = \frac{0.16}{\sqrt{\overline{m}}} \tag{6-27}$$

砂土、粉土　　　　　　　$$\zeta_z = \frac{0.11}{\sqrt{\overline{m}}} \tag{6-28}$$

$$\overline{m} = m / (\rho A \sqrt{A})$$

式中　$\overline{m}$——基组质量比；

　　　m——基组质量，kg；

　　　ρ——地基土的密度，kg/m³。

试验表明，当基础四周有地坪和填土（填土的质量有一定保证），随着基础埋深的加大，基础在强迫振动中的共振振幅有所降低而共振频率则有所提高，即相对于明置基础，埋置基础的阻尼比有所增大，阻尼比提高系数 β_z 可按下式计算

$$\beta_z = 1 + \delta_b \tag{6-29}$$

3. 天然地基的抗剪、抗弯、抗扭刚度

对于曲柄连杆等类型机器的基础，除竖向振动外，还有水平振动、回转扭动以及扭转振动。对于这三种类型的振动问题，还需要另外几个刚度参数，即天然地基的抗剪刚度系数 C_x、抗弯刚度系数 C_φ 及抗扭刚度系数 C_ψ。C_x、C_φ、C_ψ 以及前面的 C_z 统称为天然地基的刚度系数，单位同 C_z。

计算水平、回转及扭转振动时，往往使用另一类参数——天然地基抗剪刚度 K_x、抗弯刚度 K_φ 及抗扭刚度 K_ψ。抗剪刚度是使基础在水平方向产生单位位移所需要的总力；抗弯刚度或抗扭刚度分别是使基础绕相应的水平轴或竖向轴转动单位转角所需要的总力矩。上述几种刚度和刚度系数的关系式如下

$$C_x = 0.7C_z;\ C_\varphi = 2.15C_z;\ C_\psi = 1.05C_z \quad (\text{MN}/\text{m}^3) \tag{6-30}$$

$$K_x = C_x A;\ K_\varphi = C_\varphi I;\ K_\psi = C_\psi I_z \quad (\text{kN}/\text{m}) \tag{6-31}$$

式中　I——基础底面通过其形心轴的惯性矩，m^4；

I_z——基础底面通过其形心轴的极惯性矩，m^4。

当基础与刚性地面相连时，地基抗弯、抗剪、抗扭刚度可分别乘以提高系数 α_1，可取 $\alpha_1 = 1.0 \sim 1.4$，软弱地基土的提高系数 α_1 可取 1.4，其他地基土的提高系数 α_1 可适当减小。

如需考虑地基的阻尼作用，对水平回转振动（它们总是同时存在的）可用阻尼比 $\zeta_{x\varphi1}$ 及 $\zeta_{x\varphi2}$（即水平回转向第 I、第 II 振型阻尼比）表示；对扭转振动可用阻尼比 ζ_ψ 表示。一般也应由现场试验确定 $\zeta_{x\varphi1}$、$\zeta_{x\varphi2}$ 和 ζ_ψ；无条件做试验时，可按下列公式计算

$$\zeta_{x\varphi1} = \zeta_{x\varphi2} = \zeta_\psi = 0.5\zeta_z \tag{6-32}$$

对埋置基础，地基的水平回转和扭转振动的阻尼比应乘以提高系数 $\beta_{x\varphi}$

$$\beta_{x\varphi} = 1 + 2\delta_b \tag{6-33}$$

(二) 桩基动力参数

受振动作用的基础，在下列情况下常采用桩基：①必须减小基础的振幅时；②必须提高基组的自振频率时；③必须减小基础的沉降时；④当基底压力设计值大于地基土在振动作用下的地基承载力设计值时。桩基的振动分析是一个很复杂的振动课题，许多问题还需作深入的研究。

计算预制桩或打入式灌注桩的固有频率和振幅时，仍采用质弹阻模型，但振动质量除基组的质量外，尚应考虑桩与土参加振动的当量质量 m_0 的影响，其竖向总质量、水平向总质量以及基组的总转动惯量应按下列公式计算

$$m_0 = \frac{l_t l b \gamma}{g} \tag{6-34}$$

$$m_{sz} = m + m_0 \tag{6-35}$$

$$m_{sx} = m + 0.4m_0 \tag{6-36}$$

$$J' = J\left(1 + \frac{0.4m_0}{m}\right) \tag{6-37}$$

$$J'_z = J_z\left(1 + \frac{0.4m_0}{m}\right) \tag{6-38}$$

式中 l、b——矩形承台基础的长度和宽度,m。

l_t——折算长度,与桩的入土深度 h_t 的关系是:当 $h_t \leqslant 10$ m 时,取 $l_t = 1.8$ m,当 $h_t \geqslant 15$ m 时,取 $l_t = 2.4$ m,当 $h_t = 10 \sim 15$ m 时,$l_t = 1.8 + 0.12(h_t - 10)$;

γ——土和桩的平均重度;

g——重力加速度;

m_0——竖向振动时,桩和桩间土参加振动的当量质量;

m_{sz}——桩基竖向总质量;

m_{sx}——桩基水平回转向总质量;

J'—— 基组通过其重心轴的总转动惯量;

J—— 基组通过其重心轴的转动惯量;

J'_z——基组通过其重心轴的总极转动惯量;

J_z——基组通过其重心轴的极转动惯量。

桩基的刚度及阻尼比可由现场试验确定。当无条件现场试验时,对预制桩或打入式灌注桩,可按下列公式计算桩基的抗压刚度 K_{pz}

$$k_{pz} = \sum (C_{pt}A_{pt}) + C_{pz}A_p \tag{6-39}$$

$$K_{pz} = n_p k_{pz} \tag{6-40}$$

式中 k_{pz}——单桩抗压刚度;

C_{pt}——桩周各层土的当量抗剪刚度系数;

A_{pt}——与各层土相应的桩侧表面积;

C_{pz}——桩尖土的当量抗压刚度系数;

A_p——桩的横截面面积;

K_{pz}——桩基抗压刚度;

n_p——桩数。

当桩的间距为 $4 \sim 5$ 倍桩截面的直径或边长时,桩周土的当量抗剪刚度系数 C_{pt} 可按表 6-17 取值;桩尖土的当量抗压刚度系数 C_{pz} 可按表 6-18 取值。

表 6-17 桩周土的当量抗剪刚度系数 C_{pt} 值　　(单位:MN/m²)

土的名称	土的状态	当量抗剪刚度系数 C_{pt}
淤泥	饱和	6 ~ 7
淤泥质土	天然含水量45% ~ 50%	8
黏性土、粉土	软塑	7 ~ 10
	可塑	10 ~ 15
	硬塑	15 ~ 25
粉砂、细砂	稍密—中密	10 ~ 15
中砂、粗砂、砾砂	稍密—中密	20 ~ 25
圆砾、卵石	稍密	15 ~ 20
	中密	20 ~ 30

表 6-18　桩尖土的当量抗压刚度系数 C_{pz} 值　　　　（单位：MN/m²）

土的名称	土的状态	桩尖埋置深度（m）	当量抗压刚度系数 C_{pz}
黏性土、粉土	软塑、可塑 软塑、可塑 硬塑	10 ~ 20 20 ~ 30 20 ~ 30	500 ~ 800 800 ~ 1 300 1 300 ~ 1 600
粗砂、细砂	中密、密实	20 ~ 30	1 000 ~ 1 300
中砂、粗砂 砾砂、圆砾 卵石	中密 密实	7 ~ 15	1 000 ~ 1 300 1 300 ~ 2 000
页岩	中等风化		1 500 ~ 2 000

对预制桩或打入式灌注桩，可由天然地基的抗剪刚度 K_x 和抗扭刚度 K_ψ 按下列公式计算桩基的抗剪刚度 K_{px} 和抗扭刚度 $K_{p\psi}$

$$K_{px} = 1.4K_x ; K_{p\psi} = 1.4K_\psi \tag{6-41}$$

当计入基础埋深和刚性地面作用时，桩基的抗剪刚度 K_{px} 和抗扭刚度 $K_{p\psi}$ 按下列公式计算

$$K'_{px} = K_{px}(0.4 + \alpha_{x\varphi}\alpha_1) ; K'_{p\psi} = K_{p\psi}(0.4 + \alpha_{x\varphi}\alpha_1) \tag{6-42}$$

其中　　　　$\alpha_z = (1 + 0.4\delta_b)^2$　　而　　$\alpha_{z\varphi} = (1 + 1.2\delta_b)^2$　$\delta_b = h_t / \sqrt{A}$

当采用端承桩或桩上部土层的地基承载力特征值 $f_{ak} \geqslant 200$ kPa 时，桩基的抗剪刚度 K_{px} 和抗扭刚度 $K_{p\psi}$ 不应大于相应的天然地基的抗剪刚度 K_x 和抗扭刚度 K_ψ。

对于一般摩擦桩，桩基的竖向阻尼比 ζ_{pz} 可按下列公式计算：

当桩基承台底下为黏性土时

$$\zeta_{pz} = \frac{0.2}{\sqrt{\overline{m}}} \tag{6-43}$$

当桩基承台底下为砂土、粉土时

$$\zeta_{pz} = \frac{0.14}{\sqrt{\overline{m}}} \tag{6-44}$$

对于端承桩或地基土脱空时

$$\zeta_{pz} = \frac{0.10}{\sqrt{\overline{m}}} \tag{6-45}$$

桩基水平回转向、扭转向阻尼比可按下列公式计算

$$\zeta_{px\varphi1} = \zeta_{px\varphi2} = \zeta_{p\psi} = 0.5\zeta_{pz} \tag{6-46}$$

式中　$\overline{m}$——基组质量比，$\overline{m} = m/(\rho A \sqrt{A})$；

　　$\zeta_{px\varphi1}$——桩基水平回转向耦合振动的第 Ⅰ 振型阻尼比；

　　$\zeta_{px\varphi2}$——桩基水平回转向耦合振动的第 Ⅱ 振型阻尼比；

　　$\zeta_{p\psi}$——桩基扭转向阻尼。

计算桩基阻尼比时,可计入桩基承台埋深对阻尼比的提高作用,竖向阻尼比的提高系数 β_z 和水平回转向阻尼比的提高系数 $\beta_{x\varphi}$ 可按下列公式计算:

摩擦桩

$$\beta_z = 1 + 0.8\delta_b; \beta_{x\varphi} = 1 + 1.6\delta_b \qquad (6-47)$$

端承桩

$$\beta_z = 1 + \delta_b; \beta_{x\varphi} = 1 + 1.4\delta_b \qquad (6-48)$$

(三)地基土动力参数的测定方法

地基土动力参数可以采用激振法试验进行测定。激振法(强迫振动和自由振动)又称为块体基础振动试验、块体共振试验或现场模型试验等。试验方法是在块体基础上,用激振器施加垂直的或水平的简谐扰力,基础产生垂直振动或水平回转耦合振动,用拾振器测得基础顶面在不同频率下的振幅。由此绘制振幅—频率曲线,然后按质弹阻模型的理论公式反算地基刚度、阻尼比等。

激振法试验适用于:建在天然地基或人工地基上的各种动力设备基础的强迫垂直、水平回转、扭转振动试验和自由振动试验。

第五节　锻锤基础设计

一、锻锤基础

锻锤基础的振动是由锤头竖向冲量作用于基础上引起的。锻锤一般由锤头、砧座(砧子)及机座(锤架)组成,砧座与基础间设有垫层(如木垫、橡胶垫),整个锻锤基础放置在地基上。锻锤按加工性质可分为自由锻锤和模锻锤两大类,如图6-6所示。自由锻锤的锤架与砧座分开安装在基础上(砧座与基础之间设有木垫层或橡胶垫层)。使用模锻锤时,锻件上放置锻锤,要求锤头准确地冲击在锻模上,因而模锻锤的砧座直接装在机座上,二者组成一个刚性整体,通过垫层固定在基础上,且在机座中设置导轨,以引导冲击方向。

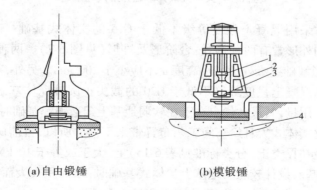

(a)自由锻锤　　　　　　　(b)模锻锤

1—落锤;2—锤架;3—砧板;4—基础

图6-6　锻锤及其基础(部分)的示意图

自由锻锤的吨位(以锤头公称重量计算)一般为 6.5 ~ 50 kN,模锻锤的吨位一般为 10 ~ 160 kN。锻锤的动力是蒸汽或压缩空气,锤头下落时,除有重力加速度,还存在进气压力带来的附加加速度,所以锻锤还可分为单动锤和双动锤两种。单动锤的下落部分工作冲程仅由自重引起;双动锤的下落部分则由蒸汽或空气压力获得除重力加速度外的附加加速度。

二、锻锤基础的构造、设计及施工要求

(一)设计原始资料

锻锤基础设计所需的资料包括:①锻锤型号及安装图;②锤下落部分的实际重量、落距、最大锤击速度(或最大行程、气缸直径和最大进气压力,或最大打击能量);③机架重量(如砧座重量),如为单臂锤,应有机架重心到锤杆中心线的偏心距;④砧座高度及底面尺寸,砧座顶面标高及车间地坪的相对标高;⑤垫层尺寸;⑥锻锤所在车间的平面图;⑦场地工程地质和水文地质资料。

(二)基础形式

锻锤基础的上部与杯形基础形状相似,如图 6-7 所示,砧座凹槽的四周有墙以固定木垫和砧座并兼挡土之用。

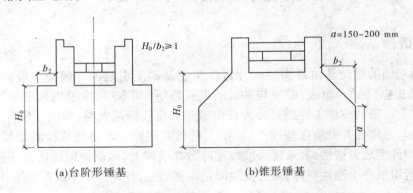

(a)台阶形锤基　　　　　　　　　(b)锥形锤基

图 6-7　大块式锻锤基础外形尺寸规定

锻锤基础通常采用混凝土强度等级不低于 C15 的实体式基础。有时也采用桩基。实体式锻锤基础的外形常有两种形式:台阶形及锥形(见图 6-7)。两种情况均要求高宽比 $H_0/b_2 \geqslant 1$。锥形基础边缘处的最小高度 a 不应小于 200 mm。另外,对于 50 kN 及以下锻锤基础还可采用混凝土强度等级不低于 C20 的截头正圆锥壳体基础。该基础形式可节省大量的混凝土用量,其最大优点在于在软弱地基上建造锻锤基础时可不必打桩,但需要的基础底面积比实体式大且给车间工艺布置带来不便。所以,目前应用这种形式的基础还不多。对建造在Ⅳ类土(分类标准见表 6-15)上,大于或等于 10 kN 的实体式锻锤基础,不宜用天然地基。设计较软弱地基上实体式基础时,以面积较大而埋置较浅为宜,相对而言,对坚硬地基上的锻锤基础,则底面面积较小而埋置较深。

(三)锻锤基础的构造及设计要求

为使砧座传来的冲击力能较均匀地作用于基础上,缓冲锤击时的振动影响,保护基础的槽口内的混凝土面免受损伤并方便砧座标高度和水平方向的调整,在砧座下应铺设垫层。目前,常采用木垫层和橡胶垫层。木垫层有横放(使木材横纹受压)和竖放两种。垫

层的厚度可由其强度计算确定,并应满足表6-19规定的最小厚度要求。

表6-19　砧座垫层最小厚度和砧座下基础最小厚度

锻锤吨位 （kN）	垫层最小厚度（mm）		基础最小厚度 H（mm）
	木垫	橡胶垫	
≤2.5	150	10	600
5.0	250	10	800
7.5	300	20	800
10.0	400	20	1 000
20.0	500	30	1 200
30.0	600	40	1 500（模锻） 1 750（自由锻）
50.0	700	40	2 000
100.0	1 000		2 750
160.0	1 200		3 500

　　为了避免在锤头冲击作用下,砧座的基础开裂或脱底,除合理地在基础内配置一定数量的钢筋外,尚应保证砧座下的基础有一最小的厚度H(见图6-7),H的具体规定见表6-19。锻锤基础的构造配筋如图6-8所示,具体布置如下:

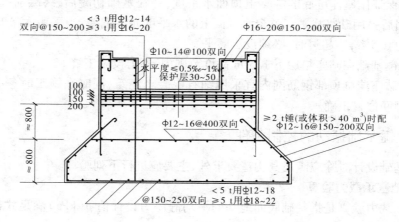

图6-8　锻锤基础的构造配筋

　　（1）砧座垫层下基础顶部应配置水平钢筋网,钢筋直径宜为10~16 mm,间距100~150 mm。采用Ⅱ级钢,伸过洼坑内壁的长度不小于50倍钢筋直径,一般伸至基础外缘。钢筋网的竖向间距宜为100~200 mm(按上密下疏布置)。钢筋网层数可按表6-20采用,最上层钢筋网的混凝土保护层厚宜为30~35 mm。

表6-20　钢筋网层数

锻锤吨位（kN）	≤10	20~30	50~100	160
钢筋网层数	2	3	4	5

（2）基础底面水平钢筋网，间距 150～250 mm，当锻锤小于 50 kN 时，直径宜采用 12～18 mm，当锻锤大于或等于 50 kN 时，直径宜采用 18～22 mm。

（3）砧座坑壁四周垂直钢筋网，间距 100～250 mm。当锻锤小于 50 kN 时，直径宜采用 12～16 mm；当锻锤大于或等于 50 kN 时，直径宜采用 16～20 mm。垂直钢筋宜伸至基础底面。

（4）基础和基础台阶顶面及砧座外侧钢筋网，直径 12～16 mm，间距 150～250 mm。

（5）大于或等于 50 kN 的锻锤砧座垫层下的基础部分，应沿竖向每隔 800 mm 左右配置直径 12～16 mm、间距 400 mm 左右的水平钢筋网。

锻锤基础的设计标高以砧座顶面标高为准。顶面高出车间地面的高度按工艺需要而定，一般为 750 mm 左右。

为了减小振动效应，设计锤基时还应使锤基础与厂房基础完全脱开，两者之间的净距至少 0.5 m。同时，应力求使锤击中心、重心和基础底面形心在同一垂直线上，使地基均匀压缩，减小振动对锤的正常使用、厂房的不均匀沉降和附近精密仪器的使用影响。对于难以保证三心一线定心要求的锻锤，应改变基底尺寸，使锤杆中心对准基底形心，同时可调整基础尺寸，使基础（包括基础上的填土）和机器的总重心离基础底面的形心偏心距不超过偏心方向基底边长的 5%。

（四）施工要求

（1）应保证砧座洼坑底的混凝土顶面水平度，并在基础初凝后、终凝前找平，不得在混凝土凝固后另用砂浆找平。整个水平面上的水平度允许偏差：当采用木垫时为 1‰，用橡胶垫时为 0.5‰，当超过时，必须设法磨平。

（2）锻锤基础在砧座垫层下 1.5 m 高度范围内，不得设施工缝。

（3）在砧座洼坑顶部钢筋网内宜采用细石混凝土浇筑，同时在施工时务必确保砧座洼坑下的钢筋位置正确。

三、锻锤基础振动的控制条件

锻锤基础设计时除应满足其构造要求外，主要应进行下列验算。

（一）地基承载力验算

地基承载力验算是指基础底面地基的平均静压力设计值 p（kPa）满足式（6-19）的验算要求。

（二）基础的动力验算

锻锤基础的动力验算内容主要是验算其振幅和振动加速度，应使基础的计算振幅和振动加速度满足允许值的要求。各类地基土对应的振幅和振动加速度允许值如表 6-21 所示，表中数值仅适用于吨位在 20～50 kN 的锻锤，当吨位小于 20 kN 时，可将表中数值乘以 1.15；当吨位大于 50 kN 时，可将表中数值乘以 0.80。

当采用天然地基但计算振幅和振动加速度难以满足允许值的要求或 10 kN 以上的锻锤基础建于土质较差的Ⅳ类土上时，宜采用桩基础。设计时如锤基与厂房柱基底处在不同土质上，应按较差的土质选用地基土力学参数。当二者均为桩基时，可按桩尖的土质选用。

表6-21 锻锤基础允许振幅及允许振动加速度

土的类别	允许振幅(mm)	允许振动加速度(m/s²)
Ⅰ类土	0.80~1.20	0.85g~1.30g
Ⅱ类土	0.65~0.80	0.65g~0.85g
Ⅲ类土	0.40~0.65	0.45g~0.65g
Ⅳ类土	≤0.40	<0.45g

(三)砧座竖向振幅验算

砧座的竖向计算振幅应满足允许值的要求,对不隔振锻锤基础,其竖向允许振幅可按表6-22采用;当砧座下采取隔振装置时,砧座竖向允许振幅的取值不宜大于20 mm。

表6-22 砧座的竖向允许振幅

锻锤吨位(kN)	≤10	20	30	50	100	160
竖向允许振幅(mm)	1.7	2.0	3.0	4.0	4.5	5.0

四、锻锤基础的振动计算

实体式锻锤基础的动力计算主要包括基础的竖向振动线位移(振幅)A_z、固有圆频率λ_z、振动加速度幅值a、砧座的竖向振幅A_z及垫层总厚度d_0等。

进行锻锤基础和砧座的动力计算时,一般可采用图6-9所示的单自由度无阻尼自由振动模型。计算基础振动时,将砧座下弹簧刚度K_{z1}视做无穷大,计算总质量m为砧座质量m_1与基础质量m_2之和。在计算砧座振动时,则只考虑m_1和K_{z1}的作用而将基础质量m_2与基础下弹簧刚度K_z视做无穷大。

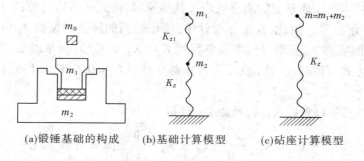

(a)锻锤基础的构成   (b)基础计算模型   (c)砧座计算模型

图6-9 锻锤基础动力计算模型

(一)锤头最大打击速度 v 及体系(m_1+m_2)的初速度 v_0

锻锤出厂时,有的已标明锤头最大下落(打击)速度v,有的则须由有关资料计算。

自由落锤(单动锤) $v = 0.9\sqrt{2gH}$ (6-49)

双动锤
$$v = 0.65\sqrt{2gH\frac{p_{\mathrm{m}}F_{\mathrm{p}} + W_0}{W_0}}\qquad(6\text{-}50)$$

按打击能量计算
$$v = \sqrt{\frac{2.2gu}{W_0}}\qquad(6\text{-}51)$$

式中 H——下落部分最大行程,m;

$\quad\quad p_{\mathrm{m}}$——气缸最大进气压力,$kN/m^2$;

$\quad\quad F_{\mathrm{p}}$——气缸活塞面积,$m^2$;

$\quad\quad W_0$——锤下落部分的实际自重,$W_0 = m_0g$,kN;

$\quad\quad u$——锤出厂资料给出的打击能量,$kN \cdot m$。

锻锤基础(连同砧座)受到下落部分实际自重为 W_0,打击速度为 v 的锤头撞击后,所得到的初速度 v_0 可由理论力学中自由撞击的公式计算

$$v_0 = (1 + e)\frac{W_0v}{W_0 + W}\qquad(6\text{-}52)$$

式中 W——锻锤基础(连同砧座)的重力,$W = (m_1 + m_2)g$,kN;

$\quad\quad e$——碰撞系数,由撞击定律知,两个相互碰撞的物体,碰撞后的相对速度与碰撞前的相对速度之比值即为 e,e 值仅取决于碰撞物体的材料,对于模锻锤,锻钢制品时 $e = 0.5$,锻有色金属时 $e = 0$,对自由锻锤 $e = 0.25$。

(二)锻锤基础的振幅 A_{z0}、固有圆频率 λ_{z0} 及振动加速度 a 值

锻锤基础的固有圆频率 λ_{z0}、振幅 A_{z0} 及振动加速度 a 由式(6-53)计算。因锤头重 W_0 远小于基础及砧座重 W,即 $W + W_0 \approx W$,公式的具体形式为

$$\lambda_{z0} = \sqrt{\frac{K_zg}{W}};A_{z0} = \frac{v_0}{\lambda_{z0}} = (1 + e)\frac{W_0v}{\sqrt{gK_zW}};a = A_{z0}\lambda_{z0}^2\qquad(6\text{-}53)$$

由于:①锻锤基础的埋深效应增加了基础侧面的摩擦,提高了地基刚度;②地基参加振动的质量的影响;③地基上的阻尼效应及其他原因,按式(6-53)计算的 A_{z0} 和 λ_{z0} 与实测值之间存在一定差异。因此,在实际设计中,须作适当的修正。振幅 A_{z0} 应乘以振幅调整系数 K_A,固有圆频率 λ_{z0} 应乘以频率调整系数 K_λ。K_A 及 K_λ 均与基础形式及地基类别有关,当采用实体式基础时,天然地基(岩石地基除外):$K_A = 0.6$,$K_\lambda = 1.6$;桩基:$K_A = 1.0$,$K_\lambda = 1.0$。

对式(6-53)的 A_{z0} 乘以 K_A、λ_{z0} 乘以 k_λ,可得

$$\lambda_{z0} = k_\lambda\sqrt{\frac{K_zg}{W}};A_{z0} = K_A\frac{\psi_{\mathrm{e}}W_0v}{\sqrt{K_zW}};a = A_{z0}\lambda_{z0}^2\qquad(6\text{-}54)$$

式中 W——基础、砧座、锤架及基础上回填土等的总重,kN,当采用桩基时,W 尚应计入桩及土参加振动的当量重量;

$\quad\quad \psi$——冲击回弹影响系数,它与碰撞系数 e 的关系是:$\psi_{\mathrm{e}} = (1 + e)/g^{1/2}$,对模锻锤,当模锻钢制品时,$\psi_{\mathrm{e}} = 0.5$ $s/m^{1/2}$,当模锻有色金属制品时,$\psi_{\mathrm{e}} = 0.35$ $s/m^{1/2}$,自由锻锤的 $\psi_{\mathrm{e}} = 0.4$ $s/m^{1/2}$;

其他符号含义同前。

按上述公式算得的 A_{a0} 与 a 不应超过其允许值。

（三）垫层上砧座的振幅 A_{zl} 及垫层总厚度 d_0 的计算

垫层上砧座的振动计算模型如图 6-9（c）所示，因此 A_{zl} 可按不计阻尼的质弹模型的计算 A_{a0} 的式（6-54）计算，仅须将式中 W 代以 W_h（W_h 为砧座与锤架的总重（模锻）或砧座重（自由锻）），K_z 代以 K_{zl}（$K_{zl} = \dfrac{E_1 A_1}{d_0}$，$A_1$ 为砧座底面面积，m^2；E_1 为垫层材料的弹性模量，kPa）。

垫层总厚度 d_0 由砧座下垫层的最大应力 σ_{max} 等于垫层局部受压允许应力 f_c（E_1 及 f_c 按现行《动力机器基础设计规范规定》（GB 50040—1996）规定的条件确定）。因此，d_0 及 A_{zl} 的计算公式为

$$d_0 = \frac{\Psi_e^2 W_0^2 v^2 E_1}{f_c^2 W_h A_1} \quad ; \quad A_{zl} = \Psi_e W_0 v \sqrt{\frac{d_0}{E_1 W_h A_1}} \tag{6-55}$$

式中　f_c——垫层承压动强度设计值，kPa；

$\quad\quad\ E_1$——垫层的弹性模量，kPa；

$\quad\quad\ W_h$——对自由锤为砧座重，对模锻锤为砧座和锤架的总重，kN；

$\quad\quad\ A_1$——砧座底面面积，m^2。

按式（6-55）计算的垫层厚度 d_0 不应小于规范规定的要求，即不能使垫层过薄，否则由于其强度不足而起不到应有的缓冲作用；A_{zl} 不应超过表 6-23 的规定，即垫层不能过厚，否则会使砧座在冲击作用下产生过大振动，影响正常使用。

表 6-23　砧座允许振幅

落下部分公称重力（kN）	≤10	20	30	50	100	160
允许振幅（mm）	1.7	2.0	3.0	4.0	4.5	5.0

五、锻锤基础设计实例

【例 6-1】　400 kg 锻锤基础。

（1）设计资料。

①锤落下部分实际质量 440 kg，其重力 $W_0 = 0.440 \times 9.81 = 4.316$（kN）$\approx 4.4$ kN。

②落下部分最大行程 $H = 0.7$ m。

③最大锤击速度 $v = 8$ m/s。

④砧座重 $W_p = 48$ kN。

⑤机架重 $W_q = 90$ kN。

⑥砧座底面面积 $A_1 = 1.5 \times 0.9 = 1.35$（$\mathrm{m}^2$）。

⑦机架重心到打击中心距离 $e = 1.031$ m。

⑧木垫：横放木垫用 TB – 20，$f_c = 3\,000$ kPa，$E_1 = 50 \times 10^4$ kPa。

　　　　竖放木垫用 TC – 17，$f_c = 10\,000$ kPa，$E_1 = 10 \times 10^6$ kPa。

⑨地基为粉土：$f_{ak} = 150$ kPa　　（属于Ⅲ类土）　　$C_z = 31\,000$ kN/m^2。

⑩锤基振动控制值：$[A_z] \leqslant 1.15 \times 0.55 = 0.632$（mm），$[a] \leqslant 1.15 \times 0.55g = 0.632g$。

⑪砧座振动控制值：$[A_z] \leqslant 1.7$ mm。

（2）基础外形尺寸见图 6-10。

①基础总重的估算

$$W = \frac{100 W_0}{[A_z]} = \frac{100 \times 4.316}{0.632} = 683(\text{kN})$$

②基础底面面积

$$A = \frac{2W}{R} = 2 \times 4.6 = 9.2(\text{m}^2)$$

③平衡锤架偏心的基础混凝土块计算。

机架重心对打击中心的偏心弯矩

$$M_1 = 90 \times 1.031 = 93(\text{kN} \cdot \text{m})$$

平衡块重

$$W_1 = \frac{0.4 + 0.7}{2} \times 2 \times 1.2 \times 24 = 31.68(\text{kN}) \approx 32 \text{ kN}$$

平衡块对打击中心的偏心弯矩

$$M_2 = (2.3 + 0.6) \times 32 = 92.8(\text{kN} \cdot \text{m}) \approx 93 \text{ kN} \cdot \text{m}$$

因 $M_1 = M_2$，故基础属于中心冲击振动。

（3）动力计算见表 6-24。

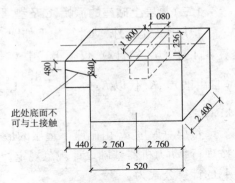

图 6-10　400 kg 锻锤基础外形尺寸

表 6-24　动力计算

序号	计算内容	计算公式	计算结果	说明
1	抗压刚度修正值	$C_z' = C_z \sqrt[3]{\dfrac{20}{A}}$	$C_z' = 31\,000 \sqrt[3]{\dfrac{20}{4.6 \times 2}} = 40\,158(\text{kN/m}^3)$	
2	总抗压刚度	$K_z = C_z' A$	$K_z = 40\,158 \times 9.2 = 369\,454(\text{kN})$	
3	砧座重及机架重	$W_1 = W_p + W_q$	$W_1 = 90 + 48 = 138$（kN）	
4	基础重	重度取 24 kN/m³	$W_2 = (4.6 \times 2.8 \times 2 - 1.5 \times 0.9 \times 1.031 + 2.0 \times 1.2 \times 0.55) \times 24$ $= 617(\text{kN})$	
5	总重	$W = W_1 + W_2$	$W = 138 + 617 = 755(\text{kN})$	
6	锤基竖向振动线位移	$A_z = K_A \dfrac{\psi_e W_0 v}{\sqrt{K_z W}}$	$A_z = \dfrac{0.6 \times 0.4 \times 4.4 \times 8}{\sqrt{369\,454 \times 755}}$ $= 0.000\,51(\text{m}) < 0.632 \text{ m}$	
7	锤基固有圆频率的平方	$\lambda_{z0}^2 = k_\lambda^2 \dfrac{K_z g}{W}$	$\lambda_{z0}^2 = 1.6^2 \times \dfrac{369\,454 \times 9.81}{755}$ $= 12\,289(\text{rad/s})^2$	

续表6-24

序号	计算内容	计算公式	计算结果	说明
8	锤击振动加速度	$a = A_z \lambda_{z0}^2$	$a = 0.000\,51 \times 12\,289$ $= 6\,267(\mathrm{m/s^2}) \approx 0.639g$	可以
9	横放垫木厚度	$d_0 = \dfrac{\psi_e^2 W_0^2 v^2 E_1}{f_c^2 W_h A_1}$	$d_0 = \dfrac{(0.4 \times 4.4 \times 8)^2 \times 50 \times 10^4}{3\,000^2 \times 48 \times 1.5 \times 0.9}$ $= 0.17(\mathrm{m})$	$d_{\min} = 0.25$ m
10	砧座竖向振动线位移	$A_{zl} = \psi_e W_0 v \sqrt{\dfrac{d_0}{E_1 W_h A_1}}$	$A_{zl} = 0.4 \times 4.4 \times 8 \sqrt{\dfrac{0.25}{50 \times 10^4 \times 48 \times 1.35}}$ $= 0.001\,2$	
11	竖放木垫厚度	$d_0 = \dfrac{\psi_e^2 W_0^2 v^2 E_1}{f_c^2 W_h A_1}$	$d_0 = \dfrac{(0.4 \times 4.4 \times 8)^2 \times 10 \times 10^6}{10\,000^2 \times 48 \times 1.5 \times 0.9}$ $= 0.3(\mathrm{m})$	用 0.3 m
12	砧座竖向振动线位移	$A_{zl} = \psi_e W_0 v \sqrt{\dfrac{d_0}{E_1 W_h A_1}}$	$A_{zl} = 0.4 \times 4.4 \times 8 \sqrt{\dfrac{0.3}{10 \times 10^6 \times 64.8}}$ $= 0.000\,3(\mathrm{m}) < 1.7$ mm	可以

（4）静力计算见表6-25。

表6-25　静力计算

序号	计算内容	计算公式	计算结果	说明
1	地基承载力计算值	$f_a = f_{ak} + \eta_b \gamma (b-3) +$ $\eta_d \gamma (d - 0.5)$	$f_a = 150 + 0.3 \times 18 \times (3-3) + 1.6 \times$ $18 \times (2.8 - 0.5) = 216.2(\mathrm{kPa})$	
2	地基承载力的动力折减系数	$\alpha_f = \dfrac{1}{1 + \beta \dfrac{a}{g}}$	$\alpha_f = \dfrac{1}{1 + 2 \times \dfrac{6.27}{9.81}}$ $= 0.439$	
3	地基折减后的承载力设计值	$\alpha_f f_a$	$0.439 \times 216.2 = 94.9(\mathrm{kPa})$	
4	基底地基平均静压力设计值	$p = \dfrac{1.2W}{A}$	$p = \dfrac{1.2 \times 755}{9.2} = 98.4(\mathrm{kPa})$	可以

【例6-2】　5 t 自由锻（桩基）

（1）设计资料。

①锤落下部分重量 $W_0 = 5 \times 9.81 = 49(\mathrm{kN})$。

②落下部分最大行程 $H = 1.728$ m。

③汽缸直径 $D = 0.635$ m。

④汽缸面积 $F_p = 0.315$ m^2。

⑤最大进气压力 $P_m = 7$ kg/cm$^2 = 700$ kPa。

⑥砧座重量 $W_p = 680$ kN。

⑦机架重量 $W_q = 850$ kN。

⑧砧座底面面积 $A_1 = 1.98 \times 2.75 = 5.45(\text{m}^2)$。

⑨橡胶垫承压强度计算值 $f_c = 2500$ kPa,弹性模量 $E_1 = 3.8 \times 10^4$ kPa。

⑩地基为软—可塑粉土,$f_{ak} = 100$ kPa。

⑪采用钢筋混凝土预制桩,桩面积 400 mm × 400 mm,桩长 $l = 18.5$ m,桩周当量抗剪刚度系数 $C_{pz} = 10\,000$ kN/m³,桩尖土当量抗压刚度系数 $C_{pz} = 1.1 \times 10^6$ kN/m³。桩尖土承载力标准值 $q_p = 1500$ kPa,桩周土摩擦力标准值 $q_s = 25$ kPa,地下水位为 -4.0 m。

⑫控制条件:锤基竖向振动线位移 $[A_z] < 0.4$ mm,锤基振动加速度 $[a] < 0.45g$,砧座竖向振动线位移 $[A_{z1}] < 0.4$ mm。

⑬锤头冲击速度 $v = 0.65\sqrt{2gH\dfrac{P_m F_p + W_0}{W_0}}$

$$= 0.65 \times \sqrt{2 \times 9.81 \times 1.728 \times \frac{700 \times 0.315 + 49}{49}} = 8.88(\text{m/s})。$$

(2)基础外形尺寸见图6-11。

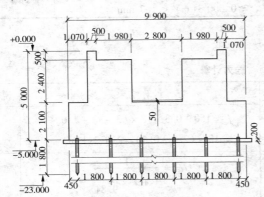 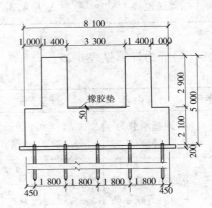

图6-11　5 t 锤桩基外形尺寸

柱数30根,柱距取1.8 m,桩尖入土深度为 -23 m。

(3)动力计算见表6-26。

表6-26　动力计算

序号	计算内容	计算公式	计算结果	说明
1	单桩抗压刚度	$k_{pz} = \sum C_{p\tau}A_{pz} + C_{pe}A_P$	$k_{pz} = 10\,000 \times 4 \times 0.4 \times 18 +$ $1.1 \times 10^6 \times 0.4 \times 0.4$ $= 4.64 \times 10^5 (\text{kN/m})$	
2	总的桩基抗压刚度	$k_{pz总} = n_p \times k_{pz}$	$k_{pz总} = 30 \times 4.64 \times 10^5 \approx 1.4 \times 10^7 (\text{kN/m})$	
3	基础重 W_1	重度取 24 kN/m³	$W_1 = (9.9 \times 8.1 \times 2.1 + 7.76 \times 6.1 \times$ $2.9 - 3.3 \times 2.8 \times 2.9) \times 24 = 6\,693(\text{kN})$	

续表 6-26

序号	计算内容	计算公式	计算结果	说明
4	基础上填土重 W_2	重度取 18 kN/m^3	$W_2 = (9.9 \times 8.1 - 7.76 \times 6.1) \times 2.9 \times 18$ $= 1\ 715(\text{kN})$	
5	桩基附加参振质量 m_0 的重力	$m_0 = l_t \rho b d = W_3$	$W_3 = 2.4 \times 18 \times 9.9 \times 8.1$ $= 3\ 464(\text{kN})$	
6	砧块及机架重	$W_4 = W_p + W_q$	$W_4 = 850 + 680 = 1\ 530(\text{kN})$	
7	总重	$W = \sum W_i$	$W = 6\ 693 + 1\ 715 + 3\ 464 + 1\ 530$ $= 13\ 402(\text{kN})$	
8	锤基竖向振动线位移	$A_{z0} = k_A \dfrac{\psi_e v W_0}{\sqrt{K_{pz} W}}$	$A_z = 1.0 \times \dfrac{0.4 \times 8.88 \times 49}{\sqrt{1.4 \times 10^7 \times 13\ 402}}$ $= 4 \times 10^{-4}(\text{m}) = 0.4 \text{ mm}$	可以
9	锤基固有圆频率的平方	$\omega_{nz}^2 = k_\lambda^2 \dfrac{K_{pz} g}{W}$	$\omega_{nz}^2 = 1.0^2 \times \dfrac{1.4 \times 10^7 \times 9.81}{13\ 402}$ $= 10\ 248(\text{rad/s})^2$	
10	锤击振动加速度	$a = A_z \lambda_{z0}^2$	$a = 4 \times 10^{-4} \times 10\ 248$ $= 4.1(\text{m/s}^2) = 0.42g < 0.45g$	可以
11	砧座橡胶垫厚度	$d_0 = \dfrac{\psi_e^2 v^2 W_0^2 E_1}{f_c^2 W_h A_1}$	$d_0 = \dfrac{(0.4 \times 8.88 \times 49)^2 \times 3.8 \times 10^4}{2\ 500^2 \times 680 \times 5.45}$ $= 0.05(\text{m}) = 5 \text{ cm}$	采用 6 cm
12	砧座竖向振动线位移	$A_{z1} = \psi_e W_0 v \sqrt{\dfrac{d_0}{E_1 W_h A_1}}$	$A_{z1} = 0.4 \times 49 \times 8.88 \times$ $\sqrt{\dfrac{0.06}{3.8 \times 10^4 \times 680 \times 5.45}}$ $= 0.003\ 6(\text{m}) = 3.6 \text{ mm} < 4 \text{ mm}$	可以

（4）静力计算见表 6-27。

表 6-27　静力计算

序号	计算内容	计算公式	计算结果	说明
1	单桩的竖向承载力标准值	$R_k = q_p A_P + u_p \sum q_{si} l_i$	$R_k = 1\ 500 \times 0.16 + 1.6 \times 25 \times 18$ $= 960(\text{kN})$	见现行《建筑地基基础设计规范》(GB 50007—2011)

续表 6-27

序号	计算内容	计算公式	计算结果	说明
2	地基承载力的动力折减系数	$\alpha_f = \dfrac{1}{1 + \beta \dfrac{a}{g}}$	$\alpha_f = \dfrac{1}{1 + 3 \times 0.42} = 0.44$	
3	动荷载下桩基的承载力	$\alpha_f n R_k$	$0.44 \times 30 \times 960 = 12\,672 (\text{kN})$	
4	桩基上的总荷载计算值	$1.2 W' = 1.2 (W_1 + W_2 + W_4)$	$1.2 \times (6\,693 + 1\,715 + 1\,530)$ $= 11\,926 (\text{kN}) < 12\,672\ \text{kN}$	分析系数取 1、2 可以

第六节　动力机器基础的减振与隔振

一、概述

振动是普遍存在的现象。所谓振动公害,是指振动对人体、邻近建筑物、设备或精密仪表的影响,若超过它能承受的限度,则会造成人们不能正常工作和生活、精密仪表和设备不能正常运行或建筑物发生损坏等危害。为了消除振动危害,使振动振幅控制在容许的范围内,除要在设计中进行一般的减振控制(选择合适的支承体系,使其在扰力作用下的振动响应在允许值范围内)外,还应对它采取必要的减振与隔振措施。可以从振动在土中的传播规律以及前面所论述的不同扰力作用下振动响应特征来寻找和探讨减振与隔振的各种方法及措施。工程中常用的隔振方法一般有两种类型(见图 6-12):①积极隔振,指为了减小有动力荷载的设备对支承结构、生产人员和设备的振动影响,对振源(动力设备)所采取的隔振措施;②消极隔振,指为了减小支承精密设备的结构振动对精密设备的影响,对精密设备所采取的隔振措施。无论是积极隔振还是消极隔振,其方法都是在被隔振设备和支承结构之间设置如钢弹簧、橡胶制品、软木或乳胶海绵等减振器或减振材料,使干扰力的频率与隔振体系的自振频率之比大于 2,以便得到 66% 以上的隔振效果。

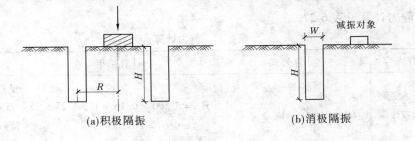

(a)积极隔振　　　　　　　　(b)消极隔振

图 6-12　隔振措施

前述的公式(6-18)为我国《动力机器基础设计规范》(GB 50040—96)所采用的地面振动随距离的衰减规律的计算公式。利用该公式可以确定振动的影响范围和影响大小，为减振与隔振设计提供依据。例如，我们可以把某些易受振动影响的实验室、精密仪表车间等设置在离动力基础较远的地方。

试验证明，当均质地基土面存在异性介质时，波在传播过程中会发生反射和折射现象，被反射和折射的波与入射波相互作用，就形成了波的散射现象。当该异性介质(屏障)的尺度比入射波大很多时，则在屏障后形成一个波的强度被减少很多的扇形屏蔽区。另外，在工业环境振动的地面传播中，波动的地面常存在有悬崖、壑谷、山脊及沟堑等不规整地形。由实测与理论分析得知：当不规整地形与地面振动波长达到一定比值时，弹性波也会产生反射、透射和衍射现象。例如凹槽地形，就会形成空沟隔振屏障。所以，根据以上现象，设计中常采取板桩墙或隔振沟等措施来起到很好的隔振作用。

在积极隔振中，隔振沟的屏蔽范围为一以振源为圆心，通过隔振沟两端点的径向射线所夹成的扇形区域。试验表明，若以隔振后振幅降为原来的25%以下作为有效屏蔽区域的话，应将上述扇形区域的圆心角从两边各减去45°，其半径长度约为10倍的瑞利波波长。根据瑞利波能量的分布深度，要求隔振沟的深度 H 应大约为0.6瑞利波波长。

在消极隔振中，其屏蔽范围一般可认为在以隔振沟长度为直径的半圆内，而 H 可大致取为1.33瑞利波波长。

隔振沟的宽度原则上与隔振效果无关，可按开挖和维护要求确定。在设置和维护方面，板桩墙比开口隔振沟方便，但在减小竖向地面运动的振幅方面，前者不如后者有效。目前，工程中提出了一种介于二者之间的做法：用膨润土浆或者玻璃纤维充填隔振沟。另外，还有一种有发展前途的方法，是采用单排或多排薄壁衬砌的圆柱形孔来作为屏障的。

二、动力机器基础的减振原理

动力机器基础的减振控制是一种积极隔振措施，其目的是减小动力机器基础对周围环境的振动影响。可采取的途径包括减小振源的振动、改变系统的自振频率和采用减振装置减振等(如调整扰力，增大阻尼、刚度或质量，设置吸振器等)。由于振源一般不易改变，因此通常采用后面几种方法。

动力机器基础体系的振动响应与扰力有较大的关系，在不同性质扰力作用下，影响振动大小的主要动力参数有所差异。扰力一般分为四种类型：周期振动、非周期振动、冲击振动和随机振动。在工程中大量遇到的是周期振动中的简谐振动，在简谐振动扰力作用下，若想减小稳态激振体系振动反应，可以用以下途径来实现：

(1)提高地基刚系数，增大体系自振频率。具体包括加大基底面积或埋深，对地基进行加固处理或采用桩基础等。当 $\omega \leqslant \lambda_z$ 时，本措施比较有效。这里 ω 为机器的圆频率，λ_z 为机器基础的固有圆频率。

(2)降低体系自振频率，使 $\omega > \lambda_z$。可以用加大基础质量的办法来降低 λ_z。由于地基刚度不能随意降低，这种方法对 λ_z 的降低不明显，此时可考虑采用机械方法隔振。

(3)当 ω 与 λ_z 很接近而又无法调整时，则要靠加大振动体系阻尼比来降低振幅。方法是加大基底面积和埋深，在基础底面以下铺设橡胶、软木和砂卵石层等阻尼材料，或进一步采用其他机械方法隔振。

三、机械方法隔振

在机器底座和支承基础之间设置减振器可以吸收机器传来的振动能量,从而减少振动的影响,达到减振的效果。这种减振方法也称机械隔振,其类型可根据振源特性选用,主要有支承式和悬挂式等,如图 6-13 所示,其中图 6-13(a)、(b)两种类型适用于竖向扰力为主的情况,而图 6-13(c)、(d)两种类型适用于水平向扰力为主的情况。工程中常用的减振器有刚度很低的钢弹簧、橡胶减振器(见图 6-14)和空气弹簧减振器(见图 6-15)。减振材料有橡胶、乳胶海绵、软木和玻璃纤维等。一般情况下,减振器与基础块体组成一个低频振动系统,而后整个系统再支承于较大质量和较大刚度的基础。弹簧或橡胶垫的规格选择及数量的计算可参考有关专门的书籍及资料。

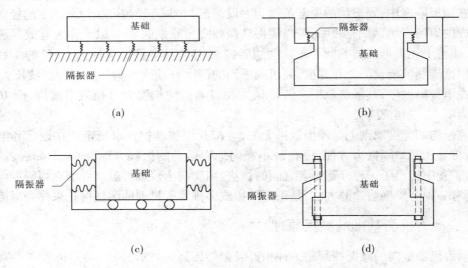

图 6-13　机械隔振的类型

图 6-14　橡胶减振器

图 6-15　空气弹簧减振器

下面对上述常见减振器作一简略介绍:

（1）钢弹簧。主要有螺旋弹簧和板弹簧。工程结构的隔振常采用圆柱形螺旋弹簧，这种弹簧力学性能稳定，结构简单，制造方便，使隔振体系的自振频率达到 3 Hz 以下。钢弹簧阻尼很小（约为 0.005），宜用于允许振动较大的动力设备的积极隔振。如用于精密设备的消极隔振，需要另加阻尼措施。

（2）橡胶减振器。由橡胶或橡胶和金属黏结制成。橡胶成型简单，加工方便，容易制成各种不同形状和不同受力状态的几何体，因此橡胶减振器种类繁多，而且阻尼较大（可达 0.1 以上），使用普遍。尤其是以剪切变形为主的减振器，具有刚度小、阻尼大的特点。

（3）空气弹簧减振器。是一门比较新的技术，应用虽然还不太普遍，却是一种很有前途的隔振方案，现已日益被人们所重视，并在一些工程隔振中被采用。

基础隔振是一项复杂的综合性工作，除对机器基础进行隔振处理外，必要时，对厂房结构等需要保护的对象，也应作适当加固，以加强厂房结构的抗振性能。加强厂房结构抗振性能的措施主要有加固地基基础和增加圈梁、支撑系统、构造配筋以及提高砂浆强度等级等办法。另外，将机器基础与厂房结构脱开，改变厂房结构形式以及调整机器设置位置和方向也可以达到减少厂房结构振动影响的效果。

思考题

6-1 地震时地面、场地和地基主要有哪些震害现象？

6-2 何谓场地？如何划分场地类别？场地类别分几类？如何划分抗震有利、不利和危险地段？

6-3 地基抗震承载力如何验算？地基抗震承载力是否一定比地基静承载力大？

6-4 场地液化等级反映什么含义？地基抗液化措施有哪些？其抗液化机制是什么？

6-5 液化地基的桩基抗震承载力如何验算？非液化地基的桩基抗震承载力又如何验算？两种地基的桩基抗震承载力验算的主要差异是什么？

6-6 动力机器基础通常分几类？每一类动力机器基础有哪些典型的动力机器？

6-7 动力机器基础的设计中，地基的动力特性用哪些参数表示？

第七章　特殊土地基

第一节　概　述

　　我国地域辽阔,从沿海到内陆,由山区到平原,分布着各种各样的土类。某些土类,由于不同的地理环境、气候条件、地质成因、历史过程、物质成分和次生变化等,而各具有与一般土类显然不同的特殊性质。当它作为建筑物地基时,如果不注意这些特性,可能引起事故。人们把具有特殊工程性质的土类叫做特殊土。各种天然形成的特殊土的地理分布,存在着一定的规律,表现出一定的区域性,所以有区域性特殊土之称。我国的特殊土主要有沿海和内陆地区的软土,分布于西北和华北、东北等地区的湿陷性黄土,分散于各地的膨胀土、红黏土、盐渍土,以及分布于高海拔地区的多年冻土等。

第二节　湿陷性黄土地基

一、黄土的特征和分布

　　遍布在我国甘、陕、晋大部分地区以及豫、冀、鲁、宁、辽、新等部分地区的黄土是一种在第四纪时期形成的、颗粒组成以粉粒(粒径 $d = 0.075 \sim 0.005$ mm)为主的黄色或褐黄色集合体,含有大量的碳酸盐类,往往具有肉眼可见的大孔隙,由风力搬运堆积而成,又未经次生扰动、不具层理的黄土,称为原生黄土;而由风成以外的其他营力搬运堆积而成、常具有层理或砾石夹层的,则称为次生黄土或黄土状土。

　　具有天然含水量的黄土,如未受水浸湿,一般强度较高,压缩性较小。有的黄土,在覆盖土层的自重应力或自重应力和建筑物附加应力的综合作用下受水浸湿,使土的结构迅速破坏而发生显著的附加下沉(其强度也随着迅速降低),称为湿陷性黄土;有的黄土却并不发生湿陷,则称为非湿陷性黄土。非湿陷性黄土地基的设计与施工与一般黏性土地基无异,无须另行讨论。湿陷性黄土分为非自重湿陷性和自重湿陷性两种:非自重湿陷性黄土在自重应力作用下受水浸湿后不发生湿陷,自重湿陷性黄土在土自重应力下浸湿后则发生湿陷。

　　我国的湿陷性黄土,一般呈黄色或褐黄色,粉土粒含量常占土重的60%以上,含有大量的碳酸盐、硫酸盐和氯化物等可溶盐类,天然孔隙比在1左右,一般具有肉眼可见的大孔隙,竖直节理发育,能保持直立的天然边坡。黄土的工程性质评价应综合考虑地层、地貌、水文地质条件等因素。

　　我国黄土的沉积经历了整个第四纪时期,按形成年代的早晚有老黄土和新黄土之分。黄土形成年代愈久,大孔结构退化,土质愈趋密实,强度高而压缩性小,湿陷性减弱甚至不具湿陷性;反之,形成年代愈短,湿陷性愈显著(见表7-1)。

表7-1　黄土地层的划分

时代		地层的划分	说明
全新世(Q_4)黄土	新黄土	黄土状土	一般具湿陷性
晚更新世(Q_3)黄土		马兰黄土	
中更新世(Q_2)黄土	老黄土	离石黄土	上部部分土层具湿陷性
早更新世(Q_1)黄土		午城黄土	不具湿陷性

注:全新世(Q_4)黄土包括湿陷性(Q_4^1)黄土和新近堆积(Q_4^2)黄土。

属于老黄土的地层有午城黄土(早更新世,Q_1)和离石黄土(中更新世,Q_2)。前者色微红至棕红,而后者为深黄及棕黄。老黄土的土质密实,颗粒均匀,无大孔或略具大孔结构。除离石黄土层上部要通过浸水试验确定有无湿陷性外,一般不具湿陷性,常出露于山西高原、豫西山前高地、渭北高原、陕甘和陇西高原。午城黄土一般位于离石黄土层的下部。

新黄土是指覆盖于离石黄土层上部的马兰黄土(晚更新世,Q_3),以及全新世(Q_4)中各种成因的次生黄土。褐色至黄褐色。马兰黄土及全新世早期黄土,土质均匀或较为均匀、结构疏松,大孔隙发育、一般具有湿陷性,主要分布在黄土地区的河岸阶地。值得注意的是,全新世近期的新近堆积黄土,形成历史较短,只有几十到几百年的历史。其土质不均,结构松散,大孔排列杂乱,多虫孔,孔壁有白色碳酸盐粉末状结晶。它在外貌和物理性质上与马兰黄土可能差别较大,但其力学性质则远逊于马兰黄土,一般有湿陷性并具有在小压力下变形很敏感的特点,呈现高压缩性,其承载力特征值一般为75~130 kPa。新近堆积黄土多分布于河漫滩,低级阶地,山间洼地的表层,黄土塬、梁、峁的坡脚(塬、梁、峁是黄土高原地貌形态)和洪积扇或山前坡积地带。

我国黄土地区面积约达60万 km^2,其中湿陷性黄土约占3/4。《湿陷性黄土地区建筑规范》(GB 50025—2004)(简称《黄土规范》)在调查和收集各地区湿陷性黄土的物理力学性质指标、水文地质条件、湿陷性资料的基础上,综合考虑各区域的气候、地貌、地层等因素,作出我国湿陷性黄土工程地质分区略图(见《黄土规范》附录),以供参考。

二、湿陷发生的原因和影响因素

黄土湿陷的发生是由于管道(或水池)漏水、地面积水、生产和生活用水等渗入地下,或由于降水量较大,灌溉渠和水库的渗漏或回水使地下水位上升而引起的。然而,受水浸湿只不过是湿陷发生所必需的外界条件。如果没有黄土本身固有的特点,那么,湿陷现象还是无从产生的。研究表明,黄土的结构特征及其物质成分是产生湿陷性的内在原因。

黄土的结构是在黄土发育的整个历史过程中形成的。干旱或半干旱的气候是黄土形成的必要条件。季节性的短期雨水把松散干燥的粉粒黏聚起来,而长期的干旱使土中水分不断蒸发,于是,又有少量的水分连同溶于其中的盐类都集中在粗粉粒的接触点处,可溶盐逐渐浓缩沉淀而成为胶结物。随着含水量的减少,土粒彼此靠近,颗粒间的分子引力以及结合水和毛细水的联结力也逐渐加大。这些因素都增强了土粒之间抵抗滑移的能力,阻止了土体的自重压密,于是形成了以粗粉粒为主体骨架的多孔隙的黄土结构,其中零星散布着较大的砂粒(见图7-1)。附于砂粒和粗粉粒表面的细粉粒、黏粒、腐殖质胶体以及大量集合于大颗粒接触点处的各种可溶盐和水分子形成了胶结性联结,从而构成了矿物颗粒集合体。周边有几个颗粒包围着的孔隙就是肉眼可见的大孔隙。它可能是植物的根须造成的管状孔隙。

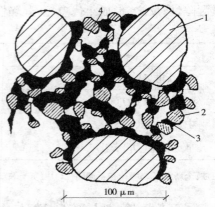

1—砂粒;2—粗粉粒;3—胶结物;4—大孔隙

图 7-1　黄土结构示意图

黄土受水浸湿时,结合水膜增厚楔入颗粒之间,于是,结合水联结消失,盐类溶于水中,骨架强度随着降低。土体在上覆土层的自重应力或在附加应力与自重应力综合作用下,其结构迅速破坏,土粒滑向大孔,粒间孔隙减小,这就是黄土湿陷现象的内在过程。

黄土中胶结物的含量和成分,以及颗粒的组成和分布,对于黄土的结构特点和湿陷性有着重要的影响。胶结物含量大,可把骨架颗粒包围起来,则结构致密;黏粒含量多,并且均匀分布在骨架之间也起了胶结物的作用。这些情况都会使湿陷性降低并使力学性质得到改善。反之,粒径大于 0.05 mm 的颗粒增多,胶结物多呈薄膜状分布,骨架颗粒多数彼此直接接触,则结构疏松,强度降低而湿陷性增强。此外,黄土中的盐类,加以较难溶解的碳酸钙为主而具有胶结作用时,湿陷性减弱,但石膏及易溶盐的含量愈大时,湿陷性增强。

黄土的湿陷性还与孔隙比、含水量以及所受作用力的大小有关。天然孔隙比愈大或天然含水量愈小,则湿陷性愈强。在天然孔隙比和含水量不变的情况下,随着压力的增大,黄土的湿陷量增加,但当压力超过某一数值后,再增加压力,湿陷量反而减少。

三、湿陷性黄土地基的评价

(一)湿陷系数和湿陷起始压力

黄土是否具有湿陷性以及湿陷性的强弱程度如何,应该用一个数值指标来判定。如上所述,黄土的湿陷性与所受的压力有关。所以,湿陷性的有无、强弱,应按某一给定的压力作用下土体浸水后的湿陷系数 δ_s 值来衡量。湿陷系数由室内压缩试验测定。在压缩仪中将原状试样逐级加压到规定的压力 p,等它压缩稳定后测得试样高度 h_p,然后加水浸湿,测得下沉稳定后的高度 h'_p。设土样的原始高度为 h_0,则按下式计算土的湿陷系数 δ_s

$$\delta_s = \frac{h_p - h'_p}{h_0} \tag{7-1}$$

测定湿陷系数的压力 p,以采用地基中黄土实际受到的压力较为合理。但在初勘阶段,建筑物的平面位置、基础尺寸和基础埋深等尚未确定,以实际压力评定土的湿陷性存在不少具体问题,因而《黄土规范》规定:对自基础底面算起(初步勘察时,自地面下 1.5 m 算起)的 10 m 内土层,该压力应用 200 kPa;10 m 以下至非湿陷性土层顶面,应用其上覆土的饱和自重压力（当大于 300 kPa 时，仍应用 300 kPa）；如基底压力大于 300 kPa，宜按实际压力判别黄土的湿陷性。

当 $\delta_s < 0.015$ 时，应定为非湿陷性黄土；当 $\delta_s \geqslant 0.015$ 时，应定为湿陷性黄土。

湿陷性黄土的湿陷程度，可根据湿陷系数 δ_s 值的大小分为下列三种：

（1）当 $0.015 \leqslant \delta_s \leqslant 0.03$ 时，湿陷性轻微；

（3）当 $0.03 < \delta_s \leqslant 0.07$ 时，湿陷性中等；

（3）当 $\delta_s > 0.07$ 时，湿陷性强烈。

如上所述，黄土的湿陷量是压力的函数。因此，事实上存在着一个压力界限值，压力低于这个数值，黄土即使浸了水也只产生压缩变形，而不会出现湿陷现象。这个界限称为湿陷起始压力 p_{sh}（kPa），是一个有一定实用价值的指标。例如，在设计非自重湿陷性黄土地基上荷载不大的基础和土垫层时，可以有意识地选择适当的基础底面尺寸及埋深或土垫层厚度，使基底压力或垫层底面的总压力（自重应力与附加应力之和）不超过基底下土的湿陷起始压力，以避免湿陷的可能性。

湿陷起始压力可用室内压缩试验或原位载荷试验确定。不论室内压缩试验或原位载荷试验，都有双线法和单线法两种。

当按压缩试验确定时，其方法如下：

采用双线法时，应在同一取土点的同一深度处，以环刀切取 2 个试样。一个在天然湿度下分级加荷，另一个在天然湿度下加第一级荷重，下沉稳定后浸水，待湿陷稳定后再分级加荷。分别测定这两个试样在各级压力下，下沉稳定后的试样高度 h_p 和浸水下沉稳定后的试样高度 h_p'，就可以绘出不浸水试样的 $p \sim h_p$ 曲线和浸水试样的 $p \sim h_p'$ 曲线，如图 7-2 所示。然后按式（7-1）计算各级荷载下的湿陷系数 δ_s，从而绘制 $p \sim \delta_s$ 曲线。在 $p \sim \delta_s$ 曲线上取 δ_s 值为 0.015 所对应的压力作为湿陷起始压力。以上测定 p_{sh} 的方法，因需要绘制两条压缩曲线，故称双线法。

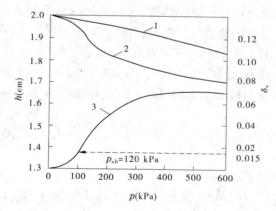

1—$p \sim h_p$ 曲线（不浸水）；2—$p \sim h_p'$ 曲线（浸水）；3—$p \sim \delta_s$ 曲线

图 7-2　湿陷性黄土压缩试验（双线法）

采用单线法时，应在同一取土点的同一深度处，至少以环刀切取 5 个试样。各试样均分别在天然湿度上分级加荷至不同的规定压力。待下沉稳定、测定土样高度 h_p 后浸水，并测定湿陷稳定后的土样高度 h'_p。绘制 $p \sim \delta_s$ 曲线后，确定 p_{sh} 值的方法与双线法同。此外，还可按载荷试验来确定 p_{sh} 值，这里就不再详述了。

试验结果表明：黄土的湿陷起始压力随着土的密度、湿度、胶结物含量以及土的埋深等的增加而增加。

(二)湿陷类型和湿陷等级

1.建筑场地湿陷类型的划分

自重湿陷性黄土在没有外荷载的作用下，浸水后也会迅速发生剧烈的湿陷，甚至一些很轻的建筑物也难免遭受其害。而在非自重湿陷性黄土地区，这种情况就很少见。所以，对于这两种类型的湿陷性黄土地基，所采取的设计和施工措施应有所区别。在黄土地区地基勘察中，应按实测自重湿陷量或计算自重湿陷量判定建筑场地的湿陷类型。实测自重湿陷量应根据现场试坑浸水试验确定。

计算自重湿陷量按下式计算

$$\Delta_{zs} = \beta_0 \sum_{i=1}^{n} \delta_{zsi} h_i \tag{7-2}$$

式中　δ_{zsi}——第 i 层土在上覆土的饱和($S_r > 0.85$)自重应力作用下的湿陷系数，其测定

和计算方法同 δ_s，即 $\delta_{zs} = \dfrac{h_z - h'_z}{h_0}$，式中 h_z 是加压至土的饱和自重压力时，下

沉稳定后的高度；

h_i——第 i 层土的厚度；

n——总计算厚度内湿陷土层的数目，总计算厚度应从天然地面算起(当挖、填方厚度及面积较大时，自设计地面算起)至其下全部湿陷性黄土层的底面为止，但其中 $\delta_{zs} < 0.015$ 的土层不参与累计；

β_0——因地区土质而异的修正系数，它从各地区湿陷性黄土地基试坑浸水试验实测值与室内试验值比较得出，对陇西地区可取 1.5，对陇东 – 陕北 – 晋西地区可取 1.2，对关中地区可取 0.9，对其他地区可取 0.5。

自重湿陷量的计算值 Δ_{zs}，应自天然地面(当挖、填方的厚度和面积较大时，应自设计地面)算起，至其下非湿陷性黄土层的顶面止，其中自重湿陷系数 δ_{zs} 值小于 0.015 的土层不累计。

当 $\Delta_{zs} \leqslant 70$ mm 时，应定为非自重湿陷性黄土场地；当 $\Delta_{zs} > 70$ mm 时，应定为自重湿陷性黄土场地。

2.黄土地基的湿陷等级

湿陷性黄土地基的湿陷等级，应根据基底下各土层累计的总湿陷量和计算自重湿陷量的大小等因素按表 7-2 判定，总湿陷量可按下式计算

$$\Delta_s = \sum_{i=1}^{n} \beta \delta_{si} h_i \tag{7-3}$$

式中　δ_{si}——第 i 层土的湿陷系数；

h_i——第 i 层土的厚度，mm；

β——考虑基底下地基土受水浸湿可能性和侧向挤出等因素的修正系数,在缺乏实测资料时,可按以下规定取值:基底 $0 \sim 5$ m 深度内,取 $\beta = 1.50$,基底 $5 \sim 10$ m 深度内,取 $\beta = 1$,基底下 10 m 以下至非湿陷性黄土层顶面,在自重湿陷性黄土场地,可取工程所在地区的 β_0 值。

表 7-2　湿陷性黄土地基的湿陷等级

湿陷量的计算值 Δ_s	非自重湿陷性场地	自重湿陷性场地	
	$\Delta_{zs} \leqslant 70$	$70 < \Delta_{zs} \leqslant 350$	$\Delta_{zs} > 350$
$\Delta_s \leqslant 300$	Ⅰ(轻微)	Ⅱ(中等)	—
$300 < \Delta_s \leqslant 700$	Ⅱ(中等)	*Ⅱ(中等) 或Ⅲ(严重)	Ⅲ(严重)
$\Delta_s > 700$	Ⅱ(中等)	Ⅲ(严重)	Ⅳ(很严重)

注:当湿陷量的计算值 $\Delta_s > 600$ mm、自重湿陷量的计算值 $\Delta_{zs} > 300$ mm 时,可判为Ⅲ级,其他情况可判为Ⅱ级。

湿陷量的计算值 Δ_s 的计算深度,应自基础底面(如基底标高不确定,自地面下 1.50 m)算起;在非自重湿陷性黄土场地,累计至基底下 10 m(或地基压缩层)深度止;在自重湿陷性黄土场地,累计至非湿陷黄土层的顶面止。其中湿陷系数 δ_s(10 m 以下为 δ_{zs})小于 0.015 的土层不累计。

Δ_s 是湿陷性黄土地基在规定压力作用下浸水后可能发生的湿陷变形值,设计时应按黄土地基的湿陷等级考虑相应的设计措施。在同样情况下,湿陷程度愈高,设计措施要求愈高。

四、湿陷性黄土地基的工程措施

湿陷性黄土地基的设计和施工,除必须遵循一般地基的设计和施工原则外,还应针对黄土湿陷性这个特点和工程要求,因地制宜采取以地基处理为主的综合措施。这类措施如下:

(1)地基处理。其目的在于破坏湿陷性黄土的大孔结构,以便全部或部分消除地基的湿陷性,从根本上避免或削弱湿陷现象的发生。常用的地基处理方法有土(或灰土)垫层、重锤夯实、强夯、预浸水、化学加固(主要是硅化和碱液加固)、土(灰土)桩挤密等,也可采用将桩端进入非湿陷性土层的桩基。

(2)防水措施。不仅要着眼于整个建筑场地的排水、防水问题,而且要考虑到单体建筑物的防水措施,在建筑物长期使用过程中要防止地基被浸湿,同时要做好施工阶段的排水、防水工作。

(3)结构措施。在建筑物设计中,应从地基、基础和上部结构相互作用的概念出发,采取适当的措施,增强建筑物适应或抵抗因湿陷引起的不均匀沉降的能力。这样,即使地基处理或防水措施不周密而发生湿陷,也不致造成建筑物的严重破坏,或减轻其破坏程度。

　　在上述措施中,地基处理是主要的工程措施。防水措施、结构措施的采取,应根据地基处理的程度不同而有所差别。对地基作了处理,消除了全部地基土的湿陷性,就不必再考虑其他措施,若地基处理只消除地基主要部分湿陷量,为了避免湿陷对建筑物的危害,还应辅以防水措施和结构措施。

第三节　膨胀土地基

一、膨胀土的特点

　　膨胀土一般指黏粒成分主要由亲水性黏土矿物组成,同时具有显著的吸水膨胀和失水收缩两种变形特性的黏性土和泥质岩石。它一般强度较高,压缩性低,易被混认为是建筑性能较好的地基土。但由于具有膨胀和收缩的特性,当利用这种土作为建筑物地基时,如果对这种特性缺乏认识,或在设计和施工中没有采取必要的措施,结果会给建筑物造成危害,尤其对低层、轻型的房屋或构筑物带来的危害更大。膨胀土分布范围很广,根据现有资料,我国广西、云南、湖北、河南、安徽、四川、河北、山东、陕西、江苏、贵州和广东等地均有不同范围的分布。为此,我国已制定了《膨胀土地区建筑技术规范》(GBJ 112—87)(简称《膨胀土规范》)。在膨胀土地区进行建设,要认真调查研究,通过勘察工作,对膨胀土作出必要的判断和评价,以便采取相应的设计措施和施工措施,从而保证房屋和构筑物的安全与正常使用。

(一)膨胀土的特征

　　根据我国 20 多个省(区)的资料,膨胀土多出露于二级及二级以上的河谷阶地、山前和盆地边缘及丘陵地带,地形坡度平缓,无明显的天然陡坎。

　　我国膨胀土除少数形成于全新世(Q_4)外,其地质年代多属第四纪晚更新世(Q_3)或更早一些。在自然条件下,膨胀土多呈硬塑或坚硬状态,具黄、红、灰白等颜色,并含有铁锰质或钙质结核,断面常呈斑状。膨胀土中裂隙较发育,有竖向、斜交和水平三种,距地表 $1 \sim 2$ m内,常有竖向张开裂隙。裂隙面呈油脂或蜡状光泽,时有擦痕或水渍,以及铁锰氧化物薄膜,裂隙中常充填灰绿色、灰白色黏土。在邻近边坡处,裂隙常构成滑坡的滑动面。膨胀土地区旱季地表常出现地裂,雨季则裂缝闭合。地裂上宽下窄,一般长 $10 \sim 80$ mm,深度多为 $3.5 \sim 8.5$ m,壁面陡立而粗糙。

　　我国膨胀土的黏粒含量一般很高,其中粒径小于 0.002 mm 的胶体颗粒含量一般超过20%,其液限 ω_L 大于40%,塑性指数 I_P 大于17,且多数为 $22 \sim 35$。自由膨胀率一般超过 40%(红黏土除外),膨胀土的天然含水量接近或略小于塑限,液性指数常小于零,土的压缩性小,多属低压缩性土。《膨胀土规范》是根据未处理的一层砖混结构房屋的极限变形幅度 15 mm 作为划分标准的,有关设计、施工和维护的规定是以胀缩变形量超过这个标准制定的。

　　膨胀土的工程特性表现为以下几个方面:

　　(1)胀缩性。膨胀土吸水体积膨胀,使建筑物隆起,如果膨胀受阻即产生膨胀力;膨胀土失水体积收缩,会造成土体开裂,并使建筑物下沉。土中亲水性矿物蒙脱石含量越多,膨胀量和膨胀力就越大。土的初始含水量越低,膨胀量与膨胀力也越大。击实土的膨胀量与膨胀力比原状土的大,密度值高,膨胀性也越大。

(2)崩解性。膨胀土浸水后体积膨胀,发生崩解。强膨胀土浸水后几分钟即完全崩解,弱膨胀土崩解缓慢且不完全。

(3)多裂隙性。膨胀土中的裂隙主要可分为竖向裂隙、水平裂隙和斜交裂隙三种类型。这些裂隙将土层分割成具有一定几何形状的块体,破坏了土体的完整性,容易造成边坡的塌滑。

(4)超固结性。膨胀土多具有超固结性,天然孔隙比小,密实度大,初始结构强度高。

(5)风化特性。膨胀土受气候因素影响很敏感,极易产生风化破坏,边坡(基坑)开挖后,在风力作用下,土体很快会产生碎裂、剥落,结构破坏,强度降低。受大气作用影响深度各地不完全一样,云南、四川、广西地区在地表下 3~5 m;其他地区 2 m 左右。

(6)强度衰减性。膨胀土的抗剪强度为典型的变动强度,具有极高的峰值,而残余强度又极低,由于膨胀土的超固结性,初期强度极高,现场开挖很困难。然而,由于胀缩效应和风化作用时间增加,抗剪强度大幅度衰减。在风化带以内,湿胀干缩效应显著,经过多次湿胀干缩循环以后,特别是黏聚力 c 大幅度下降,而内摩擦角 φ 变化不大,一般反复循环 2~3 次以后趋于稳定。

(二)膨胀土对建筑物的危害

膨胀土具有显著的吸水膨胀和失水收缩的变形特性。建造在膨胀土地基上的建筑物,随季节性气候的变化会反复不断地产生不均匀升降,而使房屋破坏,并具有如下特征:

建筑物的开裂破坏具有地区性成群出现的特点。遇干旱年份裂缝发展更为严重,建筑物裂缝随气候变化时而张开和时而闭合。

发生变形破坏的建筑物多数为一、二层的砖木结构房屋,因为这类建筑物的重量轻,整体性差,基础埋置较浅,地基土易受外界因素的影响而产生胀缩变形,故极易裂损。

房屋墙面两端转角处的裂缝,例如山墙上的对称或不对称的倒八字形缝(见图 7-3(a))。这是由于山墙的两侧下沉量较中部为大。外纵墙下部出现水平裂缝(见图 7-3(b)),墙体外倾并有水平错动。由于土的胀缩交替变形,会使墙体出现交叉裂缝。

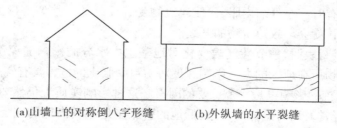

(a)山墙上的对称倒八字形缝　　(b)外纵墙的水平裂缝

图 7-3　膨胀土地基上房屋墙面的裂缝

房屋的独立砖柱可能发生水平断裂,并伴随有水平位移和转动。隆起的地坪,多出现纵向裂缝,并常与室外地裂相连。在地裂通过建筑物的地方,建筑物墙体上出现上大下小的竖向或斜向裂缝。

膨胀土边坡极不稳定,易产生浅层滑坡,并引起房屋和构筑物的开裂。

(三)影响膨胀土胀缩变形的主要因素

膨胀土的胀缩变形特性由土的内在因素决定,同时受到外部因素的制约。胀缩变形的产生是膨胀土的内在因素在外部适当的环境条件下综合作用的结果。

影响膨胀土胀缩变形的主要内在因素如下:

(1)矿物成分。膨胀土主要由蒙脱石、伊利石等亲水性矿物组成。蒙脱石矿物亲水性强,具有既易吸水又易失水的强烈活动性;伊利石亲水性比蒙脱石低,但也有较高的活动性;蒙脱石矿物吸附外来的阳离子的类型对土的胀缩性也有影响,如吸附钠离子(钠蒙脱石)时就具有特别强烈的胀缩性。

(2)微观结构特征。膨胀土的胀缩变形不仅取决于组成膨胀土的矿物成分,而且取决于这些矿物在空间分布上的结构特征。由于膨胀土中普遍存在着片状黏土矿物,颗粒彼此叠聚成微集聚体基本结构单元,从电子显微镜观察证明,膨胀土的微观结构为集聚体与集聚体彼此面面接触形成分散结构,这种结构具有很大的吸水膨胀和失水收缩的能力。

(3)黏粒的含量。由于黏土颗粒细小,比面积大,因而具有很大的表面能,对水分子和水中阳离子的吸附能力强。因此,土中黏粒含量愈多,则土的胀缩性愈强。

(4)土的密度和含水量。土的胀缩表现在土的体积变化。对于含有一定数量的蒙脱石和伊利石的黏土来说,当它在同样的天然含水量条件下浸水时,天然孔隙比愈小,土的膨胀性愈大,其收缩性愈小;反之,天然孔隙比愈大,收缩性愈大。因此,在一定条件下,土的天然孔隙比(密度状态)是影响胀缩变形的一个重要因素。此外,当土中原有的含水量与土体膨胀所需的含水量相差愈大时,则遇水后土的膨胀愈大,而失水后土的收缩愈小。

(5)土的结构强度。结构强度愈大,土体限制胀缩变形的能力也愈大。当土的结构受到破坏后,土的胀缩性随之增强。

影响膨胀土胀缩变形的主要外部因素有:

(1)气候条件是首要的因素。从现有的资料分析,膨胀土分布地区年降雨量的大部分一般集中在雨季,继之是延续较长的旱季。如建筑场地潜水位较低,则表层膨胀土受大气影响,土中水分处于剧烈的变动之中。在雨季,土中水分增加,在干旱季节则减少。房屋建造后,室外土层受季节性气候影响较大,因此基础的室内外两侧土的胀缩变形也就有了明显的差别,有时甚至外缩内胀,而使建筑物受到反复的不均匀变形的影响。这样,经过一段时间以后,就会导致建筑物的开裂。

野外实测资料表明,季节性气候变化对地基土中水分的影响随深度的增加而递减。因此,确定建筑物所在地区的大气影响深度对防治膨胀土的危害具有实际意义。

(2)地形地貌的影响也是一个重要的因素。这种影响实质上仍然要联系到土中水分的变化问题。经常发现有这样的现象:低地的膨胀土地基较高地的同类地基的胀缩变形要小得多;在边坡地带,坡脚地段比坡肩地段的同类地基的胀缩变形又要小得多。这是由于高地的临空面大,地基土中水分蒸发条件好,因此含水量变化幅度大,地基土的胀缩变形也较剧烈。

(3)在炎热和干旱地区,建筑物周围的阔叶树(特别是落叶的桉树)对建筑物的胀缩变形造成不利影响。尤其是旱季,当无地下水或地表水补给时,出于树根的吸水作用,会使土中的含水量减少,更加剧了地基土的干缩变形,使近旁有成排树木的房屋产生裂缝。

(4)对具体建筑物来说,日照的时间和强度也是不可忽略的因素。许多调查资料表明,房屋向阳面(即东、南、西三面,尤其是南、西两面)开裂较多,背阳面(即北面)开裂较少。另外,建筑物内、外有局部水源补给时,会增加胀缩变形的差异。高温建筑物如无隔热措施,也会因不均匀变形而开裂。

二、膨胀土地基的评价

(一)膨胀土的胀缩性指标

评价膨胀土胀缩性的常用指标及其测定方法如下:

(1)自由膨胀率 δ_{ef}。指研磨成粉末的干燥土样(结构内部无约束力),浸泡于水中,经充分吸水膨胀后所增加的体积与原干体积的百分比。试验时将烘干土样经无颈漏斗注入量土杯(容积 10 mL),盛满刮平后,将试样倒入盛有蒸馏水的量筒(容积 50 mL)内。然后加入凝聚剂并用搅拌器上下均匀搅拌 10 次。土粒下沉后每隔一定时间读取土样体积数,直至认为膨胀到达稳定。自由膨胀率按下式计算

$$\delta_{ef}(\%) = \frac{V_w - V_0}{V_0} \times 100\% \tag{7-4}$$

式中　V_0——试样原有的体积(即量土杯的容积),10 mL;

　　　V_w——膨胀稳定后测得的量筒内试样的体积,mL。

(2)膨胀率 δ_{ep}。指原状土样经侧限压缩后浸水膨胀稳定,并逐级卸荷至某级压力时的土样单位体积的稳定膨胀量(以百分数表示)。试验时,对置于压缩仪中的原状土样,先逐级加荷到按工程实际需要取定的最大压力,待下沉稳定后浸水并测得其稳定膨胀量,然后按先前的加荷等级逐级卸荷至零,同时测定各级压力下膨胀稳定时的土样高度变化值。δ_{ep} 值按下式计算

$$\delta_{ep}(\%) = \frac{h_w - h_0}{h_0} \times 100\% \tag{7-5}$$

式中　h_w——侧限压缩土样在浸水后卸压膨胀过程中的第 i 级压力 p_i 作用下膨胀稳定时的高度;

　　　h_0——试验开始时土样的原始高度。

(3)膨胀力 p_e。表示原状土样在体积不变条件下由于浸水产生的最大内应力。

图 7-4 以各级压力下的膨胀率 δ_{ep} 为纵坐标,压力 p 为横坐标,将试验结果绘制成 $p \sim \delta_{ep}$ 关系曲线,该曲线与横坐标的交点 p_e 的坐标值即为试验的膨胀力。在选择基础形式和基础压力时,p_e 是很有用的指标,此时一般要求基础压力 p 宜超过地基土的膨胀力,但不得超过地基承载力。

(4)线缩率 δ_s。指土的垂直收缩变形与原始高度的百分比。试验时把土样从环刀中推出后,置于 20 ℃恒温条件下或 15 ~ 40 ℃自然条件下干缩。按规定时间读测试样高度,并同时测定其含水量 ω。用下式计算土的线缩率

$$\delta_s(\%) = \frac{h_0 - h}{h_0} \times 100\% \tag{7-6}$$

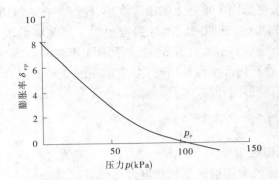

图 7-4　膨胀力的确定方法

式中　h_0——试验开始时的土样高度;

　　　h——试验中某次测得的土样高度。

(5)收缩系数 λ_s。绘制收缩曲线如图 7-5 所示,原状土样在直线收缩阶段中含水量每降低 1%,所对应的竖向线缩率的改变即为收缩系数 λ_s。

$$\lambda_s = \frac{\Delta \delta_s}{\Delta \omega}$$

式中　$\Delta \delta_s$——在直线段中与含水量减少值 $\Delta \omega$ 相对应的线缩率增加值。

(6)原状土的缩限 ω_S。在《土工试验方法标准》(GB/T 50123—1999)中已经介绍了缩限的定义和测定非原状黏性土缩限含水量的收缩皿法。至于原状土的缩限则可在图 7-5 的收缩曲线中分别延长微缩阶段和收缩阶段的直线段至相交,其交点的横坐标即为原状土的缩限 ω_S。

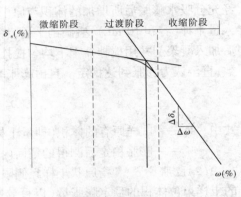

图 7-5　收缩曲线

(二)膨胀土地基的评价

1. 膨胀土的判别

膨胀土的判别是解决膨胀土地基勘察、设计的首要问题。据我国大多数地区的膨胀土和非膨胀土试验指标的统计分析,认为:土中黏粒成分主要由亲水矿物组成。凡自由膨胀率 $\delta_{ep} \geqslant 40\%$,一般具有上述膨胀土野外特征和建筑物开裂破坏特征,且为胀缩性能较大的黏性土和泥质岩石,则应判别为膨胀土。

2. 膨胀土的膨胀潜势

判别为膨胀土以后,要进一步确定膨胀土胀缩性能的强弱程度,不同胀缩性能的膨胀土对建筑物的危害程度将有明显差别。结合我国情况,用自由膨胀率作为膨胀土的判别和分类指标,一般能获得较好效果。研究表明:自由膨胀率能较好反映土中的黏土矿物成分、颗粒组成、化学成分和交换阳离子性质的基本特征。土中的蒙脱石矿物愈多,粒径小于 0.002 mm 的黏粒在土中占分量愈多,且吸附着较活泼的钠、钾阳离子时,则土体内部积储的膨胀潜势愈强,自由膨胀率就愈大,土体显示出强烈的胀缩性。调查表明:自由膨胀率较小的膨胀土,膨胀潜势较弱,建筑物损坏轻微;自由膨胀率较大的膨胀土,具有强的膨胀潜势,则较多建筑物将遭到严重破坏。《膨胀土规范》按自由膨胀率的大小划分土的膨胀潜势强弱,以判别土的胀缩性高低,详见表7-3。

表7-3 膨胀土的膨胀潜势分类

自由膨胀率(%)	膨胀潜势
$40 \leqslant \delta_{ep} < 65$	弱
$65 \leqslant \delta_{ep} < 90$	中
$\delta_{ep} \geqslant 90$	强

(三)膨胀土地基的胀缩等级

膨胀土地基变形计算包括地基土的膨胀变形量 s_e、收缩变形量 s_s 和胀缩变形量 s_c 的计算。

(1)膨胀量的计算。

地基土的膨胀量 s_e 按下式计算

$$s_e = \psi_e \sum_{i=1}^{n} \delta_{epi} h_i \tag{7-7}$$

式中　s_e——地基土的膨胀变形量,mm;

ψ_e——计算膨胀变形量的经验系数,宜根据当地经验确定,若无可依据经验,三层及三层以下的建筑物,可采用0.6;

δ_{epi}——基础底面下第 i 层土在压力为 p_i(该层土的平均自重应力与平均附加应力之和)作用下的膨胀率,由室内试验确定;

h_i——第 i 层土计算厚度,mm,一般为基础宽度的0.4倍;

n——自基础底面至计算深度内所划分的土层数,计算深度一般根据大气影响深度确定,当有浸水可能时,可按浸水影响深度确定。

(2)收缩量的计算。

地基土的收缩量 s_s 按下式计算

$$s_s = \psi_s \sum_{i=1}^{n} \lambda_{si} \Delta\omega_i h_i \tag{7-8}$$

式中　s_s——地基土的收缩变形量,mm;

ψ_s——计算膨胀变形量的经验系数,宜根据当地经验确定,若无可依据经验,三层及三层以下建筑物,可采用0.8;

λ_{si}——第 i 层土的垂直线收缩系数;

$\Delta\omega_i$——第 i 层土在收缩过程中可能发生含水量变化的平均值(以小数表示),按《膨胀土规范》公式计算;

其他符号意义同前。

(3)地基土的胀缩变形量 s_c。

地基土的胀缩变形量 s_c 按下式计算

$$s_{\mathrm{c}} = \psi_{\mathrm{c}} \sum_{i=1}^{n} (\delta_{\mathrm{e}pi} + \lambda_{si} \Delta\omega_i) h_i \tag{7-9}$$

式中　ψ_{c}——计算胀缩变形量的经验系数,一般取 0.7;

其他符号意义同前。

根据建筑物地基的胀缩变形对低层砖混结构房屋的影响程度,对膨胀土地基评价时,其胀缩等级按地基胀缩变形量 s_{c} 大小进行划分,详见表 7-4。

表 7-4　膨胀土地基的胀缩等级

地基胀缩变形量 s_{c}(mm)	级别
$15 \leqslant s_{\mathrm{c}} < 35$	I
$35 \leqslant s_{\mathrm{c}} < 70$	II
$s_{\mathrm{c}} \geqslant 70$	III

膨胀土地基的设计,按场地的地形、地貌条件分为平坦场地和斜坡场地;地形坡度小于 5°或地形坡度大于 5°而小于 14°的坡脚地带和距坡肩水平距离大于 10 m 的坡顶地带为平坦场地;地形坡度大于或等于 5°,或地形坡度虽然小于 5°,而同一座建筑物范围内地形高差大于 1 m 者为斜坡场地。位于平坦场地的建筑物地基,应按收缩变形量控制设计;而位于斜坡场地上的建筑物地基,除按胀缩变形量设计外,尚应进行地基稳定性计算。

三、膨胀土地基的工程措施

(一)设计措施

1. 建筑场地的选择

根据工程地质和水文地质条件,建筑物应尽量避免布置在地质条件不良的地段(如浅层滑坡和地裂发育区,以及地质条件不均匀的区域)。重要建筑物最好布置在胀缩性较小和土质较均匀的地方。山区建筑应根据山区地基的特点,妥善地进行平面布置,并进行竖向设计,避免大开大挖,建筑物应依山就势布置。同时应利用和保护天然排水系统,并采取必要的排供、截流和导流等排水措施,有组织地排除雨水、地表水、生活和生产废水,防止局部浸水和渗漏现象。

2. 建筑措施

建筑物的体型应力求简单,尽量避免平面凹凸曲折和立面高低不一。建筑物不宜过长,必要时可用沉降缝分段隔开。膨胀土地区的民用建筑层数宜多于 1~2 层。外廊式房屋的外廊部分宜采用悬挑结构。一般无特殊要求的地坪,可用混凝土预制块或其他块料,其下铺砂和炉渣等垫层。如用现浇混凝土地坪,其下铺块石或碎石等垫层,每 3 m 左右设分隔缝。对于有特殊要求的工业地坪,应尽量使地坪与墙体分开,并填以嵌缝材料。房屋附近不宜种植吸水量和蒸发量大的树木(如桉树),应根据树木的蒸发能力和当地气候条件合理确定树木与房屋之间的距离。

3. 结构处理

在 I、II、III 类膨胀土地基上,一般应避免采用砖拱结构和无砂大孔混凝土、无筋中型砌块建造的房屋。为了加强建筑物的整体刚度,可适当设置钢筋混凝土圈梁或钢筋砖腰箍。单独排架结构的工业厂房包括山墙、外墙及内隔墙均宜采用单独柱基承重,角端部分适当加深,围护墙宜砌在基础梁上,基础梁底与地面应脱空 100～150 mm。建筑物的角端和内外墙的连接处,必要时可增设水平钢筋。

4.地基处理

基础埋深的选择应考虑膨胀土的胀缩性、膨胀土层埋深和厚度以及大气影响深度等因素。基础不宜设置在季节性干湿变化剧烈的土层内。一般基础的埋深宜超过大气影响深度。当膨胀土位于地表下 3 m,或地下水位较高时,基础可以浅埋。若膨胀土层不厚,则尽可能将基础埋置在非膨胀土上。膨胀土地区的基础设计,应充分利用地基土的承载力,并采取缩小基底面积、合理选择基底形式等措施,以便增大基底压力、减小地基膨胀变形量。膨胀土地基的承载力可按《膨胀土规范》有关规定选用。采用垫层时,须将地基中膨胀土全部或部分挖除,用砂、碎石、块石、煤渣、灰土等材料做垫层,而且必须有足够的厚度。当采取垫层作为主要设计措施时,垫层宽度应大于基础宽度,两侧回填相同的材料。如果用深基础,宜选用穿透膨胀土层的桩(墩)基。

(二)施工措施

膨胀土地区的建筑物,应根据设计要求、场地条件和施工季节,做好施工组织设计。在施工中应尽量减小地基中含水量的变化,以便减小土的胀缩变形。建筑场地施工前,应完成场地土方、挡土墙、护坡、防洪沟及排水沟等工程,使排水畅通、边坡稳定。施工用水应妥善管理,防止管网漏水临时水池、洗料场、搅拌站与建筑物的距离不少于 5 m。应做好排水措施,防止施工中水流入基槽内,基槽施工宜采取分段快速作业,施工过程中,基槽不应曝晒或浸泡。被水浸湿后的软弱层必须清除,雨季施工应有防水措施。基础施工完毕后,立即将基槽和室内回填土分层夯实。填土可用非膨胀土、弱膨胀土或掺有石灰的膨胀土。地坪面层施工时应尽量减少地基浸水,并宜用覆盖物湿润养护。

第四节　红黏土地基

一、红黏土的形成与分布

炎热湿润气候条件下的石灰岩、白云岩等碳酸盐岩系出露区的岩石在长期的成土化学风化作用(红土化作用)下形成的高塑性黏土物质,其液限一般大于 50%,一般呈褐红、棕红、紫红和黄褐等色,称为红黏土。它常堆积于山麓坡地、丘陵、谷地等处。当原生红黏土层受间歇性水流的冲蚀作用,土粒被带到低洼处坡积成新的土层,其颜色较未经搬运者浅,常含粗颗粒,液限大于 45% 者称次生红黏土,它仍保持红黏土的基本特征。

红黏土主要分布在我国长江以南(即北纬 33°以南)地区,西起云贵高原,经四川盆地南缘,鄂西、湘西、广西向东延伸到粤北、湘南、皖南、浙西等丘陵山地。

过去一段时期,由于对红黏土的建筑性能认识不足,而被误认为是一般软弱黏性土,以致不能充分发挥地基的潜力。随着我国红黏土分布区的开发和建设,实践证明,尽管红黏土有较高的含水量和较大的孔隙比,却具有较高的强度和较低的压缩性,如果分布均匀,又无岩溶、土洞存在,则是中小型建筑物的良好地基。

红黏土地区的研究成果和建筑经验已相继反映在《建筑地基基础设计规范》(GB 50007—2011)和《岩土工程勘察规范》(GB 50021—2001)中。

二、红黏土的工程特性

由于红黏土是碳酸盐岩系经红土化作用的产物,其母岩较活动的成分和离子如 SO_4^{2-}、Ca^{2+}、Na^+、K^+ 等)在长期风化淋滤作用下相继流失,而使 Fe_2O_3、Al_2O_3、SiO_2 集聚。红黏土中除有一定数量的石英外,大量黏粒的矿物成分主要为高岭石(或伊利石)。因为高岭石矿物具有不活动的晶格,其周围吸附的主要是 Fe^{3+}、Al^{3+} 等离子,所以与水结合的能力弱。红黏土的基本结构单元除由静力引力和吸附水膜联结外,还有胶体二氧化硅、铁质等胶结,使土体具有较高的联结强度,而能抑制扩散层厚度和晶格的扩展。所以,在自然条件下浸水时,可表现出较好的水稳性。

红黏土中较高的黏土颗粒含量(55% ~70%)使其具有高分散性和较大的孔隙比($e = 1.1 \sim 1.7$)。红黏土常处于饱和状态($S_r > 85\%$)。它的天然含水量($\omega = 30\% \sim 60\%$)几乎与塑限相等,但液性指数较小($-0.1 \sim 0.4$),这说明红黏土以含结合水为主。因此,红黏土的含水量虽高,但土体一般仍处于硬塑或坚硬状态。压缩系数 $a = 0.1 \sim 0.4$ MPa^{-1},变形模量 $E_0 = 10 \sim 30$ MPa,固结快剪内摩擦角 $= 8° \sim 18°$,黏聚力 $c = 40 \sim 90$ kPa,红黏土具有较高的强度和较低的压缩性,原状红黏土浸水后膨胀量很小,失水后收缩剧烈。

次生红黏土情况比较复杂,在矿物和粒度成分上,次生红黏土由于搬运过程掺和其他成分和较粗颗粒物质,呈可塑至软塑状态,其固结度差,压缩性普遍高。

三、红黏土地区的岩溶和土洞

由于红黏土的成土母岩为碳酸盐岩系岩石,这类基岩在水的作用下,岩溶发育,上覆红黏土层在地表水和地下水作用下常形成土洞。实际上,红黏土与岩溶、土洞之间有不可分割的联系,它们的存在可能严重影响建筑场地的稳定,并且造成地基的不均匀性。其不良影响如下:

(1)溶洞顶板坍落造成地基失稳,尤其是一些浅埋、扁平状、跨度大的洞体,其顶板岩体受数组结构面切割,在自然或人为的作用下,有可能坍落造成地基的局部破坏。

(2)溶洞坍落形成场地塌陷,实践表明,土洞对建筑物的影响远大于岩溶,其主要原因是:土洞埋藏浅、分布密、发育快、顶板强度低,因而危害也大。有时在建筑施工阶段还未出现土洞,只是由于修建建筑物后改变了地表水和地下水的条件才产生土洞和地表塌陷。

(3)溶沟、溶槽等低洼岩面处易于积水,使土呈软塑至流塑状态,在红黏土分布区,随着深度增加,土的状态可以由坚硬、硬塑变为可塑以至流塑。

(4)基岩岩面起伏大,常有峰高不等的石芽埋藏于浅层土中,有时外露地表,导致红黏土地基的不均匀性。常见石芽分布区的水平距离只有 1 m、土层厚度相差可达 5 m 或更多的情况。

（5）岩溶水的动态变化给施工和建筑物造成不良影响,雨季深部岩溶水通过漏斗、落水洞等竖向通道向地面涌泄,以致场地可能暂时被水淹没。

四、红黏土地基的评价

（一）地基稳定性评价

红黏土在天然状态下,膨胀量很小,但具有强烈的失水收缩性,土中裂隙发育是红黏土的一大特征。在靠近地表部位或边坡地带,红黏土裂隙发育且呈竖向开口状,这种土单独的土块强度很高,但由于裂隙破坏了土体的连续性和整体性,使土体整体强度降低。当基础浅埋且有较大水平荷载,外侧地面倾斜或有临空面时,更要首先考虑地基稳定性问题,土的抗剪强度指标及地基承载力都应作相应的折减。另外,红黏土与岩溶、土洞有不可分割的联系,由于基岩岩溶发育,红黏土没有土洞存在,但在土洞强烈发育地段,地表塌陷,严重影响地基稳定性。

（二）地基承载力评价

出于红黏土具有较高的强度和较低的压缩性,在孔隙比相同时,它的承载力是软黏土的 2 ~ 3 倍,是建筑物的良好地基。它的承载力的确定方法有:现场原位试验,浅层土进行静载荷试验,深层土进行旁压试验;按承载力公式计算,其抗剪强度指标应由三轴试验求得,当使用直剪仪快剪指标时,计算参数应予修正,对 c 值一般乘以 0.6 ~ 0.8 系数、对 φ 值乘以 0.8 ~ 1.0 系数;在现场鉴别土的湿度状态,由经验确定,按相关分析结果,由土的物理性质指标按有关表格求得。红黏土承载力的评价应在土质单元划分的基础上,根据工程性质及已有研究资料选用上述承载力方法综合确定,出于红黏土湿度状态受季节变化、地表水体和人为因素的影响,在承载力评价时应充分注意。

（三）地基均匀性评价

《岩土工程勘察规范》（GB 50021—2001）将红黏土地基划分为两类:均匀地基和不均匀地基。地基压缩层范围内岩土全部有红黏土组成的为均匀地基,地基压缩层范围内岩土由红黏土和岩石组成的为不均匀地基。

五、红黏土地基的工程措施

根据红黏土地基湿度状态的分布特征,一般尽量将基础浅埋,尽量利用浅部坚硬或硬塑状态的土作为持力层,这样既能充分利用较高的承载力,又可使基底下保持相对较厚的硬土层,使传递到软塑土上的附加应力相对减小,以满足下卧层的承载力要求。

对不均匀地基,可采取如下措施:

（1）对地基中石芽密布、不宽的溶槽中有小于《岩土工程勘察规范》（GB 50021—2001）规定厚度红黏土层的情况,可不必处理,而将基础直接置于其上;若土层超过规定厚度,可全部或部分挖除溶槽中的土,并将墙基础地面沿墙分段造成埋深逐渐增加的台阶状,以便保持基底下压缩土层厚度逐段渐变,以调整不均匀沉降,此外,也可布设短桩,而将荷载传至基岩;对石芽零星分布,周围有厚度不等的红黏土地基,其中以岩石为主时,应处理土层;以土层为主时,则应以褥垫法处理石芽。

（2）对基础下红黏土厚度变化较大的地基,主要采用调整基础沉降差的办法,此时可以选用压缩性较低的材料进行置换或用密度较小的填土来置换局部原有的红黏土,以达到沉降均匀的目的。

对地基有危及建筑物安全的溶洞和土洞也应进行处理。

第五节　岩溶与土洞

岩溶或称喀斯特,它是石灰岩、泥灰岩、白云岩、大理岩、石膏、岩盐层等可溶性岩石受水的化学作用和机械作用而形成的溶洞、溶沟、裂隙、暗河、石芽、漏斗、钟乳石等奇特的地貌及地下形态的总称(见图7-6)。

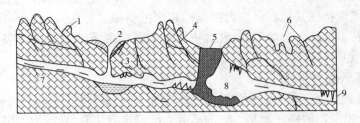

1—石芽,石林;2—漏斗;3—落水洞;4—溶石裂缝;
5—塌陷洼地;6—溶沟,溶槽;7—暗河;8—溶洞;9—钟乳石

图7-6　岩溶岩层剖面示意图

土洞是岩溶地区上覆土层在地表水或地下水作用下形成的洞穴(见图7-7)。

岩溶地区由于有溶洞、暗河及土洞等的存在,可能造成地面变形和地基陷落,发生水的渗漏和涌水现象,使场地工程地质条件大为恶化。实践表明:土洞对建筑物的影响远大于溶洞,其主要原因是土洞埋藏浅、分布密、发育快、顶板强度低,因而危害也大。有时在建筑施工阶段还未出现土洞,却由于建筑后改变地表水和地下水的条件而产生新的土洞和地表塌陷。

我国岩溶地区分布很广,其中以黔、桂、川、滇等省(区)最为发育,其余如湘、粤、浙、苏、鲁、晋等省均有规模不同的岩溶。此外,我国西部和西北部,在夹有石膏、岩盐的地层中,也有局部岩溶发育。

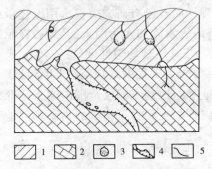

1—黏土;2—石灰岩;3—土洞;4—溶洞;5—裂缝

图7-7　土洞剖面示意图

一、岩溶发育的条件

岩溶的发育与可溶性岩层、地下水活动、气候条件、地质构造及地形等因素有关,前两项是形成岩溶的必要条件。当可溶性岩层具有裂隙,能透水,且位于地下水的侵蚀基准面以上,而地下水又具有化学溶蚀能力时,就可以出现岩溶现象;岩溶的形成必须有地下水

的活动,因为,当富含 CO_2 的大气降水和地表水渗入地下后,不断更新水质,就能保持着地下水对可溶性岩层的化学溶解能力,从而加速岩溶的发展,在大气降水丰富及潮湿气候地区,地下水经常得到地表水的补给,由于来源充沛,因而岩溶发育也快。从地质构造来看,具有裂隙的背斜顶部和向斜轴部、断层破碎带、岩层接触面和构造断裂带等处,地下水流动快,因而也是岩溶发育的有利条件。地形的起伏直接影响着地表水的流速和流向,凡地势高差大的地区,地表水和地下水流速大,水对可溶性岩层的溶解和冲蚀作用就进行得强烈,从而加速岩溶的发育。

在各种可溶性岩层中,由于岩石的性质和形成条件不同,故岩溶的发育速度不同。在一般情况下,在石灰岩、泥灰岩、白云岩及大理岩中发育较慢;在岩盐、石膏及石膏质岩层中发育很快,经常存在漏斗、洞穴并发生塌陷现象。岩溶的发育和分布规律主要受岩性、裂隙、断层以及可溶性不同的岩层接触面的控制,其分布常具有带状和成层性。当不同岩性的倾斜岩层相互成层时,岩溶在平面上呈带状分布。相应于地壳升降的次数,就会形成几级水平溶洞。两层水平溶洞之间一般都有垂直管状或脉状溶洞连通。

二、岩溶地基稳定性评价和处理措施

在岩溶地区首先要了解岩溶的发育规律、分布情况和稳定程度,查明溶洞、暗河、陷穴的界限,以及场地内有无出现涌水、淹没的可能性,以便评价和选择建筑场地、布置总图时参考。当场地存在下列情况之一时,可判定为未经处理不宜作为地基的不利地段:①浅层洞体或溶洞群、洞径大,且不稳定的地段;②埋藏有漏斗、槽谷等,并覆盖有软弱土体的地段;③土洞或塌陷成群发育的地段;④岩溶水排泄不畅,可能暂时淹没的地段。

当地基属下列条件之一时,对二级和三级工程可不考虑岩溶稳定性的不利影响:基础底面以下土层厚度大于独立基础宽度的 3 倍或条形基础宽度的 6 倍,且不具备形成土洞或其他地面变形的条件;基础底面与洞体顶板间岩土厚度虽小于上述的规定,但符合下列条件之一时:①洞隙或岩溶漏斗被密实的沉积物填满,且无被水冲蚀的可能;②洞体为基本质量等级为 I 级或 II 级岩体,顶板岩石厚度大于或等于洞跨;③洞体较小,基础底面大于洞的平面尺寸,并有足够的支承长度;④宽度或直径小于 1 m 的竖向洞隙、落水洞近旁地段。若不符合上述条件,应进行洞体地基稳定分析。

如果在不稳定的岩溶地区修建建筑物,应结合岩溶的发育情况、工程要求、施工条件、经济与安全的原则,考虑采取如下处理措施:

(1)对个体溶洞与溶蚀裂隙,可采用调整柱距、用钢筋混凝土梁板或桁架跨越的办法。当采用梁板和桁架跨越时,应查明支承端岩体的结构强度及其稳定性。

(2)对浅层洞体,若顶板不稳定,可进行清、爆、挖、填处理,即清除覆土,爆开顶板,挖去软土,用块石、碎石、黏土或毛石混凝土等分层填实。若溶洞的顶板已被破坏,又有沉积物充填,当沉积物为软土时,除采用前述挖、填处理外,还可根据溶洞和软土的具体条件采用石砌柱、灌注桩、换土或沉井等方法处理。

(3)溶洞大,顶板具有一定厚度,但稳定条件较差,如能进入洞内,为了增加顶板岩体的稳定性,可用石砌柱、拱或钢筋混凝土柱支撑。采用此方法,应着重查明洞底的稳定性。

(4)地基岩体内的裂隙,可采用灌注水泥浆、沥青或黏土浆等方法处理。

(5)地下水宜疏不宜堵,在建筑物地基内宜用管道疏导。对建筑物附近排泄地表水的漏斗、落水洞以及建筑范围内的岩溶泉(包括季节性泉)应注意清理和疏导,防止水流通路堵塞,避免场地或地基被水淹没。

三、土洞地基

土洞的形成和发育与土层的性质、地质构造、水的活动、岩溶的发育等因素有关。其中以土层、岩溶的存在和水的活动等三因素最为重要。根据地表水或地下水的作用可把土洞分为:①地表水形成的土洞,由于地表水下渗,内部冲蚀淘空而逐渐形成土洞或导致地表塌陷;②地下水形成的土洞,当地下水升降频繁或人工降低地下水位时,水对松软的土产生潜蚀作用,这样就在岩土交界面处形成土洞。当土洞逐渐扩大就会引起地表塌陷。

在土洞发育的地区进行工程建设时,应查明土洞的发育程度和分布规律,查明土洞和塌陷的形状、大小、深度和密度,以便提供选择建筑场地和进行建筑总平面布置所需的资料。

建筑场地最好选择在地势较高或地下水的最高水位低于基岩面的地段,并避开岩溶强烈发育及基岩面上软黏土厚而集中的地段。若地下水位高于基岩面,在建筑施工或建筑物使用期间,应注意由于人工降低地下水位或取水时形成土洞或发生地表塌陷的可能性。

在建筑物地基范围内有土洞和地表塌陷时,必须认真进行处理。常用的措施如下:

(1)处理地表水和地下水。在建筑场地范围内,做好地表水的截流、防渗、堵漏等工作,以杜绝地表水渗入土层内。这种措施对由地表水引起的土洞和地表塌陷,可起到根治的作用。对形成土洞的地下水,当地质条件许可时,可采用截流、改道的办法,防止土洞和地表塌陷的发展。

(2)挖填处理。这种措施常用于浅层土洞。对地表水形成的土洞和塌陷,应先挖除软土,然后用块石或毛石混凝土回填。对地下水形成的土洞和塌陷,可挖除软土和抛填块石后做反滤层,面层用黏土夯实。

(3)灌砂处理。灌砂适用于埋藏深、洞径大的土洞。施工时在洞体范围的顶板上钻两个或多个钻孔:其中直径小的(50 mm)作为排气孔,直径大的(大于100 mm)用来灌砂。灌砂时同时冲水,直到小孔冒砂。当洞内有水,灌砂困难时,可用压力灌注强度等级为C15的细石混凝土,也可灌注水泥或砾石。

(4)垫层处理。在基础底面下夯填黏性土碎石做垫层,以提高基底标高,减小土洞顶板的附加压力,这样以碎石为骨架可减小垫层的沉降量并增加垫层的强度,碎石之间有黏性土充填,可避免地表水下渗。

(5)梁板跨越。当土洞发育剧烈时,可用梁、板跨越土洞。当采用这种方案时,应注意洞旁土体的承载力和稳定性。

(6)采用桩基或沉井。对重要的建筑物,当土洞较深时可用桩或沉井穿过覆盖土层,将建筑物的荷载传至稳定的岩层上。

第六节　软土地基

一、软土的形成及分布

天然孔隙比大于或等于1.0,且天然含水量大于液限的细粒土应判定为软土。软土包括淤泥、淤泥质土、泥炭、泥炭质土等。软土一般是在静水或缓慢流水环境中以细颗粒为主的近代沉积物。

淤泥是在静水或缓慢的流水环境中沉积,并经生物化学作用形成的,其天然含水量大于液限,天然孔隙比大于或等于 1.5 的黏性土。当天然含水量大于液限而天然孔隙比小于 1.5 但大于或等于 1.0 的黏性土或粉土,为淤泥质土。

泥炭和泥炭质土中含有大量未分解的腐殖质,有机质含量大于 60% 的是泥炭;有机质含量为 10% ~60% 的是泥炭质土。

我国沿海地区和内陆平原或山区都广泛地分布着海相、三角洲相、湖相、河相和沼泽相沉积的饱和软土。沿海软土主要位于各河流的入海口处,例如渤海及津塘地区,浙江的温州、宁波的滨海相沉积;长江、珠江三角洲的三角洲相沉积;闽江口平原的溺谷相沉积。内陆湖泊相沉积主要分布在洞庭湖、洪泽湖、太湖流域及昆明的滇池地区。河滩沉积位于各大、中河流的中、下游地区。沼泽沉积的有内蒙古,东北大、小兴安岭,南方及西南森林地区等。山区软土则分布于广西、贵州、云南各省多雨地区的山间谷地、冲沟、河滩阶地和各种洼地里,是泥灰岩、灰质页岩、泥质砂页岩等风化产物和地表的有机物质经水流搬运,沉积于低洼处,长期饱水软化或间有微生物作用而形成的。沉积的类型以坡洪积、湖沉积和冲沉积为主。与平原地区不同的是,山区软土的分布零星,范围不大,但厚度及深度变化悬殊,有时相距 2~3 m,厚度变化可达 7~8 m,多呈透镜体状,土质不均,土的强度和压缩性变化很大。软土按其沉积环境及形成特征,大致可分为五种类型,如表 7-5 所示。

表 7-5　软土成因类型和形成特征

类型	成因	在我国主要分布情况	形成与特征
滨海沉积	泻湖相、三角洲相、滨海相、溺谷相	东海、黄海、渤海等沿海地区	在较弱的海浪岸流及潮汐的水动力作用下,逐渐沉积淤成,表层硬壳厚 0~3 m,下部为淤泥夹粉、细砂透镜体,淤泥厚 5~60 m,常含贝壳及海生物残骸,表层硬壳之下,局部有薄层泥炭透镜体。滨海相淤泥常与砾砂相混杂,极疏松,透水性强,易于压缩固结,三角洲多薄层交错砂层,水平渗透性较好,泻湖相溺谷相淤积一般较深,松软
湖泊沉积	湖相、三角洲相	洞庭湖、太湖、潘阳湖、洪泽湖周边,古云梦泽边缘地带	淡水湖盆沉积物,在稳定的湖水期逐渐沉积,沉积相带有季节性,主要成分为粉土颗粒,表层硬壳厚 0~5 m,泥炭层多呈透镜体,但分布不多
河滩沉积	河床相、河漫滩相、牛轭湖相	长江中下游、珠江下游、汉江下游及河口、淮河平原、松辽平原、闽江下游	平原河流流速减小,水中携带的黏土颗粒缓慢沉积而成,成层不均,以淤泥及软黏土为主,含砂与泥炭夹层,厚度一般小于 20 m

续表 7-5

类型	成因	在我国主要分布情况	形成与特征
谷地沉积或残积		西南、南方山区或丘陵区	在山区和丘陵区地表水带有大量含有机质的黏性土,汇积于平缓谷地之后流速降低,淤积而成软土,山区谷地也有残积的软土,其成分与性质差异很大,上覆硬壳厚度不一,软土底板坡度较大,极易造成工程变形
沼泽沉积		内蒙古,东北大、小兴安岭,南方及西南森林地区	

二、软土的物理力学性质

(一)天然含水量高、孔隙比大

软土多呈软塑状态或半流塑状态,其天然含水量很大,一般超过 30%,天然含水量 ω 大于液限 ω_L。山区软土含水量可高达 70%,甚至达 200%。软土的饱和度一般大于 90%,液性指数多大于 1.0。

因此,软土地基具有变形大、强度低的特点。

(二)透水性低

软土的透水性很低,软土固结需要很长的时间。当地基中有机质含量较大时,土中可能产生气泡,堵塞渗流通道而降低其渗透性。软土的渗透系数一般为 $10^{-8} \sim 10^{-6}$ cm/s,在自重或荷载作用下固结速率很慢,加载初期地基中常出现较高的孔隙水压力,会影响地基的强度,延长建筑物的沉降时间。

(三)压缩性高

软土的孔隙比大,天然孔隙比 e 大于或等于 1.0,具有高压缩性的特点。软土的压缩系数大,一般 $a_{1-2} = 0.5 \sim 1.5$ MPa^{-1},最大可达 4.5 MPa^{-1};压缩指数 C_c 为 0.35 ~ 0.75。如其他条件相同,则软土的液限愈大,压缩性也愈大。软土地基的变形特性与其天然固结状态相关,欠固结软土在荷载作用下沉降较大,天然状态下的软土层大多属于正常固结状态。

(四)抗剪强度低

软土的抗剪强度很低,并与排水固结程度密切相关。天然不排水抗剪强度一般小于 20 kPa,其变化范围为 5 ~ 25 kPa。这是因为在不排水剪切时,软土的内摩擦角接近于零,抗剪强度主要由黏聚力决定,而黏聚力一般小于 20 kPa。经排水固结后,软土的抗剪强度提高,但由于其透水性差,当应力改变时,孔隙水渗出过程非常缓慢,因此抗剪强度的增长也很缓慢。软土地基的承载力常为 50 ~ 80 kPa。

(五)具有触变性

软土具有絮凝结构,是结构性沉积物,具有触变性。当其结构未被破坏时,具有一定的结构强度,但一经扰动(振动、搅拌、挤压或搓揉等),尤其是滨海相软土,原有结构强度破坏,土的强度明显降低或很快变成稀释状态。软土中含亲水性矿物(如蒙脱石)多时,结构性强,其触变性较显著。

触变性的大小,常用灵敏度 S_t 来表示,一般 S_t 为 3~4,个别可达 8~9,故软土地基在振动荷载下,易产生侧向滑动、沉降及基底向两侧挤出等现象。

(六)具流变性

软土具有流变性,其中包括蠕变特性、流动特性、长期强度特性和应力松弛特性。蠕变特性是指在荷载不变的情况下变形随时间发展的特性。流动特性是土的变形速率随应力变化的特性。长期强度特性是指土体在长期荷载作用下土的强度随时间变化的特性。应力松弛特性是在恒定的变形条件下应力随时间减小的特性。考虑到软土的流变特性,用一般剪切试验方法求得的软土的物理力学性质指标的统计值如表7-6所示。

表 7-6　各类软土的物理力学性质指标统计值

类型	重度 γ (kN/m³)	天然含水量 ω(%)	天然孔隙比 e	抗剪强度 内摩擦角 φ(°)	抗剪强度 黏聚力 c (kPa)	灵敏度 S_t	压缩系数 a_{1-2} (MPa⁻¹)
滨海沉积软土	15.0~18.0	40~100	1.0~2.3	1~7	2~20	2~7	1.2~3.5
河滩沉积软土	15.0~19.0	30~60	0.8~1.3	0~10	5~30		0.3~3.0
湖泊沉积软土	15.0~19.0	35~70	0.9~1.3	0~11	5~25	4~8	0.8~3.0
谷地沉积(残积)软土	14.0~19.0	40~120	0.52~1.5	0	5~19	2~10	>0.5

三、软土地基的工程评价

(一)软土地基的承载力

1. 根据土的物理力学性质指标确定软土地基的承载力

软土大多是饱和状态,含水量基本上能够反映土的孔隙比的大小,一般当孔隙比为1时,相应的含水量为36%;孔隙比为1.5时,相应的含水量为55%。因此,可根据土的天然含水量 ω 的大小由各地区的规范或经验查得承载力值。

2. 根据理论公式确定软土地基的承载力

1)《建筑地基基础设计规范》(GB 50007—2011)公式

利用《建筑地基基础设计规范》(GB 50007—2011)推荐的理论公式计算软土地基的承载力。

2)极限荷载公式

饱和软黏土的极限承载力 p_u 可按下列各式计算:

条形基础　　　$p_u = 5.14c + \gamma d$ 　　　　　　(7-10)

方形基础　　　$p_u = 5.71c + \gamma d$ 　　　　　　(7-11)

矩形基础　　　当 $\frac{b}{a} < 0.53$ 时, $p_u = (5.14 + 0.66\frac{b}{a})c + \lambda d$ 　　(7-12)

$$\text{当} \frac{b}{a} \geqslant 0.53 \text{ 时}, p_u = (5.14 + 0.47 \frac{b}{a})c + \lambda d \qquad (7\text{-}13)$$

式中　c——土的黏聚力,kPa,一般由不排水剪试验求得;

　　　γ——基底以上土的重度,kN/m³;

　　　d——基础深度,m;

　　　b——基础短边,m;

　　　a——基础长边,m。

利用极限荷载公式时,软土地基的承载力为 $p_u/3$。

3)临塑荷载公式

软土地基承载力除按强度公式计算外,尚应考虑变形因素,还可按临塑荷载公式计算

$$p = \pi c + \gamma d \qquad (7\text{-}14)$$

试验证明,按式(7-14)计算的临塑荷载与载荷试验所确定的比例界限值十分接近。同时,如果作用在软土上的压力小于或等于比例界限值,软土的变形将不会很大。

采用理论公式计算地基的承载力时,必须进行地基变形验算,以满足地基变形的要求。

3.用原位测试的方法确定软土地基承载力

几种常用的原位测试方法有载荷试验、十字板剪切试验、静力触探试验、旁压试验、标准贯入试验。现场原位测试可减少对软土原状结构的扰动,取得比较准确的试验数据。

4.经验法

根据对本地区土层分布和性质的了解,参照已建建筑物的经验,辅以简单的勘察确定地基的承载力。

(二)软土地基的变形计算

软土地基的变形计算,一般常用《建筑地基基础设计规范》(GB 50007—2011)所推荐的沉降公式计算。应该指出的是,由于软土的压缩性很高,在荷载作用下,应考虑压力与孔隙比之间的非线性变化关系。若将压缩曲线以半对数坐标表示,画成 $e \sim \lg\sigma$ 曲线,曲线的尾段呈现良好的直线段(见图7-8),直线的斜率 C_c 为

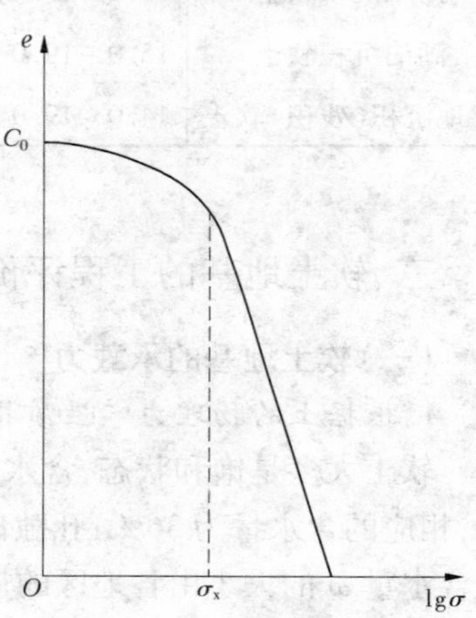

$$C_c = \frac{e_1 - e_2}{\lg\sigma_2 - \lg\sigma_1} = \frac{e_1 - e_2}{\lg\dfrac{\sigma_2}{\sigma_1}} \qquad (7\text{-}15)$$

图7-8　$e \sim \lg\sigma$ 曲线

式中　C_c——压缩指数,无量纲,C_c 越大,压缩性就越大;

　　　e_1——土样在有效压力 σ_1 作用下的孔隙比;

　　　e_2——土样在有效压力 σ_2 作用下的孔隙比。

由式(7-15)可得

$$e_2 = e_1 - C_c \lg\frac{\sigma_2}{\sigma_1} \qquad (7\text{-}16)$$

设在 σ_1 作用下土层厚度为 Δh,则当压力增加到 σ_2 时,孔隙比相应由 e_1 改变为 e_2,

这时土层所产生的压缩量为

$$\Delta s = \frac{e_1 - e_2}{1 + e_1}\Delta h \tag{7-17}$$

将式(7-16)代入式(7-17)得

$$\Delta s = \frac{\Delta h}{1 + e_1}C_c \lg \frac{\sigma_2}{\sigma_1} \tag{7-18}$$

根据式(7-18)用分层总和法,即可求得软土地基的变形量。

(三)软土地基经常遇到的工程地质问题

软土地基主要受力层中的倾斜基岩或其他倾斜坚硬地层,是软土地基的一大隐患。它可能导致不均匀沉降,以及蠕变滑移而产生剪切破坏,因此对这类地基不但要考虑变形,而且要考虑稳定性。若主要受力层中存在有砂层,砂层将起排水通道作用,加速软土固结,则有利于地基承载力的提高。

水文地质条件对软土地基有较大影响,如抽降地下水形成降落漏斗将导致附近建筑物产生沉降或不均匀沉降;基坑迅速降水则会使基坑周围水力坡度增大而产生较大的附加应力,致使坑壁坍塌;承压水头改变将引起明显的地面浮沉等。在岩土工程评价中这些问题应引起重视。此外,沼气逸出等对地基稳定和变形也有影响,通常应查明沼气带的埋藏深度、含气量和压力,以此评价对地基影响的程度。

四、软土地基的工程措施

在软土地基上修建各种建筑物时,应特别重视地基的变形和稳定问题,并考虑上部结构与地基的共同作用,采取必要的建筑及结构措施,确定合理的施工顺序和地基处理方法,并应采取下列措施:

(1)充分利用表层密实的黏性土(一般厚1~2 m)作为持力层,基底尽可能浅埋(埋深$d = 500 \sim 800$ mm),但应验算下卧层软土的强度。

(2)尽可能设法减小基底附加应力,如采用轻型结构、轻质墙体、扩大基础底面或半地下室等。

(3)采用换土垫层或桩基础等,但应考虑欠固结软土产生的桩侧负摩阻力。

(4)采用砂井预压,改善土的排水固结条件,加速土层排水固结。

(5)采用高压喷射、深层搅拌、粉体喷射等地基处理方法。

(6)使用期间,对大面积地面堆载划分范围,避免荷载局部集中而直接压在基础上。

(7)在合适的建筑施工加荷速率下,荷载的施加会使地基土强度逐渐增大,承载力得以提高;反之,若荷载过大,加荷速率过快,将出现局部塑性变形,甚至产生整体剪切破坏。

第七节　其他特殊土地基

一、多年冻土地基

作为建筑物地基的冻土,根据其冻结状态的持续时间可分为多年冻土与季节性冻土;

根据它所含盐类与有机物的不同可分为盐渍化冻土和冻结泥炭化土;根据其变形特性可分为坚硬冻土、塑性冻土和松散冻土。

含有固态水且冻结状态持续两年或两年以上的土应判为多年冻土;而在一个年度周期内经历着冻结和未冻结两种状态的土则称为季节性冻土。我国多年冻土分布面积为 $215.0 \times 10^4 \, \mathrm{km}^2$,主要在我国东北高纬度地区和青海、西藏等高海拔地区,常以岛状或大片形式出露。工程实践中,由于对冻土地基的工程特性认识不足,设计不合理、施工不恰当,导致融化下沉破坏的建筑物数量之多,损失之大是众所周知的。

多年冻土对工程的主要危害是融沉性(或称融陷性),融沉性强弱程度可用融化下沉系数 δ_0 来判定,根据 δ_0 的大小,多年冻土可分为不融沉、弱融沉、融沉、强融沉和融陷五类,冻土层的平均融化下沉系数 δ_0 可按下式计算

$$\delta_0 = \frac{h_1 - h_2}{h_1} = \frac{e_1 - e_2}{1 + e_1} \times 100\% \tag{7-19}$$

式中　h_1、e_1——冻土试样融化前的厚度和孔隙比;

　　　h_2、e_2——冻土试样融化后的厚度和孔隙比。

当利用多年冻土做地基时,由于土在冻结与融化两种不同状态下,其力学性质、强度指标、变形特点与构造的热稳定性等相差悬殊,因而根据冻土的冻结与融化不同性状,确定多年冻土地基的设计状态是极为必要的。多年冻土地基可选用下列三种状态之一进行设计:

(1)多年冻土以冻结状态用做地基。在建筑物施工和使用期间,地基土始终保持冻结状态。

(2)多年冻土以逐渐融化状态用做地基,地基土处于逐渐融化状态。

(3)多年冻土以预先融化状态用做地基,在建筑物施工之前,使地基融化至计算深度或全部融化。

多年冻土地基设计状态的采用,应考虑建筑物的结构和技术特性,工程地质条件和地基土性质变化等因素。一般来说,在坚硬冻土地基和高震级地区,采用保持冻结状态进行设计是经济合理的;当地基土融化,其变形不超过建筑物的允许值,且采用保持冻结状态又不经济时,应采用逐渐融化状态进行设计;当地基土年平均地温较高(不低于 -0.5 ℃),处于塑性冻结状态,采用保持冻结状态和逐渐融化状态皆不经济时,应考虑预先融化的状态进行设计。然而,无论采用何种状态,都必须通过技术经济比较后确定。

多年冻土地区基础埋深选择:当不衔接的多年冻土上限比较低,低至在有热源或供热建筑物的最大热影响深度以下时,下卧的多年冻土不受上层人为活动和建筑物热影响的干扰或干扰不大,或虽上限高度处在最大热影响深度内,而基础总的下沉变形量不超过承重结构的允许值时,应按季节冻土地基的方法考虑基础埋深;对衔接的多年冻土当按保持冻结状态利用多年冻土做地基时,基础的最小埋深应根据土的设计融深 z_d^m 确定,并应符合《冻土地区建筑地基基础设计规范》(JGJ 118—98)的有关规定。

在多年冻土地区建筑物地基设计中,应对地基进行静力计算和热工计算。地基静力计算应包括承载力计算、变形计算和稳定性验算,确定冻土地基承载力时,应计入地基土的温度影响;热工计算应按上述规范有关规定对持力层内温度特征值进行计算。

二、盐渍土地基

(一)盐渍土特性、成因及分布

1.盐渍土的特性

当土中易溶盐含量大于 0.3% ,并具有溶陷、盐胀、腐蚀等工程特性时,应判定为盐渍土。由于盐渍土含盐量超过一定数量,它的三相组成与一般土不同,液相中含有盐溶液,固相中含有结晶盐,尤以易溶的固态晶盐居多,它的相转变对土的物理力学性质指标均有影响,其地基土承载力有明显变化。盐渍土地基浸水后,因盐溶解而产生地基溶陷。与之相反,因湿度降低或失去水分后,溶于土中孔隙水中的盐分浓缩并析出而产生结晶膨胀。盐渍土中盐溶液会腐蚀建筑物和地下设施。

对盐渍土的上述工程特性缺乏认识,所造成的经济损失是巨大的。盐渍土地基发生溶陷对房屋建筑物、构筑物和地下管道等造成危害,盐胀时对基础浅埋的建筑物、室内地面、地坪、挡土墙、围墙、路面、路基造成破坏,而盐渍土地区的工程建设受腐蚀的危害相当严重和普遍。

2.盐渍土的成因

盐渍土的成因主要取决于盐的来源、盐的迁移和积聚。

1)盐的来源

盐渍土中盐的来源主要有三种:第一种是岩石在风化过程中分离出少量的盐;第二种是海水侵入、倒灌等将盐渗入土中;第三种是工业废水或含盐废弃物,使土体中含盐量增高。

2)盐的迁移和积聚

盐的迁移和积聚主要靠风力、地表水、地下水流完成。在沙漠干旱地区,大风常将含盐的土粒或盐的晶体吹落到远处(山前平原和沙漠)积聚起来,使盐重新分布。

水流是盐类迁移和重新分布的主要因素。地表水和地下水在流动过程中把所溶解的盐分带到低洼处,形成大的盐湖。在含盐量(矿化度)很高的水流经过的地区,如遇到干旱的气候环境,由于强烈蒸发,盐类析出并积聚在土体中形成盐渍土。在含有盐分的地下水地区,地下水中的盐分通过毛细作用,将下部的盐输送到地表,由于地表的蒸发作用,将盐分析出,形成盐渍土。有些地区长期大量开采地下水,农田灌溉不当,也会造成盐分积聚。在滨海地区受海潮侵袭或海水倒灌,经地面蒸发也能形成盐渍土。

3.盐渍土的分布

盐渍土在世界各地均有分布。我国盐渍土主要分布在西北干旱地区,如新疆、青海、甘肃、宁夏、内蒙古等地势低平的盆地和平原,青藏高原一些湖盆洼地中也有个别分布。其次在华北平原、松辽平原等。另外,在滨海地区的辽东湾、渤海湾、莱州湾、杭州湾以及包括台湾在内的诸多岛屿沿岸,也有相当面积盐渍土存在。

(二)盐渍土的分类

盐渍土可根据其含盐化学成分和含盐量按表 7-7 和表 7-8 分类。

(三)盐渍土地基的评价

盐渍土地基的评价主要考虑盐渍土地基的溶陷性、盐胀性和腐蚀性三个方面。

表 7-7 盐渍土按含盐化学成分分类

盐渍土名称	$\dfrac{c(\mathrm{Cl}^{-1})}{2c(\mathrm{SO}_4^{2-})}$	$\dfrac{2c(\mathrm{CO}_3^{2-})+c(\mathrm{HCO}_3^-)}{c(\mathrm{Cl}^-)+2c(\mathrm{SO}_4^{2-})}$	盐渍土名称	$\dfrac{c(\mathrm{Cl}^{-1})}{2c(\mathrm{SO}_4^{2-})}$	$\dfrac{2c(\mathrm{CO}_3^{2-})+c(\mathrm{HCO}_3^-)}{c(\mathrm{Cl}^-)+2c(\mathrm{SO}_4^{2-})}$
氯盐渍土	>2	—	硫酸盐渍土	<0.3	—
亚氯盐渍土	2~1	—	碱性盐渍土	—	>0.3
亚硫酸盐渍土	1~0.3	—			

注:表中 $c(\mathrm{Cl}^-)$ 为氯离子在 100 g 土中所含毫摩尔数,其他离子同。

表 7-8 盐渍土按含盐量分类

盐渍土名称	平均含盐量(%)		
	氯及亚氯盐	硫酸及亚硫酸盐	碱性盐
弱盐渍土	0.3~1.0	—	—
中盐渍土	1~5	0.3~2.0	0.3~1.0
强盐渍土	5~8	2~5	1~2
超盐渍土	>8	>5	>2

1. 溶陷性

盐渍土是否具有溶陷性,以溶陷系数 δ 来判别,天然状态下的盐渍土在土的自重压力或附加压力作用下受水浸湿时产生溶陷变形,可通过室内压缩试验测定,溶陷系数 δ 采用下式计算

$$\delta = \frac{h_\mathrm{p} - h_\mathrm{p}'}{h_0} \tag{7-20}$$

式中 h_p——原状土样在压力 p 作用下,沉降稳定后的高度,mm;

h_p'——上述加压稳定后的土样,经浸水溶陷下沉稳定后的高度,mm;

h_0——原状土样原始高度,mm。

溶陷系数也可采用现场载荷试验确定

$$\delta = \frac{\Delta_\mathrm{s}}{h} \tag{7-21}$$

式中 Δ_s——载荷板压力为 p 时,盐渍土浸水后的溶陷量,mm;

h——载荷板下盐渍土的湿润深度,mm。

当 $\delta \geqslant 0.01$ 时可判定为溶陷性盐渍土,当 $\delta < 0.01$ 时则判为非溶陷性盐渍土。

实践表明:干燥和稍湿的盐渍土才具有溶陷性,且盐渍土大都为自重溶陷。

根据溶陷系数计算地基的溶陷量 s

$$s = \sum_{i=1}^{n} \delta_i h_i \tag{7-22}$$

式中　δ_i、h_i——第 i 层土的溶陷系数及其厚度，mm；

　　　　n——基础底面下地基溶陷范围内土层数目。

根据溶陷量可把盐渍土地基分为三个等级，见表 7-9。

表 7-9　盐渍土地基的溶陷等级

溶陷等级	I	II	III
溶陷量 s(mm)	$70 < s \leqslant 150$	$150 < s \leqslant 400$	$s > 400$

2. 盐胀性

盐渍土地基的盐胀性一般可分为两类，即结晶膨胀和非结晶膨胀。一类是盐渍土中常含有易溶的硫酸盐和碳酸盐，当环境湿度降低或失去水分后，溶于土孔隙水中的硫酸盐分浓缩并析出结晶，产生体积膨胀，这类称结晶膨胀。当土中硫酸钠含量超过某一数值（约 2%），在低温或含水量下降时，硫酸钠发生结晶膨胀，对于无上覆压力的地面或路基，膨胀高度可达数十毫米至几百毫米，这是盐渍土地区一个严重的工程问题。另一类是含有碳酸盐的盐渍土，由于存在着大量的吸附性阳离子（Na^+ 等），因具有较强的亲水性，遇水后很快与胶体颗粒相互作用，在黏土颗粒周围形成稳定的结合水膜，增大颗粒距离，从而减小颗粒的黏聚力，引起土体膨胀，这类称非结晶膨胀。最具代表性的是碳酸盐渍土，含水量增加时，土质泥泞不堪。

盐渍土地基造成的破坏主要表现为，对室内外地坪、路面、路缘石、台阶、花坛、室外球场、机场跑道等的破坏。在进行工程建设时，如果未采取有效的防膨胀措施，造成的危害是相当严重的。

3. 腐蚀性

盐渍土中含有大量的无机盐，它使土具有明显的腐蚀性，形成对建筑物基础和地下设施严重的腐蚀环境，影响其耐久性和安全使用。

盐渍土的腐蚀性主要表现在对混凝土和金属建材的腐蚀。盐渍土中氯盐类易溶于水中，氯离子对金属有强烈的腐蚀作用，特别是钢结构、管线、设备，乃至混凝土中的钢筋等。盐渍土中的硫酸盐，主要指钠盐、镁盐和钙盐，对混凝土的破坏作用主要是结晶而引起隆胀破坏，对水泥、黏土制品化学腐蚀也非常严重。有关水和土腐蚀性的评价，详见《岩土工程勘察规范》（GB 50021—2001）。

（四）盐渍土地区施工及防腐措施

盐渍土与一般土不同之处，在于它具有溶陷性、盐胀性和腐蚀性。但不同地区的盐渍土，除具有不同程度的腐蚀性外，其溶陷性和盐胀性就不一定都存在。干燥的内陆盐渍土大都具有湿陷性，腐蚀性次之，含硫酸盐的盐渍土才具有盐胀性。而地势低、地下水位高的盐渍土分布区（如滨海区、盐湖区等），盐渍土往往不具有溶陷性和盐胀性。因此，对盐渍土地区，应综合建筑物类别、场地盐渍土地基溶陷等级和当地经验，对不同地区、不同工程性能的盐渍土，区别对待，采取相应的工程措施：

（1）对不具溶陷性、盐胀性的地基,除应按盐腐蚀性等级采取防腐措施外,可按一般非盐渍土地基进行设计。

（2）对一般溶陷量较小的盐渍土地基上的次要建筑物,只要满足地基变形和强度条件,可以不采取任何附加设计措施。

（3）对于溶陷量较大的盐渍土地基,经验算难以满足地基变形与强度要求时,应根据建筑物类别和承受不均匀沉陷的能力、地基的溶陷等级以及浸水可能性,本着防治结合、综合治理的原则,针对其危害性,采取相应的防水、地基基础和结构措施。

防腐措施主要有:

（1）要提高建筑材料本身的防腐能力。选用优质水泥,提高密实性,增大保护层厚度,提高钢筋的防锈能力。

（2）在混凝土或砖砌体表面做防水、防腐涂层。防盐类侵蚀的重点部位是在接近地面或地下水干湿交替区段。

思考题

7-1　何谓特殊土地基? 我国存在哪些类型的区域性特殊土?

7-2　简述特殊土的工程特性与成土环境的关系。

7-3　湿陷性黄土的主要工程特性是什么? 如何区分自重湿陷性黄土与非自重湿陷性黄土? 产生湿陷的原因和影响因素有哪些? 简述湿陷性黄土地基的工程处理措施。

7-4　何谓膨胀土? 膨胀土的工程特性是什么? 简述其对工程建筑物的危害。

7-5　自由膨胀率与膨胀率有何区别? 如何判别膨胀土地基的胀缩等级?

7-6　何谓红黏土? 红黏土有哪些工程特性?

7-7　试述岩溶和土洞地基的处理措施。

7-8　软土的成因类型有哪几种? 简述软土的工程特性及处理措施。

7-9　季节冻土和多年冻土的区别是什么? 如何确定多年冻土基础的最小埋深? 防治建筑物冻害的措施有哪些?

7-10　冻土的物理力学性质有哪些?

7-11　何谓盐渍土地基? 如何对盐渍土进行分类?

7-12　简述盐渍土的工程特性,以及盐渍土地区的施工及防腐措施。

习　题

7-1　某住宅地基为黄土地基,天然重度 $\gamma = 18.0$ kN/m³。浸水饱和后的重度 $\gamma = 18.8$ kN/m³。现取深度 5 m 处原状土样进行室内压缩试验,试样原始高度为 20 mm,加压至 $p = 100$ kPa 时,下沉稳定后的高度为 19.80 mm。然后浸水,下沉稳定后土样高度为 19.40 mm。试评价该地基是否为湿陷性黄土,并计算湿陷系数。

7-2 陇西地区某工厂地基为自重湿陷性黄土,初勘结果:第一层黄土的湿陷系数为 0.020,层厚 1.2 m;第二层的湿陷系数为 0.017,层厚 4.2 m;第三层的湿陷系数为 0.032,层厚 1.0 m;第四层的湿陷系数为 0.041,层厚为 6.7 m。计算自重湿陷量为 16.7 cm,判别该地基的湿陷等级。

7-3 某地基为膨胀土,由试验测得第一层土膨胀率为 1.8%,收缩系数为 1.23,含水量变化 0.01,土层厚度 1.5 m;第二层土的膨胀率为 0.8%,收缩系数为 1.0,含水量变化 0.01,土层厚度 2.5 m。试计算此膨胀土地基的膨胀变形量,并判定地基的胀缩等级。

参 考 文 献

[1] 张明义.基础工程[M].北京:中国建材工业出版社,2002.

[2] 王成华.基础工程学[M].天津:天津大学出版社,2003.

[3] 王秀丽.基础工程[M].重庆:重庆大学出版社,2001.

[4] 袁聚云.基础工程设计原理[M].上海:同济大学出版社,2004.

[5] 徐建.建筑振动工程手册[M].北京:中国建筑工业出版社,2002.

[6] 中华人民共和国住房和城乡建设部,国家质量监督检验检疫总局. GB 50007—2011 建筑地基基础设计规范[S].北京:中国建筑工业出版社,2011.

[7] 中华人民共和国住房和城乡建设部,国家质量监督检验检疫总局. GB 50011—2010 建筑抗震设计规范[S].北京:中国建筑工业出版社,2010.

[8] 中华人民共和国住房和城乡建设部,国家质量监督检验检疫总局. GB 50223—2008 建筑工程抗震设防分类标准[S].北京:中国建筑工业出版社,2008.

[9] 中华人民共和国建设部. JGJ 79—2002 建筑地基处理技术规范[S].北京:中国建筑工业出版社,2002.

[10] 中华人民共和国住房和城乡建设部. JGJ 94—2008 建筑桩基技术规范[S].北京:中国建筑工业出版社,2008.

[11] 国家技术监督局,中华人民共和国建设部. GB 50040—96 动力机器基础设计规范[S].北京:中国计划出版社,1997.

[12] 中华人民共和国建设部. GB 50025—2004 湿陷性黄土地区建筑规范[S].北京:中国建设工业出版社,2004.

[13] 中华人民共和国建设部,国家质量监督检验总局. GB 50330—2002 建筑边坡工程技术规范[S].北京:中国建筑工业出版社,2002.

[14] 中华人民共和国城乡建设环境保护部. GBJ 112—87 膨胀土地区建筑技术规范[S].北京:中国计划出版社,1987.